Automobiltechnische Bibliothek Band XIII

Die elektrische Ausrüstung des Kraftfahrzeuges

Teil II

Automobiltechnische Bibliothek

Die Automobiltechnik in Einzeldarstellungen

Band XIII

Die elektrische Ausrüstung des Kraftfahrzeuges

In drei Teilen

I. Teil: Zündung
II. Teil: Lichtmaschine und Batterie
III. Teil: Stromverbraucher

Unter Mitwirkung von
Ewald Kassler, Dr. Walter Lippart
Alfred Mattes, Dr. Friedrich Menzel

Herausgegeben von
Erich Klaiber, Franz Kratz und Dr. Friedrich Trautmann

M. Krayn, Technischer Verlag G. m. b. H., Berlin W

Die elektrische Ausrüstung des Kraftfahrzeuges

Teil II

Lichtmaschine und Batterie

von

Alfred Mattes und Dr. Friedrich Trautmann

Mit 164 Abbildungen

M. KRAYN
BERLIN W.
1929

Vorwort

Der im vergangenen Jahr erschienene erste Teil unseres Buches über die elektrische Ausrüstung des Kraftfahrzeuges behandelt unter dem Titel „Zündung" die gesamte Hochspannungsanlage. Die anschließend zu besprechende übrige elektrische Ausrüstung, die wir kurz als „Niederspannungsanlage" bezeichnen können, ist im zeitgemäßen Kraftfahrzeug so umfangreich, daß sie in zwei Teilen dargestellt werden soll. Von diesen liegt hiermit als zweiter Teil des Gesamtwerkes der Band „Lichtmaschine und Batterie", d. h. also die Besprechung der Niederspannungs-Erzeugungsanlage, vor. Als dritter Teil soll baldigst der Band „Stromverbraucher" folgen.

Für den vorliegenden Teil gelten die im Vorwort zum ersten Teil gemachten Ausführungen. Wir möchten jedoch nicht versäumen, den damals ausgesprochenen Dank für die uns von den verschiedensten Seiten zuteil gewordene Unterstützung hier zu wiederholen. Die zahlreichen Firmen, die uns bereitwilligst Unterlagen zur Verfügung stellten, sind wieder am Schluß des Bandes aufgeführt worden.

Wie im ersten Teil, so ging auch in diesem weiteren Teil unseres Werkes unser Streben nach einer nur von technisch-wissenschaftlichen Gesichtspunkten getragenen Darstellung. Wir geben die Arbeit mit dem Wunsche hinaus, daß sie dieselbe wohlwollende Aufnahme finden möchte wie der erste Teil.

Die Herausgeber.

Inhaltsverzeichnis

I. Allgemeines über die Niederspannungsanlage im Kraftfahrzeug

1. Geschichtliches

Auf den ersten Blick mag es überraschen, daß die elektrische Beleuchtung erst verhältnismäßig spät eine umfangreiche Verwendung an Kraftfahrzeugen fand. Der Grund liegt wohl in der Tatsache, daß das Kraftfahrzeug zunächst eine lange Reihe von Entwicklungsjahren durchzumachen hatte, in denen man das ganze Augenmerk auf die Entwicklung der unbedingt notwendigen Teile richtete. Solange der Einführung des Kraftfahrzeugs als allgemeines Verkehrsmittel Hindernisse grundsätzlicher Art entgegenstanden und nur geringe Geschwindigkeiten erreicht wurden, war auch das Bedürfnis nach einer stark wirkenden Beleuchtung nicht besonders groß und damit auch der Antrieb für die Durchbildung von einwandfrei arbeitenden stromerzeugenden Maschinen nur gering.

Auch die Verwendung von Sammler-Batterien, die an ortsfesten Anlagen wieder aufgeladen wurden, oder gar von galvanischen Batterien kam nicht in Frage, solange als Lichtquelle für die elektrische Beleuchtung nur die Kohlenfadenlampe mit ihrem hohen Stromverbrauch zur Verfügung stand. Durch die Entwicklung der Metallfadenlampe mit ihrem erheblich verminderten Stromverbrauch wurden die Verhältnisse für eine elektrische Beleuchtung mit Speisung aus Batterien aussichtsreicher, wenn auch von einer weitgreifenden Einführung wegen der unbedingt nötigen dauernden Überwachung des Ladezustandes der Batterie und des Gebundenseins an eine ortsfeste Ladevorrichtung noch nicht die Rede sein konnte. Diese Nachteile machten sich besonders fühlbar bei dem praktisch unbeschränkten Aktionsradius, der sich bei dem mit Verbrennungsmotor ausgerüsteten Fahrzeug mit wachsender Betriebssicherheit ergab. So sehr bei der fortschreitenden Entwicklung des Kraftfahrzeugs, der Steigerung der Fahrgeschwindigkeit und dem erhöhten Bedürfnis nach Verkehrssicherheit der Wunsch nach Verbesserung der Beleuchtung laut wurde, und so sehr die Überlegenheit der elektrischen Beleuchtung gegenüber anderen Beleuchtungsarten hinsichtlich Zuverlässigkeit, Einfachheit der Wartung, Ausbildung der Beleuchtungskörper für günstigste Fahrstraßenbeleuchtung die Einführung der elektrischen Beleuchtung als erwünscht erscheinen ließ, konnte doch durch die Verwendung von Sammler-Batterien allein den Bedürfnissen nicht entsprochen werden.

So entstand mit der wachsenden Einführung des Kraftfahrzeugs als Verkehrsmittel, die sich mit der zunehmenden Betriebssicherheit ergab, die Forderung nach in sich abgeschlossenen elektrischen Beleuchtungseinrichtungen, die nur durch Verwendung einer vom Verbrennungsmotor angetriebenen stromerzeugenden Maschine in Zusammenarbeit mit der für die Stillstandsbeleuchtung nach wie vor nötigen Batterie erfüllt werden konnte. Verstärkt wurde das Bedürfnis nach einer solchen Maschine noch durch den Nachteil des Verbrennungsmotors, nicht mit eigener Kraft anlaufen zu können. Die in beschränktem Maße eingeführten Feder-, Druckluft- und Hebel-Anlaßvorrichtungen konnten nicht befriedigen. Am aussichtsreichsten war die Benutzung von Anlaß-Elektromotoren, die aus einer Batterie gespeist werden konnten. Bei dem verhältnismäßig hohen Stromverbrauch solcher Motoren konnte erst recht nicht eine Speisung aus Batterien, die zur Aufladung an ortsfeste Anlagen angeschlossen werden mußten, in Frage kommen. Auch für die Ausbildung einer einfachen und wirksamen Anlaßvorrichtung war daher die Einführung von stromerzeugenden Maschinen Voraussetzung.

Diese Maschinen heißen noch heute nach ihrer ursprünglich ausschließlichen Verwendung für die Beleuchtung des Kraftfahrzeugs „Lichtmaschinen". Bevor wir weiter unten über ihren Bau und ihre Verwendung im Zusammenhang mit der Batterie berichten, seien hier einige Daten aus der Geschichte der Einführun'g der elektrischen Ausrüstung genannt:

Interessant sind die Angaben, die Towle *) über die Entwicklung der elektrischen Lichtanlagen in Amerika macht. Nach ihm entstanden die elektrischen Lichtmaschinen einfach aus den Zünddynamos, mit denen man seit 1896 Versuche machte. Im Jahre 1907 baute die General Electric Co. auf Drängen von Vincent Apple ein Paar Wolframglühlampen von 40 Kerzen für 6 V. Diese bewährten sich so gut, daß die Firma schon im nächsten Jahre die Herstellung von derartigen Lampen für Automobilscheinwerfer allgemein aufnahm. Apple gründete 1908 die Apple Electric Comp., deren Erzeugnisse unter dem Namen Aplco bekannt geworden sind. Die Firma verkaufte in den ersten beiden Jahren schon Hunderte von Ausrüstungen, bestehend aus einer kleinen

*) Herbert L. Towle, The Development of Ignition, Lighting and Starting. Aut. Trade Journal, 1. 12. 24, Nr. 6, S. 303 ff.

Dynamo mit Riemenantrieb und Regelung durch Schleifkupplung sowie aus einer Akkumulatoren-Batterie. Die Kraftfahrzeughersteller, die ihr ganzes Augenmerk auf die Entwicklung ihrer Fahrzeuge als solche richteten, hatten damals noch kein Ineresse für elektrische Ausrüstungen. Viele Wagenbesitzer aber ließen sie nachträglich einbauen. Daher kommt es, daß derartige Ausrüstungen in den Statistiken dieser Jahre noch nicht oder doch nur in geringer Zahl erscheinen.

Erst aus dem Jahre 1912 liegen statistische Unterlagen vor, die bereits eine ziemliche Verbreitung der elektrischen Beleuchtung erkennen lassen. Z. B. gibt „The Horseless Age" am 10. 1. 1912 für die damals in New York ausgestellten Personenwagen die aus Bild 158 ersichtliche Verbreitung der Lichtquellen an.

Scheinwerfer	Seitenlampen	Schlußlampen	%
Gas	Öl	Öl	33
Gas	Öl u. Elektr.	Öl u. Elektr.	40
Elektr.	Elektr.	Elektr.	14
Gas	Elektr.	Elektr.	2
Gas	Öl u. Elektr.	Öl	2
	Verschiedene Systeme		9

Bild 158. Lichtquellen an den amerikanischen Personenwagen im Jahre 1912.

Die zweite Gruppe ist am stärksten vertreten, weil sie nach „Horseless Age" vor allem für die billigeren, für den Stadtbetrieb bestimmten Wagen in Betracht kam. Diese durften ihre Scheinwerfer im allgemeinen nicht gebrauchen und verwendeten daher elektrisches Licht nur in den Seitenlampen und Schlußlampen. Die Speisung erfolgte durchweg aus Batterien; die Ölbeleuchtung diente als Notbehelf. Die 14% der Wagen, welche mit rein elektrischer Beleuchtung ausgestattet waren, waren teurere Fahrzeuge. Sie hatten meist eine Lichtmaschine, denn hier stieß wegen des großen Stromverbrauchs der Scheinwerfer die Stromlieferung nur aus Batterien bereits auf Schwierigkeiten.

Die Einführung elektrischer Licht- und Anlaßanlagen als normale Wagenausrüstung in Amerika geht nach „The Automobile"*) auf das Jahr 1912 zurück. Die schnell fortschreitende Entwicklung zeigt die Tafel Bild 159 an der Verbreitung der Licht- und Anlaßanlagen bei den Personenwagen auf der New Yorker Automobilausstellung. Interessant ist, daß Ford noch im Jahre 1915 keine elektrische Ausrüstung einbaute.

*) The Automobile, Bd. XXXIII, 30. 12. 15, S. 1179.

Jahrgang	1912	1913	1914	1915	1916
Elektr. Anlage hatten % der Wagen		37	87	94,5	98,8

Bild 159. Verbreitung der elektrischen Licht- und Anlaßanlage an amerikanischen Personenwagen

In Europa setzte die Entwicklung bedeutend später ein als in Amerika. Die Zeitschrift „Motor" schreibt z. B. im Oktober 1913, daß sich noch keine europäische Automobilfabrik habe entschließen können, eine elektrische Beleuchtungseinrichtung als Zubehör für ihre Fahrzeuge vorzusehen. Doch schon die folgenden Jahre zeigen trotz des Krieges eine schnell zunehmende Verbreitung der Lichtmaschinen. Die Zahlentafel Bild 160 gibt die Lichtausrüstung der Personenwagen in den Jahren 1922–1926 nach den Feststellungen von Dierfeld*) auf der jeweils vorhergehenden Automobilausstellung in Berlin wieder.

Jahrgang		1922	1923	1924	1925	1926
% der ausgestellten Wagen	mit Acetylenbeleuchtung	5,5	7,5	1,5	1,8	0
	mit elektrischer Beleuchtung	94,5	92,5	98,5	98,2	100

Bild 160. Verbreitung der elektrischen Beleuchtung an deutschen Personenwagen

Für die Ausrüstung mit elektrischen Anlassern ergibt sich nach derselben Quelle die im Bild 161 ersichtliche Entwicklung.

Jahrgang		1922	1923	1924	1925	1926
% der ausgestellten Wagen	mit elektr. Anlasser	67,2	82,5	91	94	97
	mit mech. Anlasser	—	—	—	1,5	—
	mit Handkurbel	32,3	17,5	9	4,5	3

Bild 161. Verbreitung der elektrischen Anlasser an deutschen Personenwagen

*) Dierfeld, Deutscher Kraftfahrzeugbau im Jahre 1923, Der Motorfahrer 1923, Nr. 10, S. 167 ff.
Deutscher Kraftfahrzeugbau im Jahre 1924 u. 1925, Motor, Dez. 1924, S. 185 ff.
" " " " 1926, Motor, Febr. 1926, S. 73 ff.

Etwas später zwar, dafür dann aber um so schneller, führte sich die elektrische Licht- und Anlasserausrüstung in Deutschland an Lastfahrzeugen ein. Diese Entwicklung ist nach den Angaben von Dierfeld in Bild 162 und 163 dargestellt.

Jahrgang		1922	1923	1924	1925	1926
% der ausgestellten Wagen	mit Acetylenbeleuchtung	42	24.3	19.6	5.4	—
	mit elektrischer Beleuchtung	58	75.7	80.4	94.6	100

Bild 162. Verbreitung der elektrischen Beleuchtung an deutschen Lastwagen.

Jahrgang		1922	1923	1924	1925	1926
% der ausgestellten Wagen	Elektr. Anlasser	50	63	76	94.6	100
	Einbau eines Anlassers vorgesehen	5	14	—	—	—

Bild 163. Verbreitung der elektrischen Anlasser an deutschen Lastwagen

In Frankreich ist die elektrische Ausrüstung von Lastwagen nach der statistischen Ausgabe von „Automotive Industries" vom 18. 2. 1928 ebenso verbreitet wie in Deutschland, dagegen war sie im Jahre 1928 in England und Amerika noch nicht so allgemein eingeführt.

Verhältnismäßig spät erst hat sich die elektrische Beleuchtung beim Kraftrad einführen können, und noch heute findet man vielfach Krafträder ohne elektrische Licht- und Signalanlage. Der Grund ist vermutlich einmal in den besonders hohen mechanischen Anforderungen zu suchen, die das Kraftrad an die elektrische Anlage, insbesondere die Batterie, stellt, und zweitens hauptsächlich darin, daß der Preis einer guten elektrischen Anlage einen verhältnismäßig hohen Prozentsatz des Preises für das Kraftrad ausmacht. Immerhin ist die Einführung des elektrischen Lichts und Horns auch beim Kraftrad in ständiger Zunahme begriffen. Das Anwerfen des Kraftrads wird allerdings nach wie vor mit dem bewährten Kickstarter erfolgen.

Im Laufe der Zeit hat die Verwendung der Elektrizität im Kraftfahrzeug immer größeren Umfang angenommen, da gerade auf elektrischem Wege eine besonders zweckmäßige Ausführung und einfache Bedienung aller möglichen Hilfseinrichtungen des Kraftfahrzeugs zu erzielen ist.

2. Leistungsbedarf der Stromverbraucher

Um einen Überblick zu gewinnen, welche Leistung von der Lichtmaschine zu fordern ist und welche Energie in der Batterie aufspeicherbar sein muß, sollen kurz Stromverbrauch und Benützungsart der einzelnen Stromverbraucher des Kraftfahrzeuges zusammenhängend betrachtet werden.

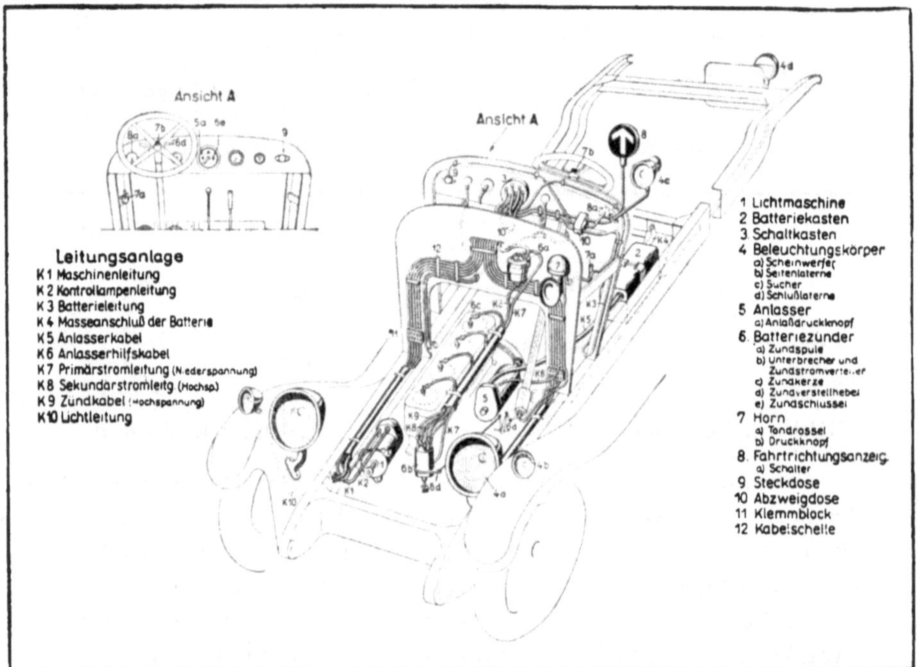

Bild 164. Die wichtigsten Teile einer elektrischen Anlage für einen Personenkraftwagen (Aus dem Tafelwerk über elektrische Ausrüstung der Kraftfahrzeuge, herausgegeben vom Deutschen Ausschuß für Technisches Schulwesen, Berlin W 35, Potsdamerstr. 119 b)

Zahl und Art der Stromverbraucher ist je nach Größe und Verwendungszweck des Fahrzeuges außerordentlich verschieden. Bild 164 zeigt die bei einem normalen Personenfahrzeug, Bild 165 die bei einem normalen Omnibus in der Regel eingebauten Stromverbraucher. In diesem Bild bedeutet:

B = Batterie	D_2 = Scheibenwischer	L_1 = Seitenlaternen
D = Lichtmaschine	H = Horn	L_2 = Sucher
D_1 = Anlasser	L = Scheinwerfer	L_3 = Nummerlaterne

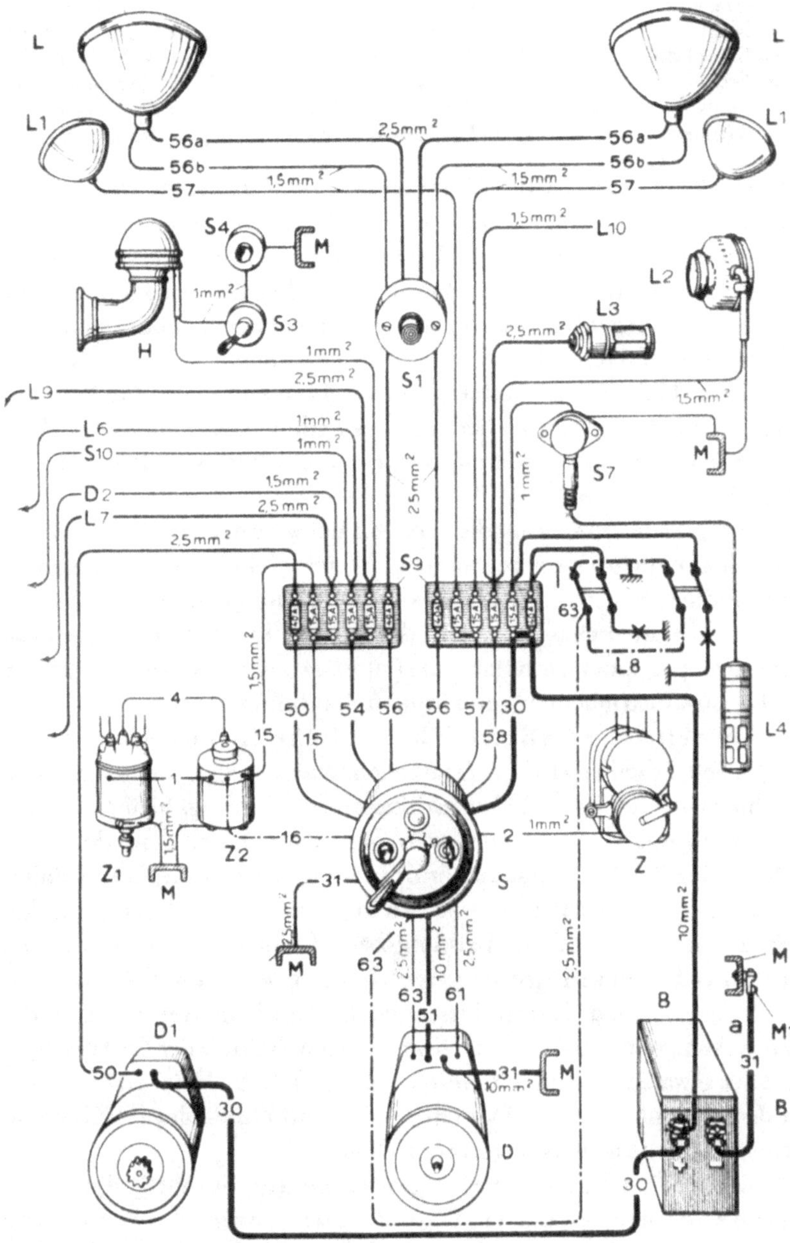

Bild 165. Umfangreiche elektrische Anlage an einem Omnibus

L_4 = Handlampe	L_{10} = Lampe für Fahrstreckentransparent	S_4 = Druckknopf
L_6 = Instrumentenlampe	M = Masse	S_7 = Steckdose
L_7 = Stopplicht	M_1 = Massebolzen	S_9 = Sicherungsdose
L_8 = Schalter für Innenbeleuchtung	S = Schaltkasten	S_{10} = Anlaßhelf
L_9 = Winker	S_1 = Abblendumschalter	Z = Magnetzünder
	S_3 = Drosselschalter	Z_1 = Zündverteiler
		Z_2 = Zündspule

Im allgemeinen ist die **Lichtmaschine so zu bemessen,** daß sie bei etwa 25 km/h Fahrgeschwindigkeit des Wagens im direkten Gang den Leistungsbedarf der unter normalen Verhältnissen bei Nachtfahrt gleichzeitig eingeschalteten Stromverbraucher zu decken vermag, ohne daß die Batterie herangezogen wird. Darüber hinaus muß die Lichtmaschine bei höheren Drehzahlen einen genügenden Leistungsüberschuß zur Ladung der Batterie liefern können, ohne durch übermäßige Erwärmung Not zu leiden. Dies bedingt gegenüber dem eben erwähnten normalen Leistungsbedarf eine Überlastbarkeit um 50 bis 70 %.

Wir wenden uns zunächst den Kraftwagen zu. Zu den unter normalen Verhältnissen bei Nacht gleichzeitig eingeschalteten Stromverbrauchern sind zu zählen: Die Scheinwerferhauptlampen, die Lampe der Kennzeichenbeleuchtung (Rücklicht), die Lampen der Fahrtrichtungsanzeiger, unter Umständen die Batteriezündung, sowie die Lampen für Umriß-, Instrumenten- und Innenbeleuchtung.

Nur zeitweise im Betrieb befindliche Stromverbraucher, wie Hupen, Scheibenwischer, Zigarrenanzünder u. dgl. können bei der Leistungsbemessung der Lichtmaschine unberücksichtigt bleiben, sofern diese nach den oben angegebenen Gesichtspunkten, besonders hinsichtlich der für Batterieladung erforderlichen Überlastbarkeit, erfolgt.

Heizvorrichtungen wie Fußwärmer, Heizkissen u. dgl. mit ihrem sehr hohen Leistungsbedarf dürfen nicht an die normale Lichtanlage angeschlossen werden. Sie gefährden durch Überlastung, Kurzschlüsse und Erschöpfung der Batterie die ganze Anlage, besonders den einwandfreien Betrieb der Scheinwerfer und der etwa eingebauten Batteriezündung. Für die Heizvorrichtungen ist deshalb unbedingt eine von der Licht- und Zündanlage vollständig getrennte elektrische Anlage vorzusehen.

Beim Straßenfahrzeug wird heute vor allem die ausreichende und zweckmäßige Beleuchtung der Fahrstraße verlangt. Sie soll so beschaffen sein, daß bei Nacht mit derselben Geschwindigkeit wie bei Tag gefahren werden kann. Abgesehen von Fragen wie Lichtverteilung, Abblendung, Wirkung bei Nebel u. dgl., auf die erst bei Besprechung der Scheinwerfer eingegangen werden soll, ist Voraussetzung für die gute Wirkung der Scheinwerfer die Verwendung einer genügenden Lichtquelle. Für die Hauptlampen der Scheinwerfer muß bei mittleren und großen Wagen mit je 25 bis 30 W gerechnet werden; bei kleinen Wagen sucht man häufig mit einer Leistung von je 20 W auszukommen.

Die Kennzeichenbeleuchtung, die Lampen für Fahrtrichtungszeiger, Instrumenten- und Umrißbeleuchtung erfordern je etwa 5 W.

Die Innenbeleuchtung, die mit der Verbreitung geschlossener Wagen mehr und mehr aufkommt, erfordert bei Personenwagen für jede Lampe etwa 5 W, dürfte aber in den meisten Fällen nur vorübergehend eingeschaltet sein und ist daher für die Bemessung der Lichtmaschine nur von Fall zu Fall zu berücksichtigen. Dagegen spielt die Innenbeleuchtung beim Omnibus eine wesentliche Rolle für die Leistungsbemessung der Lichtmaschine. Es ist dabei für eine Lampe mit 10 bis 20 W zu rechnen.

Das Standlicht und das elektrische Anwerfen macht die Ansammlung eines Teils der von der Lichtmaschine erzeugten elektrischen Energie in einer sogenannten Sammler-Batterie notwendig, die imstande ist, auch bei Stillstand der Maschine über eine gewisse Zeit den für das Licht erforderlichen Strom sowie den Strom zum Anwerfen zu liefern.

Die **Bemessung der Batterie** ist bei normalem Kraftwagen und spannungsregelnder Lichtmaschine*) im allgemeinen bestimmt durch die Forderung einwandfreien Anlassens auch unter ungünstigen Verhältnissen. Zwar ist der Anlaßmotor in der Regel nur wenige Sekunden beim Anwerfen in Tätigkeit, er erfordert aber dafür zum genügend raschen Durchdrehen des Verbrennungsmotors außerordentliche Stromstöße besonders bei niederen Temperaturen, strammer Lagerung des Motors und schlechter Vergasung. Genaue Angaben über Bemessung der Batterie mit Rücksicht auf das Anlassen können erst bei Besprechung der Anlasser im dritten Bande gemacht werden. Es möge hier nur erwähnt sein, daß man z. B. in Deutschland bei mittleren Personenwagen 12-Volt-Batterien von 30 bis 60 Ah und 6-Volt-Batterien von 60 bis 80 Ah Kapazität**) findet. Die mit Rücksicht auf das Anwerfen bemessene Batterie ist im allgemeinen ohne weiteres imstande, den für Stillstandsbeleuchtung erforderlichen Strom über

*) Siehe Abschnitt IV.

**) Kapazität bei 10stündiger Entladung (siehe Abschnitt III).

praktisch genügend lange Zeit zu liefern. Die Stillstandsbeleuchtung besteht bei Personen- und Lastwagen zumeist aus den Positionslampen und der Kennzeichenbeleuchtung mit einem Strombedarf von 2 bis 5 W für jede Lampe.

Die Kapazität der Batterie richtet sich jedoch nur dann in der Hauptsache nach dem Strombedarf des Anlassers, wenn durch die Art der Regelung der Lichtmaschine günstige Ladebedingungen für die Batterie geschaffen werden, wie dies bei der Spannungsregelung der Fall ist. Bei der in Amerika weit verbreiteten, in Abschnitt IV zu besprechenden Stromregelung ist man dagegen mit Rücksicht auf Überladung und Lebensdauer der Batterie häufig gezwungen, eine größere Kapazität zu wählen. Die Tafel Bild 166 zeigt die Kapazität der für amerikanische Personenwagen gewählten Batterien; besonders häufig sind dabei Kapazitäten von 110 bis 120 Ah bei 20stündiger Entladung (entsprechend ca. 95 Ah bei 10stündiger Entladung) gewählt.

Anzahl der Wagen-Bauarten	Aufnahmefähigkeit der 6 V-Batterie Ah	Wh
0	weniger als 80	weniger als 480
8	80 bis 85	480 bis 510
15	90 „ 96	540 „ 576
19	100 „ 106	600 „ 636
20	110 „ 120	660 „ 720
11	125 „ 135	750 „ 810
7	142	852
9	150 bis 170	900 bis 1020

Bild 166. Aufnahmefähigkeit der Batterien in amerikanischen Personenwagen (Nach „Automotive Industries", Band 58, 1928, Nr. 7, S. 250)

Wie erwähnt, gelten die bisher entwickelten Gesichtspunkte für die Bemessung der Anlage eines normalen Gebrauchswagens unter normalen Betriebsverhältnissen, wobei kurze Fahrstrecken in der Stadt mit längeren auf freier Straße zurückgelegten abwechseln und die Batterie nicht durch übermäßig lange Stillstandsbeleuchtung und häufiges Anlassen zu sehr beansprucht ist.

Ein typischer Ausnahmefall ist z. B. der Wagen eines in der Stadt praktizierenden Arztes oder der Lieferungswagen eines städtischen Geschäftes. Bei diesen Wagen ist von vornherein mit langer Stillstandsbeleuchtung und häufigem Anlassen bei gleichzeitig kurzen Ladezeiten und häufig nur mäßiger Fahrgeschwindigkeit zu rechnen. Die Folge derartiger Betriebsverhältnisse ist unter Umständen eine rasche Erschöpfung der Batterie mit den daraus entstehenden Anständen. In solchen Fällen ist daher dafür zu sorgen, daß die Lichtmaschine die erforderliche Leistung und einen Überschuß für die Batterieladung bereits bei Fahrgeschwindigkeiten unter 25 km/h zu liefern vermag. Zu diesem Zweck ist entweder die Übersetzung zwischen Motor und Lichtmaschine zu erhöhen, sofern dies aus konstruktiven und elektrischen Gründen (siehe Abschnitt II) möglich ist, oder eine größere Lichtmaschine zu wählen, die schon bei sehr niederer Drehzahl die erforderliche Leistung gibt. Gleichzeitig empfiehlt es sich meist, auch die Batterie größer zu wählen, um in dieser von vornherein eine größere Reserve zu haben. Trotz dieser Vorkehrungen wird es aber immer wieder vereinzelte Fälle geben, in denen die Fahrzeiten derartig gering sind, daß eine zeitweise Wiederaufladung der Batterie außerhalb des Wagens erforderlich wird.

Ein ähnlicher, aber nicht ganz so ungünstiger Fall liegt vor bei dem Wagen eines kaufmännischen Reisevertreters, der ein größeres Gebiet zu bearbeiten hat. Bei seinen Besuchsfahrten im Stadtgebiet liegen die Verhältnisse ebenso wie bei dem soeben erwähnten Arztwagen, dagegen bieten die dazwischenliegenden Reisefahrten von Stadt zu Stadt bis zu einem gewissen Grade wieder Gelegenheit zu genügender Nachladung der Batterie, so daß in manchen Fällen die normale Anlage ausreicht, während in andern Fällen nur eine Vergrößerung der Batterie zu befriedigenden Verhältnissen führt.

Läßt sich durch derartige Überlegungen der Bedarf nicht im voraus mit Sicherheit feststellen, so führt nur der Versuch zum Ziel. Die Batterie soll so groß sein, daß sie nur selten unter die Hälfte ihr Kapazität entladen wird, so daß für unvorhergesehene Zwischenfälle eine ausreichende Reserve vorhanden ist. In diesem Fall kann mit einer raschen und genügenden Aufladung der Batterie gerechnet werden, vorausgesetzt, daß das Größenverhältnis von Lichtmaschine und Batterie richtig gewählt ist. Ist die Batterie selten ganz aufgeladen, so reicht die Lichtmaschine für den Bedarf des Wagens nicht aus. Schwankt der Ladezustand der Batterie häufig zwischen voller Ladung und tiefer Entladung, so ist die Batterie zu klein.

Beim Stadtomnibus liegen die Verhältnisse hinsichtlich Stillstandsbeleuchtung, kurzen Ladezeiten und niedriger Fahrgeschwindigkeit ähnlich wie beim Arzt- oder Lieferungswagen. Wie bereits erwähnt, ist mit einem sehr großen Leistungsbedarf für die auch beim Stillstand des Fahrzeugs dauernd eingeschaltete sehr umfangreiche Innenbeleuchtung zu rechnen. Bei der Bemessung der Batterie ist dieser Leistungsbedarf unter Umständen ausschlaggebend gegenüber der Rücksicht auf das Anwerfen. Es empfiehlt sich deshalb, die Batterie so groß zu wählen, wie es mit Rücksicht auf die Erwärmung der eingebauten Lichtmaschine möglich ist. In vielen Fällen fehlt beim Omnibus der Anlasser überhaupt.

Die Gesichtspunkte, die für die Bemessung der Lichtmaschine beim Kraftwagen gelten, treffen im wesentlichen auch für die Verhältnisse beim Kraftrad zu. Als Stromverbraucher kommen in erster Linie der Scheinwerfer mit einer Lampe von ungefähr 8 bis 20 Watt Leistungsbedarf, je nach Größe des Rades, und unter Umständen die Seitenwagenbeleuchtung, in einigen Ländern auch das Rücklicht – diese je mit etwa 2 Watt – in Betracht. Die Batteriezündung kommt heute beim Kraftrad als Stromverbraucher nur in ganz vereinzelten Fällen vor. Die übrigen Stromverbraucher wie Horn und Sucher können wegen ihres kurzzeitigen Gebrauchs bei der Bemessung der Lichtmaschine unberücksichtigt bleiben. Die Batterie des Kraftrades wird mit Rücksicht auf Gewicht und Kosten, da nur Stillstandsbeleuchtung aber nicht Anlassen in Betracht kommt, so klein wie möglich gewählt. Eine Batteriekapazität von 4 bis 5 Amperestunden kann als genügend bezeichnet werden. Man findet jedoch hauptsächlich im Ausland auch Batterien mit einer Kapazität von 8 bis 10 Amperestunden. Eine solche Vergrößerung ist unter Umständen auch bei Dreirädern, die als Lieferungsfahrzeuge Verwendung finden, erforderlich. Es ist in diesem Fall unbedingt darauf zu achten, daß die eingebaute Lichtmaschine bei Abgabe des für diese größere Batterie erforderlichen Ladestroms nicht durch übermäßige Erwärmung gefährdet wird.

Beim Luft- und Wasserfahrzeug kommt eine dauernde Fahrstreckenbeleuchtung nicht in Betracht. Dafür spielt neben der Signalbeleuchtung die Innenbeleuchtung und besonders die Beleuchtung zum Absuchen des Geländes, besonders für Landungszwecke, eine erhebliche Rolle. Bei diesen Fahrzeugen schwanken die Bedarfszahlen je nach Art der Einrichtung in so weiten Grenzen, daß es zwecklos wäre, irgendwelche Durchschnittswerte anzugeben. Die Bemessung von Lichtmaschine und Batterie muß hier in jedem einzelnen Fall nach besonderen Gesichtspunkten erfolgen. Ganz besonders ist dies beim Luftfahrzeug der Fall, bei welchem die Verhältnisse noch völlig in der Entwicklung sind.

3. Besondere Anforderungen im Kraftfahrzeugbetrieb

Die Eigenart des Fahrbetriebes stellt an die Stromerzeugungsanlage des Kraftfahrzeuges Anforderungen, die wesentlich von den Bedingungen abweichen, unter denen andere Anlagen zur Erzeugung elektrischer Energie arbeiten.

Während bei diesen die Drehzahl der Dynamomaschine praktisch stets dieselbe ist, schwankt die Betriebsdrehzahl der **Lichtmaschine** des Kraftfahrzeuges mit der Motordrehzahl ständig in weiten Grenzen, da die Lichtmaschine heute allgemein zwangläufig vom Motor angetrieben wird. Die Drehzahl des Motors bei einer Fahrgeschwindigkeit von 25 km/h verhält sich zu seiner Höchstdrehzahl bei den heute üblichen Konstruktionen ungefähr wie 1:4 bis 1:6. Diese Tatsache ist von weitgehender Bedeutung für die Wahl des Übersetzungsverhältnisses zwischen Kurbelwelle und Lichtmaschine. Die Lichtmaschine soll, wie erwähnt, bei 25 km/h Fahrgeschwindigkeit in direktem Gange den Leistungsbedarf der gleichzeitig eingeschalteten Stromverbraucher liefern können. Da die Leistung der im Kraftfahrzeug verwendeten Lichtmaschine in hohem Maße von der Drehzahl abhängig ist, erscheint zunächst die Wahl eines möglichst großen Übersetzungsverhältnisses zwischen Kurbelwelle und Lichtmaschine zweckmäßig, um eine möglichst kleine Maschine verwenden zu können. Man ist jedoch in vielen Fällen in der Wahl des Übersetzungsverhältnisses nicht mehr frei, weil häufig andere Teile der Kraftfahrzeugausrüstung, insbesondere Zünder, die ein bestimmtes Übersetzungsverhältnis zur Kurbelwelle erfordern, über die Lichtmaschinenwelle angetrieben werden. Vor allem ist dieses Verhältnis aber auch nach oben hin dadurch beschränkt, daß die Lichtmaschine bei der höchsten Drehzahl des Verbrennungsmotors aus mechanischen und elektrischen Gründen eine bestimmte Drehzahl nicht überschreiten darf.

Mit der Drehzahl würde die Spannung der normalen Gleichstrom-Nebenschlußmaschine, die heute allgemein als Kraftfahrzeug-Lichtmaschine verwendet wird, in hohem Maße schwanken. Der Betrieb der Glühlampen und die Batterieladung lassen aber nur geringe Spannungsschwankungen zu, und es sind daher besondere Regelungsvorrichtungen erforderlich, die die Spannung nicht nur über den weiten Drehzahlbereich und bei plötzlichen sehr starken Drehzahlschwankungen, sondern auch bei Belastungs- und Temperaturänderungen selbsttätig in engen Grenzen zu erhalten vermögen.

Ferner ist die Lichtmaschine nur oberhalb einer bestimmten Drehzahl imstande, Strom in die Batterie zu liefern. Daher muß sie unterhalb dieser Drehzahl zur Vermeidung von Rückstrom aus der Batterie von dieser getrennt werden. Dazu ist ein Schalter notwendig, der ebenfalls die Trennung völlig selbsttätig zu vollführen hat, denn eine Betätigung durch den Fahrer kommt bei dem ständigen Wechsel der Betriebsverhältnisse und der Drehzahl nicht in Frage. Näheres über diese besonderen Vorrichtungen findet sich in den Abschnitten IV und V.

Die Forderung nach einer verhältnismäßig starken Überlastbarkeit der Kraftfahrzeug-Lichtmaschine wurde bereits weiter oben erwähnt. Die engen Raumverhältnisse und besonders die Bedingung niedrigsten Preises führen dabei zu einer Ausnutzung des Werkstoffs, wie sie sonst im elektrischen Maschinenbau nicht üblich ist. Dabei wirkt die Forderung nach vollständig gekapselter Ausführung, die wegen der Gefahr der Beschädigung und Verschmutzung im Kraftfahrzeugbetrieb nötig ist, sowie der außerordentlich hohe Drehzahlbereich noch besonders erschwerend.

Die starke mechanische Beanspruchung infolge der Erschütterungen im Kraftfahrzeug und eine Resonanzgefahr innerhalb des weiten Drehzahlbereichs erfordert bei der Ausbildung aller Einzelteile der Lichtmaschine, der Batterie, der Stromverbraucher sowie aller Hilfsapparate und Leitungen besondere Aufmerksamkeit.

Die Berücksichtigung all der genannten, durch die besonderen Anforderungen des Kraftfahrzeugs bedingten Punkte ist umso dringender, als mit einer Bedienung und Wartung der Anlage durch den Kraftfahrer nur in außerordentlich geringem Umfang gerechnet werden darf.

Gegenüber sonstigen Anlagen zur Erzeugung elektrischer Energie hat im Kraftfahrzeug der Wirkungsgrad des Stromerzeugers nur eine untergeordnete Bedeutung, ist doch häufig die von der Lichtmaschine beanspruchte Leistung geringer, als die für den Ventilator aufgewendete, vor allem bei größeren Wagen! Bei einem mittleren Motor hat eine Verschlechterung des Wirkungsgrads der Lichtmaschine um 10% eine Erhöhung des gesamten Brennstoffverbrauchs um bei weitem noch nicht 1% zur Folge. Der Wirkungsgrad hat nur eine Bedeutung für die Verluste in der Lichtmaschine und damit für ihre Überlastbarkeit.

Bei der **Batterie** führt die Forderung nach möglichst kleinem Gewicht und niedrigstem Preis erst recht zu weitgehender Ausnutzung des Werkstoffs. Dabei sind die beim Anwerfen erforderlichen sehr starken Stromstöße, bei denen gleichzeitig günstigste Spannungslage gefordert wird, besonders zu berücksichtigen. Auch die mechanischen Erschütterungen sind für die Batterie von großer Bedeutung.

Die erwähnten Verhältnisse, die den Bau einer einwandfreien elektrischen Anlage für das Kraftfahrzeug erschweren, treten beim Kraftrad in erhöhtem Maße in Erscheinung.

Preis und Gewicht der Batterie lassen von vornherein für die Verwendung im Kraftfahrzeug eine weitgehende Beschränkung der Zellenzahl der Batterie wünschenswert erscheinen. Dies führt zu einer verhältnismäßig kleinen Spannung der ganzen elektrischen Anlage im Kraftfahrzeug. Da zur Zeit der Einführung der ,elektrischen Beleuchtung am Kraftfahrzeug in Amerika Glühlampen mit genügender Lebensdauer nur für eine Spannung bis zu 6 V hergestellt werden konnten, so kam nur eine Spannung von 4 und besonders 6 V für die Anlage in Betracht. Als man später dazu überging, die Batterie auch zum Anwerfen des Motors heranzuziehen, hatte das 6-Volt-System schon eine wesentliche Verbreitung gefunden und wurde daher auch für die Anlagen mit Anlasser in Amerika fast durchweg beibehalten. In Europa, wo sich die Lichtanlage für das Kraftfahrzeug erst später einbürgerte, hat man vielfach rechtzeitig erkannt, daß bei dem großen Leistungsbedarf des Anlassers eine größere Spannung häufig vorteilhafter ist. Deshalb findet man in Europa neben der 6-Volt-Anlage in großem Umfang auch die 12-Volt-Anlage. Über Vorzüge und Nachteile des 6- und 12-Volt-Systems wird an anderer Stelle noch ausführlich gesprochen werden. In Ausnahmefällen findet man auch 24-Volt-Anlagen.

Beim Kraftrad findet man das 4- und 6-Volt-System. Das 4-Volt-System kommt bei kleineren Lichtanlagen, d. h. kleinen Rädern, in Betracht, während man bei größeren Lichtanlagen das 6-Volt-System vorzieht.

II. Die Lichtmaschine

1. Wirkungsweise der Gleichstrommaschine

Trotzdem die Anforderungen des Kraftfahrzeugbetriebs wesentlich von den Bedingungen abweichen, denen die Stromerzeuger stationärer Anlagen unterworfen sind, folgt die grundsätzliche Bauart der Kraftfahrzeuglichtmaschine doch fast stets der einer normalen Gleichstrom-Nebenschluß-Maschine.

Über die Wirkungsweise der Gleichstrommaschine besteht eine umfassende Literatur, so daß hier von einer eingehenden Behandlung abgesehen werden kann. Es möge nur an einige grundlegende Gesichtspunkte erinnert werden.

Ändert sich das die Fläche einer Drahtwindung durchsetzende magnetische Feld in irgendeiner Weise, so wird in dieser Windung eine elektromotorische Kraft induziert, die nach Größe von der Geschwindigkeit und nach Richtung von der Richtung dieser Feldänderung abhängt. Bei der stromerzeugenden Maschine wird eine solche Feldänderung dadurch erzielt, daß die auf einem aus Eisenblechen bestehenden Kern, dem sogenannten Anker, liegende Windung oder eine aus mehreren Windungen bestehende Spule in einem stillstehenden Magnetfeld gedreht wird. Das Magnetfeld wird dabei entweder von einem Dauermagneten oder von einem Elektromagneten erzeugt.

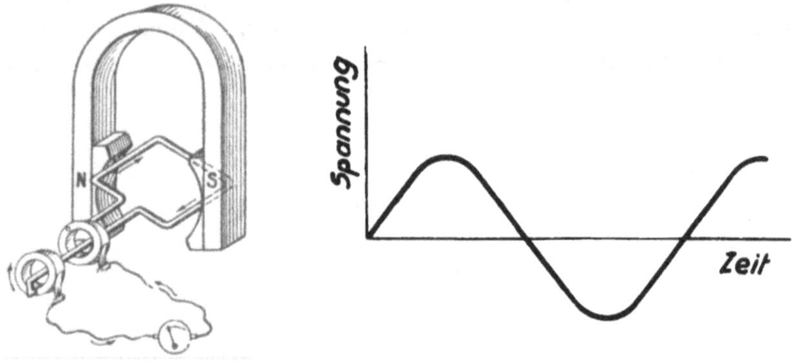

Bild 167. Grundsätzliche Anordnung zur Erzeugung einer Wechselspannung in einer elektrischen Maschine und graphische Darstellung dieser Spannung

Die dabei in der Spule auftretende induzierte elektromotorische Kraft verändert sich nach Größe und Richtung periodisch, ist also eine sogenannte Wechselspannung (Bild 167). Führt man die Enden der Spule zu den mit dem Anker umlaufenden Segmenten eines sogenannten Stromwenders, auch Kommutator oder Kollektor genannt (Bild 168),

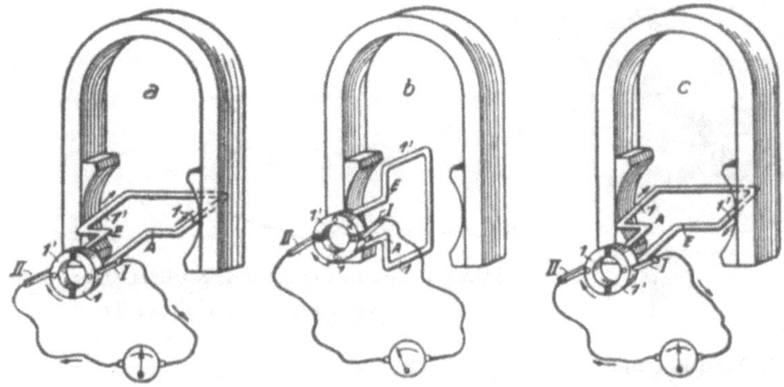

Bild 168. Anordnung eines Stromwenders zur Gleichrichtung der Wechselspannung

so ist es möglich, durch Schleifbürsten von diesen Segmenten an Stelle der Wechselspannung eine gleichgerichtete, wenn auch ihrer Größe nach noch stark veränderliche Spannung abzunehmen (Bild 169). Dabei sind die Schleifbürsten räumlich derart anzuordnen, daß der Über-

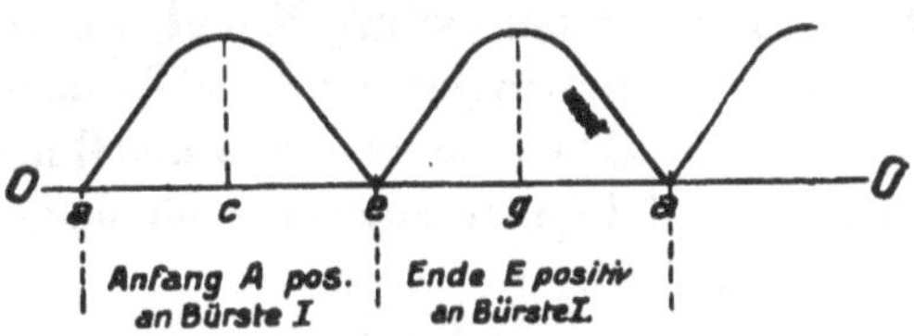

Bild 169. Gleichgerichtete Wechselspannung

gang von einem Segment zum andern in dem Augenblick erfolgt, in dem die induzierte Spannung gerade Null ist, die beiden Seiten der Drahtwindung also in der sogenannten neutralen Zone des Feldes stehen. Ordnet man nun auf dem Anker mehrere gleichartige, räumlich gegeneinander versetzte Spulen an und führt jeweils Anfang und Ende zu einem besonderen Segment des Stromwenders (Bild 170), so erhält man an den Schleifbürsten eine in ihrer Größe nur noch wenig veränderliche gleichgerichtete Spannung, die dadurch zustande kommt, daß von jeder Spule nur ein bestimmter Teil ihrer Spannung herausgegriffen wird, wie aus Bild 171 ersichtlich ist. Abgesehen von anderen Unzuträglichkeiten ist bei dieser Anordnung immer nur die Spule wirksam, deren zugehörige Kollektorsegmente unter den Bürsten stehen. Um aber stets sämtliche auf dem Anker angeordneten Spulen zur Spannungslieferung heranzuziehen, verbindet man das Ende jeder Spule mit dem Anfang der darauf folgenden und gleichzeitig mit einem Kollektorsegment. Man erhält dadurch eine geschlossene Ankerwicklung, die in ihrer Abwicklung in die Zeichenebene durch Bild 172 dargestellt ist. Es sind dabei die mit N und S bezeichneten Pole und die mit I und II bezeichneten Bürsten als im Raum feststehend gedacht, während sich die Wicklung mit den über den Bürsten sichtbaren Kollektorsegmenten von links nach rechts bewegen möge. Die Richtung

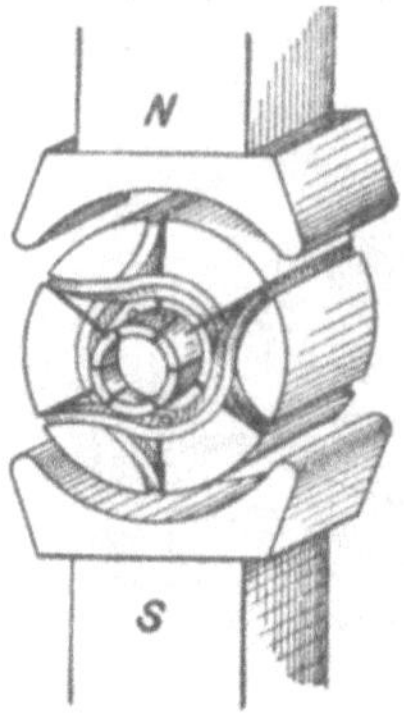

Bild 170. Anker mit drei räumlich gegeneinander versetzten Spulen

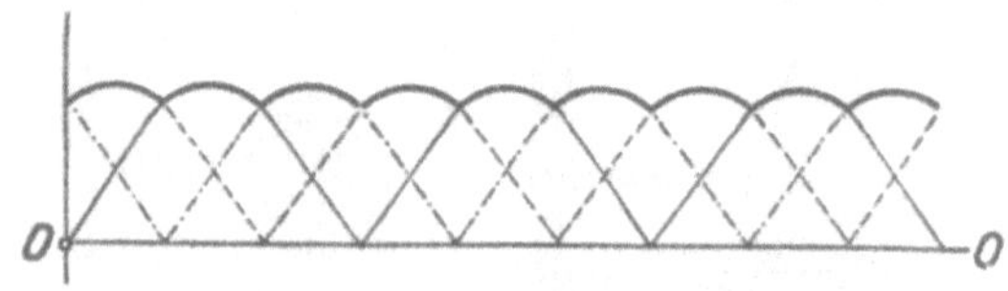

Bild 171. Spannung an den Schleifbürsten einer Anordnung nach Bild 170

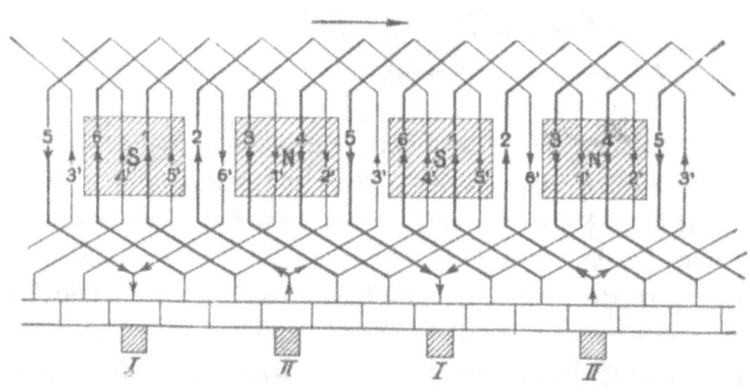

Bild 172. Wicklung einer vierpoligen Maschine, in der Zeichenebene abgerollt. *N* Nordpol, *S* Südpol, *I*, *II* Bürsten zur Stromabnahme vom Stromwender

der in den einzelnen Drahtwindungen induzierten Spannung ist durch Pfeile angedeutet, und man erkennt, daß bei Belastung der Maschine der Strom von 2 Seiten der Wicklung der Abnahmebürste I zufließt und ebenso bei der Bürste II wieder in 2 Teile der Wicklung zurückfließt, d. h. die dargestellte geschlossene Ankerwicklung besteht aus 2 parallel geschalteten Stromzweigen. In Bild 173 ist für die in Bild 172 dargestellte Anordnung die Spannung der einzelnen räumlich gegeneinander versetzten Spulen in Abhängigkeit von der Zeit aufgezeichnet. Zwischen den beiden Bürsten befinden sich je 3 hintereinandergeschaltete Spulen, und man erhält daher in jedem Augenblick die Summe ihrer jeweils induzierten Spannungen, wie sie die unterste Linie des Bildes 173 darstellt.

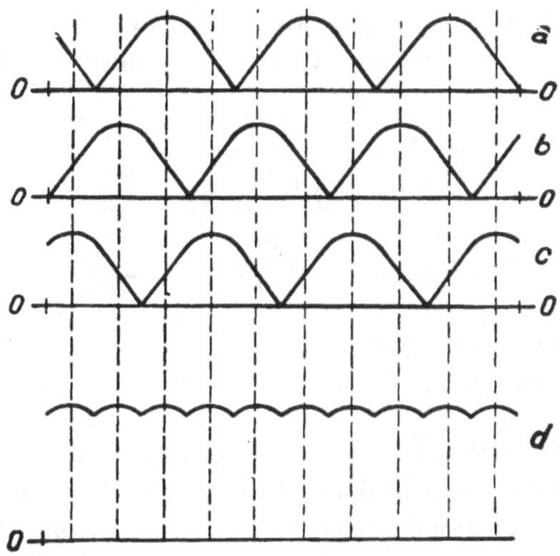

Bild 173. Zusammensetzung der in den einzelnen Windungen nach Bild 172 entstehenden Spannungen *a*, *b* und *c* zur Bürstenspannung *d*

Zur **Erzeugung des Erregerfeldes** werden nur in ganz beschränktem Umfange Dauermagnete herangezogen, da sie bei verhältnismäßig kleinen Leistungen zu für die Praxis unbrauchbar großen Abmessungen führen. Man verwendet vielmehr fast allgemein Elektromagnete, d. h. Weicheisenpole mit einer von Gleichstrom durchflossenen Wicklung. Den für diese Elektromagnete erforderlichen Gleichstrom entnimmt man nach dem von Werner v. Siemens im Jahre 1866 entdeckten dynamoelektrischen Prinzip dem Anker der Maschine selbst. Ist ein solcher Elektromagnet durch Strom aus irgendeiner Stromquelle ein einziges Mal magnetisiert worden, so behält das Weicheisen immer einen, wenn auch kleinen, Teil des ursprünglichen magnetischen Kraftflusses zurück, der beim Ingangsetzen der Maschine genügt, um im Anker eine, allerdings zunächst kleine, Gleichspannung zu erzeugen. Diese kleine Spannung erzeugt bei entsprechendem Anschluß der Wicklung des Elektromagnets an die Schleifbürsten einen kleinen Strom in der Erregerwicklung, der das ursprünglich vorhandene *remanente Feld* verstärkt und dadurch wieder eine Erhöhung der Ankerspannung hervorruft. Die wechselseitige Einwirkung von Ankerspannung und magnetischem Kraftfluß setzt sich fort, bis der Widerstand der Erregerwicklung und die Aufnahmefähigkeit des Eisens für magnetische Kraftlinien einem weiteren Ansteigen von Kraftfluß und Spannung bei gegebener Drehzahl eine Grenze setzen.

Die Höhe der in der Ankerwicklung erzeugten Spannung ist einerseits durch die Änderungsgeschwindigkeit des die Drahtwindungen durchsetzenden magnetischen Flusses, also durch die Größe dieses

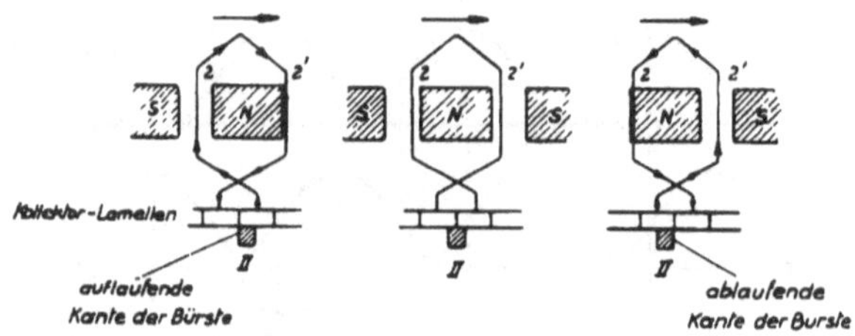

Bild 174. Stromwendung (Kommutierung) in einer Spule aus Bild 172

Flusses und die Drehzahl des Ankers, andererseits durch die gesamte Windungszahl der Ankerwicklung bedingt. Die Drehzahl, bei der eine Gleichstrom-Nebenschlußmaschine imstande ist, die erforderliche Spannung zu liefern, ist daher um so niedriger, je größer der magnetische Fluß und die gesamte auf den Anker gebrachte Windungszahl gewählt ist. Die gesamte Windungszahl ist aber von großer Bedeutung für die im folgenden noch näher erläuterte *Feldverzerrung*; diese wiederum, sowie die Windungszahl der einzelnen Ankerspule beeinflussen in hohem Maße die sogenannte **Stromwendung** oder Kommutierung.

Betrachten wir im Anschluß an Bild 172 in Bild 174 nur eine einzige Spule oder der leichteren Darstellung wegen nur eine einzige Drahtwindung dieser Spule beim Vorbeigehen vor den Polen der Maschine, so erkennen wir, daß der Strom in dieser Drahtwindung beim Durchgang der beiden zugehörigen Kollektorsegmente unter der Bürste seine Richtung umkehren muß. Wir beobachten ferner, daß diese Drahtwindung während dieses Durchgangs über die zugehörigen Kollektorsegmente und die Bürste kurz geschlossen ist. Befinden sich die beiden Seiten der kurzgeschlossenen Spule während der Kurzschlußzeit, d. h. solange die beiden Segmente unter der Bürste stehen, in der neutralen Zone des magnetischen Feldes, so wird in ihr durch Drehung keine elektromotorische Kraft induziert. Der erwähnten Änderung der Stromrichtung widersetzt sich aber die Spule infolge ihrer Selbstinduktion, veranlaßt dadurch eine Verzögerung der Stromwendung und damit am Ende der Kurzschlußzeit, d. h. beim Ablaufen des Segments von der Bürste eine um so raschere Stromänderung, da von diesem Augenblick an zwangsweise der volle Strom in neuer Richtung die Drahtwindung durchfließen muß. Diese plötzliche Stromänderung zwischen der sich trennenden Segment- und Bürstenkante hat eine induktive Spannung zur Folge, die sich je nach Größe in einem mehr oder weniger starken Funken, dem sogenannten Bürstenfeuer, äußert. Gleichzeitig veranlaßt die Verzögerung bei der Stromwendung eine ungleichmäßige Verteilung des Stromes über die Bürstenfläche und dadurch unter Umständen an der ablaufenden Bürstenkante eine übermäßige Stromdichte und Erwärmung, die die Funkenbildung begünstigt.

Ganz besonders ungünstig werden die Verhältnisse bei der Stromwendung, wenn das Feld unter der Wirkung des Ankerstromes verzerrt ist. Solange dem Anker kein Strom entnommen wird, d. h. bei Leerlauf, wird das den Anker durchsetzende Feld nur durch die vom Erregerstrom durchflossene Erregerwicklung erzeugt. Wird aber der Anker belastet, so stellt die Ankerwicklung eine zweite, stromdurchflossene Wicklung dar, die ihrerseits ein weiteres Feld zu schaffen sucht, eine Erscheinung, die als Ankerrückwirkung bezeichnet wird. Die Achse dieses „Ankerfeldes" würde ohne das Feld der Erregerwicklung bei der normalen Lage der Bürsten in der neutralen Zone räumlich um 90° im Sinne der Drehrichtung gegen das Erregerfeld verschoben sein (siehe Bild 175). Tatsächlich entsteht unter gleichzeitiger Wirkung der stromdurchflossenen Erreger- und Ankerwicklung nur ein einziges, den Anker durchsetzendes verzerrtes Feld, dessen Achse nach Bild 176 gegenüber dem Feld bei Leerlauf im Sinne der Drehrichtung verschoben ist, und zwar um so mehr, je größer der dem Anker entnommene Belastungsstrom, je größer die Windungszahl des Ankers und je schwächer die Erregung ist. Infolge dieser Feldverzerrung befindet sich die Spule, entgegen unserer vorherigen Voraussetzung, während der Stromwendung nicht mehr in der neutralen Zone des magnetischen Feldes, und es wird in ihr eine elektromotorische Kraft induziert, die einen Strom in der alten Richtung aufrecht zu erhalten sucht, ebenfalls eine Verzögerung in der Stromwendung hervorruft und dadurch die Entstehung von Bürstenfeuer begünstigt. Aus diesem Grunde wird bei stationären Maschinen meist die Bürste etwas in der Drehrichtung aus der neutralen Zone des Leerlaufzustandes verschoben. Bei dauernd

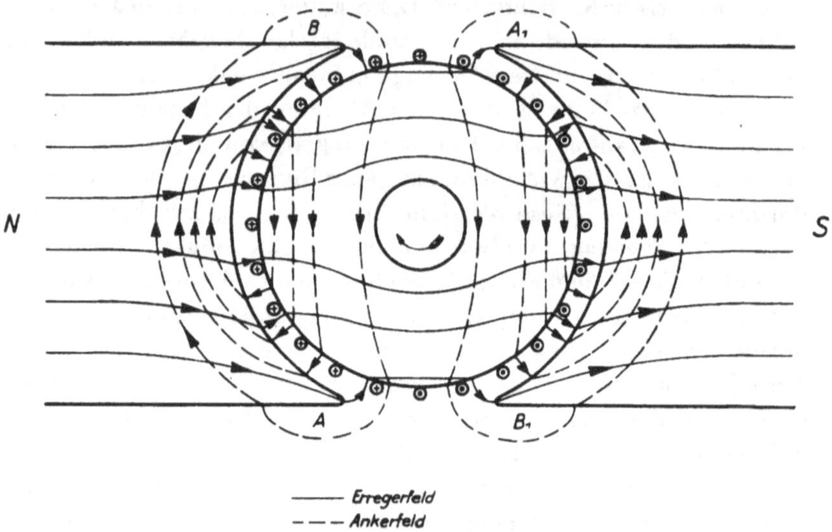

Bild 175. Erreger- und Ankerfeld einer zweipoligen Maschine

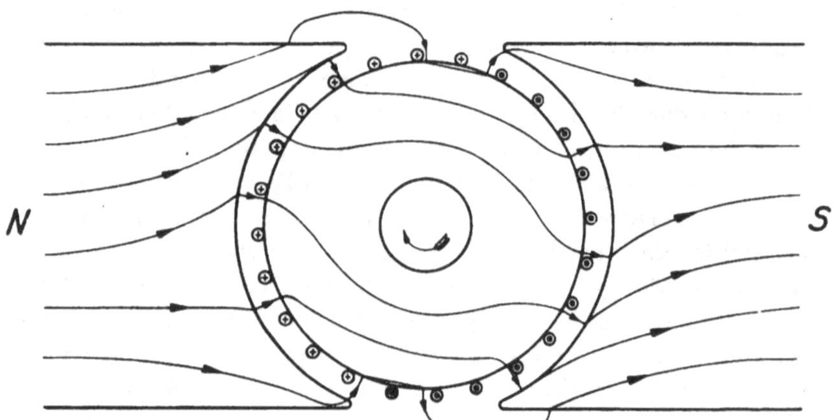

Bild 176. Verzerrtes Feld der belasteten Maschine

gleicher Bürstenverschiebung führt diese Maßnahme nur dann zum gewünschten Erfolg, wenn nicht zu hohe Überlastungen und nur kleine Drehzahlschwankungen in Betracht kommen. Durch sogenannte Kompensationswicklungen dagegen, die an den Polschuhen angeordnet und vom Ankerstrom durchflossen werden, ist es möglich, jegliche Feldverzerrung und deren Wirkung auf die Stromwendung zu unterdrücken.

Noch häufiger werden bei stationären Maschinen zur Verbesserung der Stromwendung Hilfspole, sogenannte Wendepole, zwischen den Hauptpolen angeordnet, durch deren Erregerwicklung der dem Anker entnommene Belastungsstrom geführt wird, so daß ihr Feld in Abhängigkeit von der Größe des Belastungsstromes gebracht wird. Diese Wendepole erzeugen an der Stelle, an der sich die gerade kommutierende Spule befindet, ein sogenanntes Wendefeld, das in der Spule bei ihrer Drehung eine Spannung induziert, die der oben beschriebenen Verzögerung in der Stromwendung entgegenwirkt. Ein näheres Eingehen auf die genannten Anordnungen zur Verbesserung der Stromwendung erübrigt sich, da sie wegen der Verteuerung der Maschinen für Kraftfahrzeug-Lichtmaschinen nicht in Betracht kommen.

Wir haben oben festgestellt, daß die Änderungsgeschwindigkeit des in der Spule fließenden Stromes am Ende der Kurzschlußzeit maßgebend für das Auftreten von Bürstenfeuer ist. Diese Änderungsgeschwindigkeit des Stromes ist um so größer, je größer der der Maschine entnommene Strom, die Feldverzerrung und die Selbstinduktion der kommutierenden Spule, je kleiner der Widerstand im Stromkreis der kommutierenden Spule und je kleiner die Kurzschlußzeit ist, in der die gesamte Stromwendung erfolgen muß.

Die Feldverzerrung ist, wie wir bereits gesehen haben, um so größer, je größer der dem Anker entnommene Belastungsstrom, je größer die Anzahl der vom Ankerstrom durchflossenen, unter einem Pol liegenden Ankerdrähte und je geringer die Felderregung ist. Die Felderregung selbst ist bei einer bestimmten Drehzahl um so kleiner, je kleiner der Luftspalt zwischen Pol und Anker und je kleiner die magnetische Beanspruchung des Eisens, besonders der Ankerzähne, gewählt ist.

Die Selbstinduktion der kommutierenden Spule ist durch die von ihr umfaßte Fläche und ganz besonders durch ihre Windungszahl bedingt. Auf den Einfluß von Nutform, Bürstenzahl, Bürstenüberdeckung, gleichzeitiger Kommutierung mehrerer Spulen, gegenseitiger Induktivität und Koppelung der gleichzeitig kurzgeschlossenen Spulen je nach Anordnung der Wicklung kann im Rahmen dieses Buches nicht näher eingegangen werden. Wer sich näher damit befassen will, sei u. a. auf die ausführliche Darstellung von Rudolf Richter *) hingewiesen.

*) Rudolf Richter, Elektrische Maschinen. Band I. Springer 1924.

Der Widerstand des gesamten Stromkreises der durch die Bürste kurzgeschlossenen Spule beeinflußt in ganz besonderem Maße die Stromänderung beim Ablaufen des Segments. Da der Widerstand der Spule selbst mit Rücksicht auf Verluste und Erwärmung der Maschine vernachlässigbar klein gehalten werden muß, ist der Übergangswiderstand zwischen Segment und Bürste, sowie der Widerstand in der Querrichtung der Bürste, also die Wahl des Bürsten-Werkstoffes, von größter Bedeutung. Großer spezifischer Widerstand der Bürste verbessert die Kommutierung, bedingt aber gleichzeitig bei gegebenem Strom einen größeren Bürstenquerschnitt, größeren Spannungsabfall an der Bürste und demnach größere Verluste. Man hat auch schon den Widerstand der kurzgeschlossenen Spule dadurch vergrößert, daß man zwischen jedes Segment des Stromwenders und den zugehörigen Verbindungspunkt zweier Spulen ein Drahtstück mit hohem Widerstand einschaltete. Vom Standpunkt des Elektrotechnikers aus ergibt dieser Kunstgriff bei der Lichtmaschine recht gute Verhältnisse, praktisch ist er aber nicht anwendbar, weil die Maschine dadurch erheblich verteuert wird und außerdem bei nicht sehr sorgsamer Ausführung der erforderlichen Lötarbeit die Betriebssicherheit leidet.

Die Kurzschlußzeit ist um so kleiner, je höher die Drehzahl ist und je kleiner die Bürstenbreite im Verhältnis zur Segmentbreite gewählt wird.

Den bisherigen Betrachtungen haben wir die vorwiegend zweipolige Maschine zugrunde gelegt. Es ist aber möglich, den aus dem Nordpol austretenden Erregerfluß auf mehrere, räumlich gegeneinander versetzte Nordpole zu verteilen und zwischen diesen Nordpolen entsprechende Südpole anzuordnen. Damit wird an der grundsätzlichen Wirkungsweise der Maschine nichts geändert (siehe Bild 177). Die mehrpolige Maschine stellt gewissermaßen dem Ankerumfang entlang eine Wiederholung der zweipoligen Maschine dar, allerdings mit einer der Polzahl entsprechend geänderten Polteilung von beispielsweise 90° bei der vierpoligen Maschine.

Die Weite der Ankerspule ist nun nicht mehr ungefähr gleich dem Ankerdurchmesser wie bei der zweipoligen Maschine, sondern ungefähr gleich der Polteilung zu wählen, damit wieder die gesamten aus einem Nordpol austretenden magnetischen Kraftlinien den Hohlraum der Spule durchsetzen und andererseits die beiden Spulenseiten bei der Stromwendung in die neutrale Zone zu liegen kommen. Die Entfernung der Bürsten am Kollektorumfang entspricht ebenfalls der Polteilung.

Die Wicklung der mehrpoligen Maschine kann als Wellen- oder Schleifenwicklung ausgeführt werden; bei der Wellenwicklung kann man wie bei der zweipoligen Maschine nach wie vor mit zwei Bürsten auskommen, während man bei der Schleifenwicklung die Bürstenzahl gleich der Polzahl wählen muß. Auf nähere Beschreibung dieser Wicklungsarten und ihrer wesentlichen Eigenschaften, besonders auch hinsichtlich Stromwendung, muß hier verzichtet werden.

Bei der mehrpoligen Maschine wird infolge ihrer kleineren Spulenweite die mittlere Wicklungslänge der einzelnen Ankerspule und damit das Gewicht der ganzen Ankerwicklung geringer. Da der magnetische Fluß, wie erwähnt, auf mehrere Pole verteilt ist, kann auch der Quer-

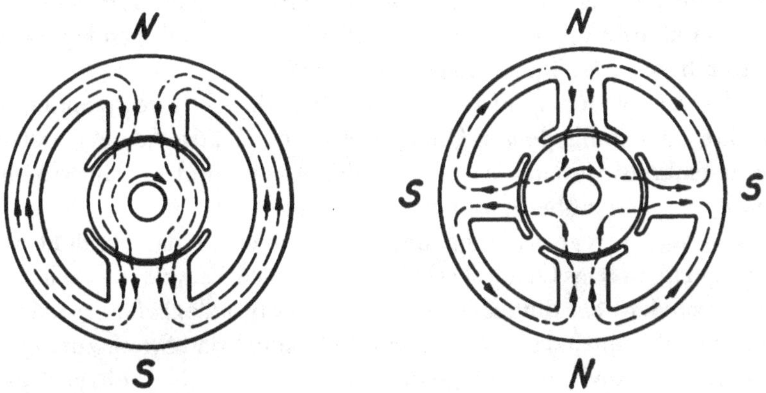

Bild 177. Erregerfluß in einer zweipoligen und einer vierpoligen Maschine

schnitt vom Gehäuse und Ankerkern kleiner gewählt und damit an Gewicht und Raum gespart werden.

Die Unterteilung der Pole führt auch zu einer Verkleinerung der mittleren Windungslänge der Erregerwicklung, bedingt aber nur unter bestimmten Umständen eine Verminderung des gesamten Erregerkupfers, da die Zahl der einzelnen Erregerspulen mit der Polzahl wächst und bei gleichem Luftspalt zur Überwindung des magnetischen Widerstands im Eisen und hauptsächlich im Luftspalt von jedem Pol dieselbe magnetomotorische Kraft aufzubringen ist wie bei der zweipoligen Maschine. Innerhalb gewisser Grenzen werden mit zunehmender Polzahl die Kosten für Baustoffe geringer, dagegen die Kosten für Bearbeitung größer, weil mehr Einzelteile herzustellen sind. Der Hauptvorteil großer Polzahl liegt neben der Gewichtsverminderung in der kleineren Ankerrückwirkung, Feldverzerrung und den dadurch bedingten günstigeren Verhältnissen für die Stromwendung. Andererseits ist aber zu beachten, daß bei größerer Polzahl die Pollücke zwischen zwei aufeinanderfolgenden Polen kleiner ausfällt und daher ein allmählicher Verlauf des magnetischen Feldes in der neutralen Zone, wie er für gute Stromwendung anzustreben ist, schwerer erreicht wird; die Einstellung der Bürsten wird dann hinsichtlich funkenfreien Laufs empfindlicher, zumal gleichzeitig die zwischen den Bürsten liegende Zahl von Kollektorsegmenten verkleinert und dadurch die Spannung zwischen zwei benachbarten Segmenten, die sogenannte Segmentspannung, vergrößert wird.

In jeder elektrischen Maschine treten bei der Umwandlung von mechanischer in elektrische Energie elektrische, magnetische und mechanische **Verluste** auf. Bei der Gleichstrom-Nebenschlußmaschine in ihrer einfachsten Ausführung ohne Hauptstrom- und Wendepolwicklungen handelt es sich um folgende Verluste:

Elektrische Verluste (auch Ohmsche Verluste genannt, da sie ihre Entstehung dem in Ohm gemessenen elektrischen Widerstand im Stromkreis verdanken) treten in der Anker- und Erregerwicklung sowie beim Stromübergang am Stromwender auf. Die Verluste in der Anker- und Erregerwicklung sind bestimmt durch das Produkt von Widerstand und ins Quadrat erhobener Stromstärke, sind also in hohem Maße von der Belastung abhängig. Die Verluste in der Erregerwicklung, die ebenfalls durch das Produkt von Widerstand und Strom zum Quadrat gegeben sind, sind bei gleichbleibender Drehzahl nur in geringem Maße von der Belastung abhängig und nehmen mit zunehmender Drehzahl ab. Die Übergangsverluste im Stromwender sind im allgemeinen proportional dem Belastungstrom, können aber bei ungünstiger Stromwendung mit zunehmender Belastung sowie bei hoher Drehzahl eine besondere Steigerung erfahren.

Die magnetischen Verluste sind bedingt durch die bei der Drehung des Ankers nach Stärke und Richtung erforderliche Änderung des magnetischen Feldes im Ankerkern, in den Ankerzähnen sowie in den Polschuhen. In Anker und Zahn erfolgt bei jedem Polwechsel eine Ummagnetisierung. Dabei entstehen Hysteresisverluste, deren Größe durch das Eisengewicht, die magnetische Beanspruchung und Art des Werkstoffs sowie die Drehzahl bestimmt ist.

Gleichzeitig werden bei der Drehung im magnetischen Feld im Ankereisenkörper, auch wenn dieser aus einzelnen, voneinander isolierten Blechen aufgebaut ist, elektromotorische Kräfte induziert, die Wirbelströme erzeugen und dadurch Wirbelstromverluste zur Folge haben. Sie sind abhängig von der Art des Werkstoffs, in besonderem Maße aber von der magnetischen Beanspruchung, der Blechdicke und der Drehzahl.

Weitere magnetische Verluste treten an der Oberfläche der Polschuhe auf, da bei dem Wandern der Ankerzähne entlang der Polschuhoberfläche die magnetische Beanspruchung schwankt, wodurch an der Polschuhoberfläche Hysteresis- und Wirbelstromverluste entstehen.

Wird der Kraftfluß zwecks Regelung der Spannung bei Drehzahlsteigerung vermindert, so steigen zumeist die magnetischen Verluste, da die starke Feldverzerrung bei hohen Drehzahlen eine ungleichmäßige Verteilung des Flusses unter den Polen und damit trotz Abnahme des gesamten Kraftflusses eine starke magnetische Beanspruchung des aus dem Pol austretenden Ankerzahns zur Folge hat.

Mechanische Verluste treten auf durch Lager-, Bürsten- und Luftreibung.

Sämtliche in der Maschine entstehenden Verluste werden in Wärme übergeführt; es tritt daher eine Temperaturerhöhung oder sogenannte Übertemperatur der einzelnen Maschinenteile gegenüber der umgebenden Luft ein. Diese Temperaturerhöhung bewirkt eine Wärmeabgabe durch Luftströmung, sowie durch Strahlung und Leitung. Im Laufe des Betriebs geht die Temperaturerhöhung einem gewissen Endwert entgegen, bei dem die mit steigender Übertemperatur ebenfalls zunehmende Wärmeabgabe gleich der in derselben Zeit erzeugten Wärme geworden ist. Mit Rücksicht auf Betriebssicherheit und Lebensdauer darf die Temperatur der einzelnen Maschinenteile gewisse Werte nicht überschreiten. Ganz besonders gilt dies für die Isolierstoffe der Wicklung, die bei übermäßiger Erwärmung rasch ihr Isoliervermögen verlieren. Um an Material und Kosten zu sparen, wird den einzelnen Maschinenteilen häufig Frischluft unter gewissem Druck zugeführt, um eine kräftigere Kühlung zu erzielen. Vielfach muß aber eine solche Kühlung auf die äußere Gehäusewand der Maschine beschränkt werden, wenn besondere Betriebsbedingungen wegen Verschmutzung, Feuersgefahr usw. ein vollständiges Abschließen gegenüber der umgebenden Luft erforderlich machen. Dies gilt z. B. für die Kraftfahrzeuglichtmaschine. Es ist auf alle Fälle bei jeder Maschine darauf zu achten, daß die für eine gewisse Belastung erforderliche Kühlung im Betrieb auch tatsächlich vorhanden ist. (Vgl. Abschn. VI, 1.)

2. Folgerungen für die Lichtmaschine des Kraftfahrzeuges

Wir haben in Abschnitt I, 2 und 3 für die Kraftfahrzeug-Lichtmaschine die folgenden wesentlichen Anforderungen gefunden:

1. Abgabe einer je nach Art und Größe des Wagens bestimmten Leistung bei einer dem Stadtverkehr entsprechenden niedersten Drehzahl.
2. Zulässigkeit von Drehzahlsteigerungen im Verhältnis 1:4 bis 1:6.
3. Überlastbarkeit um 50 bis 70 %.
4. Annähernd gleichbleibende Spannung bei allen Belastungen innerhalb der erwähnten Drehzahlschwankungen.

Unter Berücksichtigung dieser Bedingungen wollen wir, nachdem wir soeben die allgemeine Wirkungsweise der Gleichstrommaschine kennengelernt haben, einige Folgerungen für die Lichtmaschine des Kraftfahrzeuges ziehen.

Die **Leistung** der Gleichstrommaschine bei einer gewissen Drehzahl ist gegeben durch das Produkt von magnetischem Kraftfluß und gesamter Windungszahl im Anker, oder anders ausgedrückt, durch das Gewicht des aufgewendeten Eisens und Kupfers. Die erste und dritte der oben angegebenen Bedingungen führen mit Rücksicht auf die bei der Kraftfahrzeug-Lichtmaschine ganz besonders scharfen Forderungen hinsichtlich Raum und Preis zu einem ziemlich engbegrenzten Verhältnis von Eisen- und Kupfergewicht und damit auch zu einer nur in engen Grenzen wählbaren Windungszahl des Ankers. Andererseits aber ist bei der sehr starken Drehzahlsteigerung und gleichzeitigen Überlastung der Maschine die Wahl der gesamten Leiterzahl des Ankers sowie die Windungszahl pro Spule für eine gute Stromwendung nach dem Früheren von größter Bedeutung. Die erwähnten Maßnahmen zur Verbesserung der Stromwendung – Bürstenverschiebung, Kompensationswicklungen, Wendepole – kommen für die Kraftfahrzeugmaschine mit Rücksicht auf Preis und Raum nicht in Betracht. Da, wie wir später sehen werden, die Regelung meist durch Schwächung des magnetischen Kraftflusses erfolgt und daher mit starker Feldverzerrung bei hohen Drehzahlen zu rechnen ist, gestalten sich die Verhältnisse für die Stromwendung noch besonders ungünstig. Eine Verbesserung durch möglichst geringe Windungszahl der einzelnen Spule ist nur in begrenztem Maße möglich, da durch die gegebenen Raumverhältnisse der Durchmesser des Kollektors und damit wegen der praktischen Ausführbarkeit der Segmentstärke auch die Segmentzahl beschränkt ist.

Durch die von der Maschine bei einer bestimmten niedersten Drehzahl geforderte Leistung einerseits und durch die verlangte Höchstdrehzahl und Überlastbarkeit andererseits ist also Gewicht und Größe der Maschine bestimmt. Es ist daher bei einer gegebenen Maschine auch das Verhältnis von niederster und höchster Drehzahl beschränkt. Man kann also nicht etwa eine bestimmte für niederes Übersetzungsverhältnis zur Kurbelwelle geeignete Maschine auch für ein wesentlich höheres Übersetzungsverhältnis verwenden, so sehr dies mit Rücksicht auf rationelle Massenfertigung und Preis erwünscht wäre. Es sind je nach dem oft aus andern Gründen bestimmten Übersetzungsverhältnis auch bei derselben Wagengröße unter Umständen verschiedene Maschinen erforderlich.

Diese Beschränkung in der Verwendungsmöglichkeit einer Maschine besteht auch für die Maschinen mit Stromregelung durch dritte Bürste (siehe Abschnitt IV, 2), bei denen die Schwierigkeiten für die Stromwendung bei hohen Drehzahlen wohl geringer werden, aber nur deshalb, weil infolge der Eigenart dieser Regelung der Strom bei hohen Drehzahlen zurückgeht. Nun ist es aber gerade diese Erscheinung des zurückgehenden Stroms, die die Verwendungsmöglichkeit der Maschine wieder beschränkt, da bei hoher Drehzahl bei Nachtfahrt eine Entladung der Batterie zu befürchten ist.

Im Gegensatz zur stationären Maschine finden wir bei der Kraftfahrzeug-Lichtmaschine mit Rücksicht auf Gewicht, Preis und besonders auch Stromwendung bei dem weiten Drehzahlbereich, selbst bis zu sehr kleinen Leistungen herunter, vielfach die vierpolige anstatt der zweipoligen Anordnung. Nur bei Lichtmaschinen besonders kleiner Leistung, wie sie für Krafträder verwendet werden, beschränkt man sich in der Regel, besonders auch mit Rücksicht auf den dabei häufig üblichen Zusammenbau mit dem Zünder, auf die Anordnung zweier Pole.

Gewisse Vorteile bietet die zweipolige Anordnung bei der kurz zuvor genannten Stromregelung mit dritter Bürste, da hierbei die räumliche Einstellung dieser Bürste weniger empfindlich ist. Man findet aus diesem Grunde in Amerika, dem Lande der Dreibürstenmaschine, eine größere Verbreitung der zweipoligen Bauart.

Obwohl bei ortsfesten Maschinen bei schwierigen Kommutierungsverhältnissen die Schleifenwicklung bevorzugt wird, ist die Wicklung des Ankers bei der Kraftfahrzeug-Lichtmaschine fast stets eine sogenannte Wellenwicklung, da diese, wie bereits erwähnt, auch bei mehrpoliger Maschine die Anordnung von nur zwei Bürstenstiften gestattet. Erst bei sehr großen Leistungen, bei denen an sich mit Rücksicht auf die Stromabnahme die Anordnung von mehr als zwei Bürstenstiften notwendig wird, geht man unter Umständen zur Schleifenwicklung über.

Angesichts der erschwerten Kommutierungsverhältnisse bei der Kraftfahrzeug-Lichtmaschine ist der Auswahl des Bürstenwerkstoffs ganz besondere Aufmerksamkeit zu schenken. Die Bürsten bestehen stets aus Kohle oder Kohle-Metall-Mischungen der verschiedensten Beschaffenheit. Die Forderung möglichst großen Widerstands zwischen Segment und Bürste und in der Bürste selbst zur Erzielung einer guten Stromwendung führt zu einem Spannungsverlust an den Bürsten, der im Verhältnis zu der gesamten, an sich nur niedrigen Nennspannung der Maschine sehr stark ins Gewicht fällt.

Auch nach dieser Richtung besteht ein wesentlicher Unterschied gegenüber der ortsfesten Niederspannungsmaschine, bei der wegen der viel günstigeren Kommutierungsverhältnisse Bürsten wesentlich niedrigeren Widerstands verwendet werden, während bei ortsfesten Maschinen normaler Spannung der Spannungsverlust in den Bürsten gegenüber der Betriebsspannung kaum mehr von Bedeutung ist. Versuche mit sogenannten geblätterten Bürsten, die aus längsverlaufenden Kupfer- und Kohlestreifen bestehen und einen großen Querwiderstand in der Bürste mit geringem Widerstand in der Längsrichtung, d. h. kleinem Spannungsverlust vereinen, haben bei der Kraftfahrzeug-Lichtmaschine zu keinem befriedigenden Ergebnis geführt.

Man ist daher zu einer Mittellösung gezwungen und nimmt oft für 6-Volt-Maschinen Kohlebürsten mit einem gewissen Kupfergehalt, während für 12-Volt-Anlagen in der Regel reine Kohlebürsten gewählt werden. Die Auswahl der für eine bestimmte Maschine am besten geeigneten Bürste ist Sache des Versuchs, und es ist daher dem Verbraucher dringend zu raten, nur die von der Herstellerfirma empfohlene Kohlenmarke zu benutzen. Wesentlich ist es auch, zwischen Kollektor und Kohle ein solches Härteverhältnis herzustellen, daß die Hauptabnützung auf die leicht zu ersetzende Kohle und nicht auf den Kollektor fällt; zu harte und zu weiche Kohle schadet dem Kollektor.

Bei gleichbleibender Stromabgabe steigt die **Erwärmung** der Kraftfahrzeug-Lichtmaschine in erheblichem Maße mit zunehmender Drehzahl. Diese Temperatursteigerung ist nur zum kleinsten Teil auf die Zunahme der mechanischen Verluste durch Bürsten-, Lager- und Luftreibung zurückzuführen, sondern in erster Linie auf die erhebliche Steigerung der Kommutator- und Eisenverluste. Da mit steigender Drehzahl die Feldverzerrung infolge der meist üblichen Regulierung durch Schwächung der Erregung zu- und gleichzeitig die Kurzschlußzeit der kommutierenden Spule abnimmt, so wächst die Neigung zur Funkenbildung. Die Verteilung des Stromes unter der Bürste wird immer ungleichmäßiger. Die Übergangsverluste zwischen Stromwender und Bürste nehmen daher rasch zu und führen zu einer raschen Steigerung der Temperatur von Stromwender und Ankerwicklung, auch wenn die Funkenbildung am Stromwender noch in durchaus zulässigen Grenzen bleibt. Tritt infolge übermäßiger Drehzahlsteigerung oder unzulässiger Überlastung dann noch starkes Bürstenfeuer auf, so ist unter Umständen ein Auslöten des Stromwenders und ein Verbrennen der Isolation zu befürchten.

Infolge der Zunahme der Feldverzerrung bei Drehzahlsteigerung erhält man trotz Verminderung des gesamten Kraftflusses in den Ankerzähnen beim Austritt aus der Polfläche auch bei hohen Drehzahlen immer noch eine erhebliche magnetische Beanspruchung, so daß auch die magnetischen Verluste in den Ankerzähnen und in der Polschuhoberfläche eine wesentliche Steigerung erfahren.

Wir sehen daraus, daß bei der Kraftfahrzeug-Lichtmaschine die Erwärmung bei hohen Drehzahlen eine besondere Beachtung erfordert, ganz besonders auch im Hinblick auf die Forderung großer Überlastbarkeit und die mit Rücksicht auf Verschmutzung unbedingt nötige vollständige Kapselung der Maschine. Es ist selbstverständlich, daß es bei den Raum- und Preisverhältnissen der Kraftfahrzeug-Lichtmaschine nicht möglich ist, mit den sonst im Elektromaschinenbau zugelassenen Übertemperaturen auch bei höchster Drehzahl und größter Überlastung auszukommen. Dies erscheint auch nicht unbedingt notwendig, da diese Höchstbelastungen der Maschine doch immer nur zeitweise und vorübergehend erreicht werden. Immerhin muß aber dafür gesorgt werden, daß die Temperatursteigerung auch unter ungünstigen Umständen einen gewissen Grad nicht übersteigt; die Firma Bosch schreibt z. B. vor, daß die Gesamttemperatur am Maschinengehäuse nicht über 65° C steigen soll. Das bedingt eine wirksame Kühlung der Lichtmaschine. Diese ist beim Motorrad in der Regel ohne weiteres dadurch gegeben, daß die Maschine vom Fahrwind gut bestrichen wird. Beim Kraftwagen ist aber darauf zu achten, daß die Maschine möglichst frei in dem vom Kühler her durch den Raum unter der Motorhaube strömenden Wind liegt. Als Maßstab kann dienen, daß bei einer Fahrgeschwindigkeit von 20–30 km/h am Lichtmaschinengehäuse eine Luftgeschwindigkeit von mindestens 2 m/s vorhanden sein soll. Unter Umständen wird es erforderlich, durch besondere Anordnungen genügend Luft an das Gehäuse der Lichtmaschine zu führen. Zu beachten ist auch, daß der Kühlwind sich nicht an heißen Maschinenteilen (Auspuffrohr!) erhitzt, bevor er zur Lichtmaschine kommt; auch soll die Lichtmaschine nicht so liegen, daß ihr von heißen Maschinenteilen Wärme zugestrahlt wird. (Vgl. hierzu Abschn. VI, 1.)

Die Feldverzerrung und im Zusammenhang damit die starke plötzliche Schwankung in der magnetischen Beanspruchung von Pollappen und Ankerzahn beim Austreten des Ankerzahns aus dem Polschuhbereich hat unter Umständen noch eine andere Erscheinung zur Folge, das sogenannte H e u l e n, d. h. ein mehr oder weniger stark singendes bis heulendes Geräusch der Maschine, das auf Schwingungen der Ankerzähne, der Polschuhlappen oder des ganzen Ankers zurückzuführen ist. Bei dem weiten Drehzahlbereich der Kraftfahrzeug-Lichtmaschine ist es leicht möglich, daß bei gewissen Drehzahlen Resonanz zwischen der Zahl der Impulse und der Eigenschwingungszahl der zu Schwingungen angeregten Maschinenteile eintritt und dadurch das Heulen einen unzulässigen Grad erreicht. Dabei kann in den zwischenliegenden Drehzahlbereichen das Heulen unter Umständen ganz oder fast ganz wieder verschwinden. Von modernen Kraftwagenmotoren wird aber heute eine weitgehende Lautlosigkeit sämtlicher Teile verlangt, und es ist daher auch das Heulen der Lichtmaschine nach Möglichkeit zu unterdrücken. Die Erfüllung dieser Forderung ist um so schwerer, als besondere Maßnahmen zur Unterdrückung der Feldverzerrung wegen Preis und Raum nicht in Frage kommen und bei der Kleinheit der Maschine mit Rücksicht auf günstige Raumausnützung die Nutzahl selbst sehr klein gewählt werden muß, aber gerade geringe Nutzahl das Auftreten von Heulen besonders begünstigt. Das sonst übliche Mittel, durch allmähliche Vergrößerung des Luftspalts am Ende der Polschuhe eine allmähliche Abnahme des magnetischen Flusses in dem austretenden Zahn zu erzielen, genügt meist nicht. Man ist vielmehr gezwungen, durch Schrägstellen der Ankernuten die immer noch zu plötzliche Abnahme des Flusses beim Austreten des Ankerzahns noch weiter zu mildern. Die Wahl einer durch die Pohlzahl teilbaren

Nutzahl wirkt, wenn die Wahl einer solchen Nutzahl aus wickeltechnischen Gründen überhaupt möglich ist, insofern günstig, als dadurch wenigstens ein Schwingen des ganzen Ankers infolge der unter allen Polen symmetrischen Anordnung weitgehend unterdrückt werden kann. Die Anordnung ganz geschlossener Nuten zur Verminderung des Heulens kommt bei der Gleichstrommaschine nicht in Betracht, da hierdurch die Selbstinduktion der Ankerspulen mit Rücksicht auf die Kommutierung zu groß würde. Im allgemeinen verwendet man daher halbgeschlossene Nuten; dabei wird zur Erzielung einer gleichmäßigeren Verteilung des Kraftflusses im Luftspalt, besonders bei kleinem Luftspalt, und eines möglichst großen Übergangsquerschnittes des Kraftflusses von Pol zu Anker sowie zur Verminderung des Heulens und der Eisenverluste in Ankerzähnen und Polschuhen der Nutschlitz auf das für das rationelle Einbringen der Wicklung erforderliche Mindestmaß beschränkt. Bei großen Leistungen führen wickeltechnische Gründe aber häufig zu offenen Nuten.

Für die Aufladung der Batterie ist es notwendig, daß immer gleichnamige Klemmen von Lichtmaschine und Batterie miteinander verbunden werden. Es ist zu diesem Zwecke nötig, daß die **Polarität** der Lichtmaschine eindeutig bestimmt ist.

In Deutschland ist es allgemein üblich, den negativen Pol der Batterie an das Fahrgestell, die sogenannte Masse, zu legen und dementsprechend die negative Bürste der Lichtmaschine unmittelbar mit dem Maschinengehäuse und dadurch ebenfalls mit Masse zu verbinden. Da die Polarität der Lichtmaschine von der erstmaligen Magnetisierung (dem remanenten Magnetismus), von ihrer Drehrichtung und dem Anschluß der Erregerwicklung an die Bürsten abhängig ist, muß besonders darauf geachtet werden, daß tatsächlich die am Gehäuse liegende Bürste negative Polarität zeigt. Bild 178 zeigt schematisch den Zusammenhang zwischen Drehrichtung, remanentem Kraftfluß, Anschluß der Erregerwicklung und Polarität, wobei rechts das Verhalten der Maschine bei Rechtslauf, links das Verhalten der Maschine bei Linkslauf dargestellt ist. Dabei ist die Stromrichtung in den Drahtquerschnitten in der üblichen Weise dadurch gekennzeichnet, daß der Punkt die Stromrichtung aus der Bildebene, das Kreuz die Stromrichtung in die Bildebene andeutet. Die Richtung des remanenten Kraftflusses ist jeweils durch einen punktierten Pfeil auf den Erregerpolen zum Ausdruck gebracht, während der ausgezogene Pfeil die Richtung des durch die Erregerwicklung erzeugten Feldes andeutet. Ein Vergleich des Teilbildes a mit c und des Teilbildes b mit d zeigt,

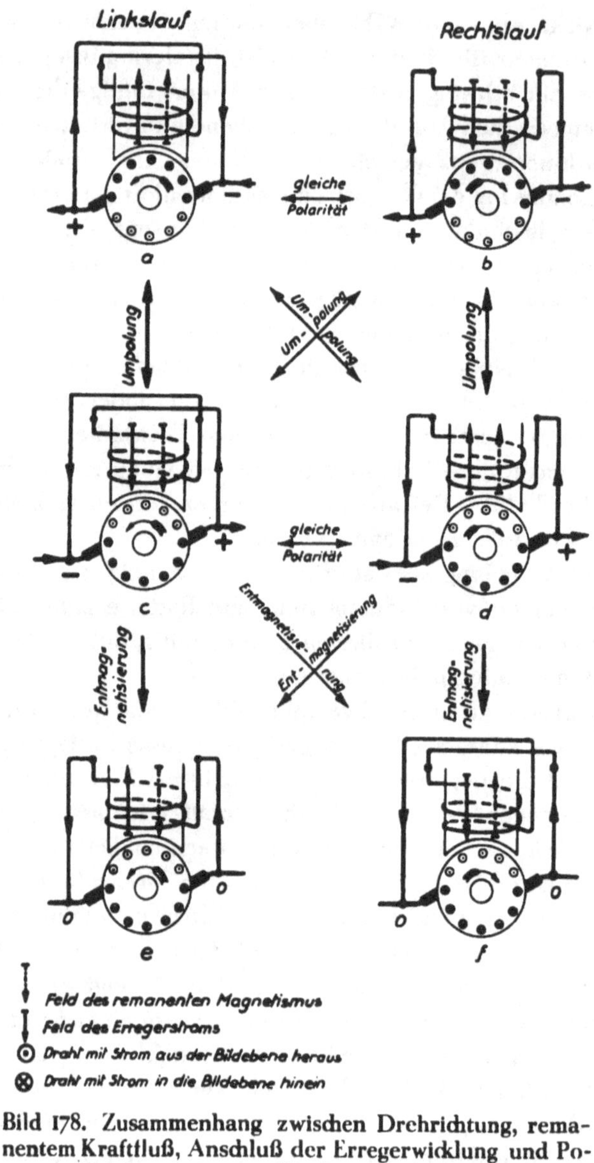

Bild 178. Zusammenhang zwischen Drehrichtung, remanentem Kraftfluß, Anschluß der Erregerwicklung und Polarität bei einer Gleichstrommaschine

daß – richtiger Anschluß der Erregerwicklung vorausgesetzt – der der Maschine erstmals aufgedrückte remanente Magnetismus (punktierter Pfeil) maßgebend für die Polarität ist. Ein Vergleich des Teilbildes a mit b und des Teilbildes c mit d zeigt ferner, daß bei Änderung der Drehrichtung sowohl der remanente Magnetismus als auch der Anschluß der Feldwicklung an die Bürsten umgekehrt werden muß, um die vor dem Drehrichtungswechsel vorhandene Polarität der Maschine wieder zu erhalten. Wird bei dem Drehrichtungswechsel der remanente Magnetismus beibehalten und nur der Anschluß der Feldwicklung umgekehrt, so vertauscht man die Polarität der Klemmen, d. h. die Maschine polarisiert sich um (vgl. Teilbild a mit d und Teilbild b mit c). Wird dagegen beim Drehrichtungswechsel zwar der remanente Magnetismus umgekehrt, aber der alte Anschluß der Feldwicklung beibehalten (vgl. Teilbild c mit f und Teilbild d mit e), so wirkt der beim Anlaufen der Maschine von der Erregerwicklung erzeugte Magnetismus dem remanenten Magnetismus entgegen, das Feld der Maschine wird zu 0, die Maschine erregt sich nicht.

3. Konstruktiver Aufbau

Die wesentlichen Konstruktionsteile der Lichtmaschine sind: das Polgehäuse mit den Polen und Erregerwicklungen, der Anker mit der Ankerwicklung und dem Stromwender, die Lagerschilde mit den Lagern und den Stromabnehmern.

Das **Polgehäuse** ist bestimmend für die äußere Form der Lichtmaschine. Es ist in neuester Zeit ausnahmslos zylindrisch und wird oft Polring genannt. Der zylindrische Polring ist die für Herstellung und Einbau am besten geeignete Form. Als Werkstoff wird dafür fast stets Flußeisen benutzt. Aus Gußeisen wäre zwar das Rohstück einfacher, doch käme man wegen seiner schlechten magnetischen Eigenschaften zu erheblich größeren Wandstärken und somit zu größeren und vor allem viel schwereren Maschinen. Bei den früher viel verwendeten vierkantigen Polgehäusen war natürlich das Gußeisen wegen der einfachen Herstellung des Rohstückes der gegebene Werkstoff. Die heute allgemein verwendete zylindrische Form des Polringes wurde aus Herstellungsgründen mit der Verwendung von Flußeisen zwangläufig gegeben. Bei den verhältnismäßig geringen Durchmessern der Maschinen scheint nahtlos gezogenes Rohr der beste Ausgangswerkstoff zu sein. Tatsächlich wird es auch in vielen Fällen, vor allem in Amerika, verwendet. Unter Umständen ist aber die Herstellung des Polringes aus gebogenem und verschweißtem Flacheisen richtiger. Die Außen- und Innenflächen der gezogenen Rohre sind häufig nicht konzentrisch. Dies fällt nicht ins Gewicht, wenn nur die Innenfläche des Polrings bearbeitet wird, wie z. B. bei den meisten amerikanischen Maschinen. Diese werden durchweg durch Endflansche am Motorgehäuse befestigt (Bild 179), so daß die Achse zur Außenfläche des Polgehäuses nicht konzentrisch zu sein braucht. Der in Europa bisher viel verwendete Sattelsitz verlangt aber mit Rücksicht auf die Achshöhe eine genaue Bearbeitung der Außenfläche des Polgehäuses. Neuerdings wird zudem häufig die Lichtmaschine in einem hülsenartigen Lager in das Motorgehäuse eingebaut (Bilder 305 und 307). Auch für diesen Zweck ist mit Rücksicht auf guten Sitz der Maschine genaue Bearbeitung des Polringaußendurchmessers erforderlich. Ist genaue Bearbeitung des Außendurchmessers notwendig, so

Bild 179. Amerikanische Lichtmaschine für Befestigung durch Flansch

muß bei Herstellung des Polrings aus gezogenem Rohr sehr viel Werkstoff abgedreht werden. Das aus Flachmaterial hergestellte Rohstück läßt sich dagegen von vornherein der endgültigen Form gut anpassen, so daß zur Erzielung des genauen Maßes außen und innen nur wenig Bearbeitung notwendig ist. Die äußere Bearbeitung der Maschine wird übrigens bei uns in Europa nicht allein durch die geforderten genauen Abmessungen sondern zum Teil auch durch die weitgehenden Anforderungen des Europäers an das Äußere seiner Maschinen nötig. Der Amerikaner begnügt sich damit, das rohe Äußere des Polgehäuses durch einen Lackanstrich gegen Rost zu schützen. Bei uns verlangt man dagegen meist noch ein sauber abgedrehtes und fein lackiertes, brüniertes oder wohl gar vernickeltes Gehäuse. Allerdings scheint sich in neuerer Zeit eine Änderung dieses Standpunktes anzubahnen.

Beachtenswert ist das Gehäuse nach Bild 180, das *tiefgezogen* ist. Dadurch entstehen Polgehäuse und Antriebslagerschild aus einem Stück. Nach innen ist an den Lagerschild eine Verlängerung für das Kugellager angezogen. Innen ist das Gehäuse dieser amerikanischen

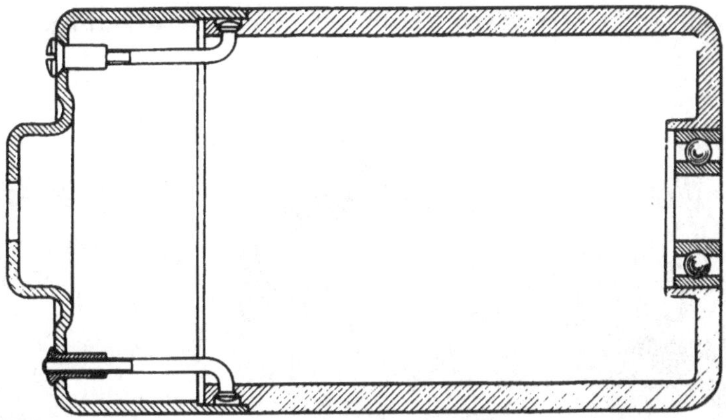

Bild 180. Lichtmaschinengehäuse amerikanischer Bauart (Polring und Antriebslagerschild in einem Stück gezogen)

Maschine ausgedreht, außen wie üblich unbearbeitet. Eine ähnliche Konstruktion haben wir auch schon in Deutschland gefunden.

Für den weiteren Aufbau des magnetischen Kreises ist vor allem die Wahl der *Polzahl* maßgebend. Bei den ersten Lichtmaschinen für Kraftwagen hat man vielfach die zweipolige Ausführung nach Bild 181

Bild 181. Zweipolige Lichtmaschine mit *einem* bewickelten Pol

gewählt, bei der nur e i n bewickelter Pol vorhanden ist, während der zweite Pol sich als Folgepol ausbildet. Diese Anordnung führt zu starker Streuung der Kraftlinien; daher müssen Feldwicklung und Magnetsystem reichlich bemessen werden, was die Maschine hauptsächlich bei großen Leistungen schwer und teuer macht. Auch die Stromwendung ist bei derartigen Maschinen besonders ungünstig. Über

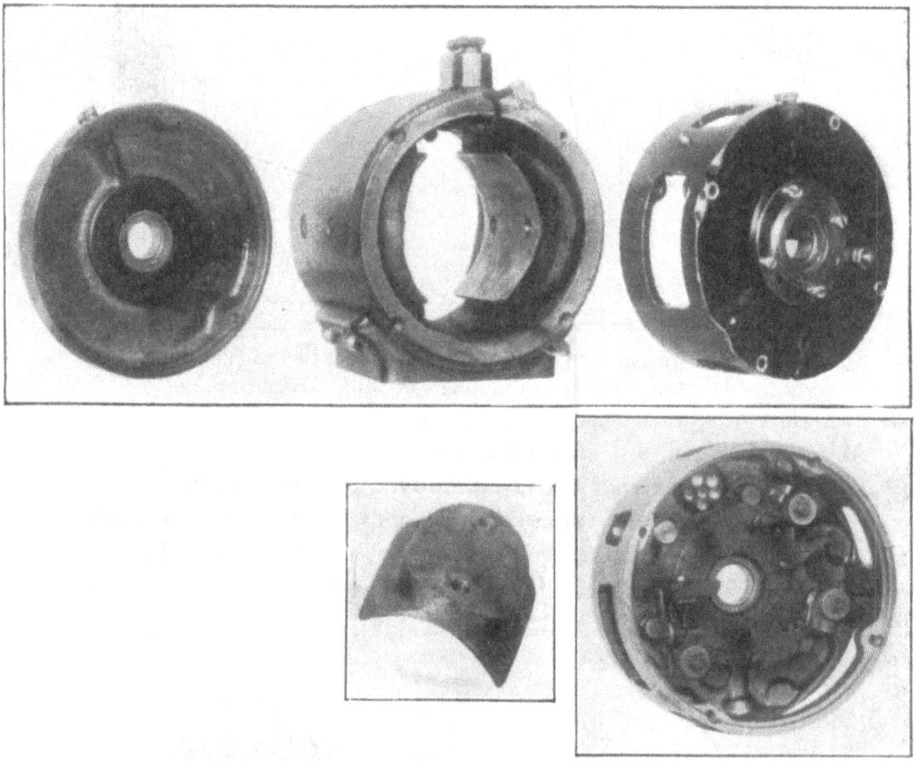

Bild 182. Polgehäuse, Lagerschilde sowie ausgebauter Pol einer zweipoligen Lichtmaschine amerikanischer Herkunft. Regelung erfolgt durch dritte Bürste.

diese Nachteile war man sich selbstverständlich schon beim Bau dieser ersten Lichtmaschinen klar. Man mußte aber elektrotechnische Schwierigkeiten in den Kauf nehmen, um zu möglichst günstigen Verhältnissen für den Einbau zu kommen. Bei diesen ersten Lichtmaschinen kam nur nachträglicher Einbau in bereits fertige Fahrzeuge in Frage, und man konnte nur mit einem Antrieb in Reihe mit dem Magnetzünder oder durch Kette oder Riemen rechnen. Für den Antrieb in

Reihe mit dem Magnetzünder mußte man aber die einschließlich der Grundplatte zu bemessende Achshöhe der Lichtmaschine gleich der 45 mm betragenden Achshöhe des Zünders machen. Das war nur bei exzentrisch im Gehäuse liegendem Anker möglich. Bei dem früher viel verwendeten Riemen- oder Kettenantrieb, bei dem die Maschine nicht wie die abgebildete mit einer angeschraubten oder angegossenen Grundplatte versehen, sondern durch Spannbänder im Sattelsitz befestigt wurde, bot die Bauart den Vorteil, daß die Spannung der Antriebsübertragung durch einfaches Verdrehen der Maschine in ihrem Sitz eingestellt werden konnte. Heute findet man die Bauart nur noch vereinzelt bei kleinen Kraftradmaschinen.

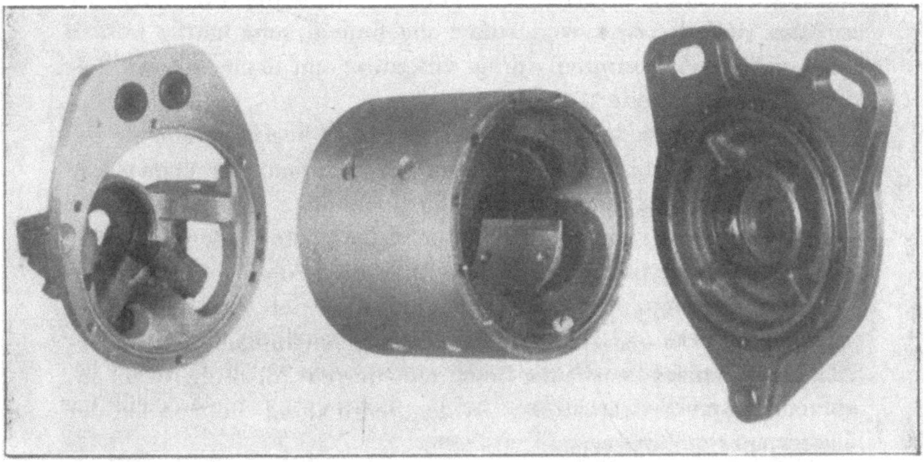

Bild 183. Polgehäuse und Lagerschilde einer vierpoligen Lichtmaschine deutscher Herkunft. Am linken Lagerschild ist der Einbau eines Spannungsreglers und des selbsttätigen Schalters vorgesehen

In magnetischer Beziehung besser ist das zweipolige System mit 2 bewickelten Polen nach Bild 182, das aber heute, wie erwähnt, nur noch in Amerika größere Verbreitung hat, bei uns dagegen nur noch für sehr kleine Leistungen zu finden ist. Im übrigen beherrscht heute die vierpolige Maschine (Bild 183) das Feld.

Die Konstruktion und damit die Herstellung der Pole und Polschuhe ist wie im allgemeinen Elektromaschinenbau auch auf diesem Sondergebiet sehr wechselnd. Einfache Polkerne ohne Polschuhe kommen nach unseren Erfahrungen nicht mehr vor; nur in einem Fall haben wir bei einer wenig verbreiteten Maschine mit Gußgehäuse die Polkerne mit dem Gußgehäuse zusammengegossen gefunden. Die nicht geblätterten Polschuhe waren mit einer von außen her den Pol durchsetzenden Schraube festgezogen. Auf jeden Fall werden heute in den weitaus meisten Fällen Polkern und Polschuh als ein Stück ausgebildet, das nach Aufstecken der Wicklung in dem Polgehäuse durch Anschrauben von außen befestigt wird (Bild 182). Diese Pole werden bei kleinen und mittleren Maschinen meist aus vollem Eisen, bei großen Maschinen fast stets geblättert ausgeführt. Geblätterte Polschuhe sind in der Herstellung teurer, vermindern aber die Wirbelströme und üben so einen günstigen, bei hohen Leistungen ganz wesentlichen Einfluß auf die Erwärmung der Maschine aus. Für nicht geblätterte Pole wird häufig Profileisen verwendet. Die Spitzen der Polschuhe werden zur Verhinderung des „Heulens" der Maschinen, wie erwähnt, vielfach etwas vom Anker abgehoben; sehr häufig werden aber auch die Ankernuten schräg zur Achse und damit zu den Polkanten gelegt. (S. Seite 32.)

Für den Einbau der Pole ins Gehäuse ist zu beachten, daß die Berührung von Pol und Gehäuse sehr gut sein soll, damit der magnetische Widerstand für den Feldfluß nicht durch unnötige Luftspalte erhöht wird. Die Polbohrung wird manchmal nach Einbau der Pole ausgedreht, damit der Luftspalt zwischen Anker und Polen gleichmäßig ist. Neuerdings werden aber zumeist, hauptsächlich bei Verwendung gezogenen Polwerkstoffs, zur Verbilligung der Herstellung die Pole außerhalb des Gehäuses bearbeitet. Beim geblätterten Polschuh ist zu beachten, daß starke Gratbildung bei der Bearbeitung die Vorteile der Blätterung erheblich vermindern kann.

Die Erregung der Pole erfolgt durch aufgeschobene Spulen. Diese werden auf Schablonen gewickelt und ohne besondere Träger unmittelbar auf die Polkerne geschoben. Meist sind alle Feldspulen einer Maschine hintereinander geschaltet und insgesamt parallel zum äußeren Netz an die Bürsten der Maschine gelegt. Da die Spannung zwischen Feldwicklung und Maschinenkörper gering ist, so bietet die Isolierung der Wicklung keine Schwierigkeiten. In erster Linie ist sie nach der für die Herstellung erforderlichen mechanischen Festigkeit sowie mit Rücksicht auf die Vibrationen im Betrieb zu bemessen. Auch muß die unter Umständen beträchtliche Erwärmung der Maschine Beachtung finden. Als Isolierung der einzelnen Drahtwindungen kommen Lacke, Baumwoll- und Seideumspinnung in Frage. Zur Festigung und zum Schutz nach außen wird die Drahtspule mit Baumwollband umwickelt (Bild 184). Sie wird außen lackiert oder bei Baumwollumspinnung des Drahtes auch ganz mit Isolierlack getränkt, um einen festen Halt, gute Wärmeableitung und guten Schutz gegen Eindringen von Feuchtigkeit zu erhalten. Bei Maschinen mit elektromagnetischer Regelung (siehe Abschnitt IV) wird der im Erregerstromkreis liegende Reglerwiderstand häufig auf eine der Feldspulen gewickelt. Er besteht zumeist aus einer Anzahl Nickelindrahtwindungen. Die Enden der Spulen werden in der Regel nicht unmittelbar aus der Spule herausgeführt, sondern mit einer aus einem Kupferdrahtbündel bestehenden, gut isolierten Litze verlötet, um ein Abbrechen bei den Schwingungen im Betrieb zu vermeiden.

Der **Anker** der Lichtmaschine besteht aus Welle, Blechpaket, Stromwender und Wicklung. Die Welle ist erheblichen Beanspruchungen durch Drehschwingungen ausgesetzt und daher aus bestem, rissefreiem Werkstoff herzustellen. Die Wellenenden sind zur Aufnahme

Bild 184. Erregerspulen und Pol für eine vierpolige Lichtmaschine

von Antriebsorganen (Zahnrädern, Kupplungen) meist nach beiden Seiten verlängert und beiderseits konisch, beiderseits zylindrisch oder auch auf einer Seite konisch und auf der anderen zylindrisch ausgebildet. Bei einer amerikanischen Bauart ist ein Wellenende geschlitzt. Die Kraftübertragung erfolgt hier durch ein in den Schlitz gestecktes Federpaket. Bei manchen Lichtmaschinen ragt nur das Antriebsende der Ankerwelle durch den Lagerschild hindurch, während das andere Ende nicht verlängert ist und also nicht zur weiteren Kraftübertragung auf Wasserpumpe, Magnetzünder u. dgl. ausgenützt werden kann.

Das magnetisch wirksame Ankereisen wird zur Vermeidung von Wirbelströmen aus Blechen aufgebaut, und zwar werden diese sogenannten Blechlamellen aus gezundertem oder auch lackiertem Blech gestanzt. Die Zunderschicht genügt zur gegenseitigen Isolierung der Lamellen. Die Vereinigung der Bleche auf der Welle erfolgt nach verschiedenen Verfahren. Eine Sicherung gegen Verdrehen wird häufig dadurch gewonnen, daß die mit glattem Loch versehenen Bleche auf eine geriefelte Welle gepreßt werden. Auch findet man die im allgemeinen Elektromaschinenbau übliche Sicherung durch eine Nase am inneren Rand der Bleche, die in eine in die Welle eingefräste Nut eingreift (Bild 185). Gegen Längsverschiebung werden die Bleche häufig auf beiden Ankerseiten durch starke, federnde Endscheiben gesichert, die nach dem Aufziehen mit dem aufgebogenen inneren Rand in eine in die Welle eingedrehte Nut gepreßt werden. In der Regel steht das

Bild 185. Unbewickelter Anker und einzelnes Ankerblech

Blechpaket an einem Ende an einem Bund an. Eine Bearbeitung der Bleche nach dem Zusammensetzen soll möglichst vermieden werden. Jedenfalls darf dabei keine starke Gratbildung auftreten, weil sonst die Bleche leitend verbunden sind und damit die Unterteilung des Ankers zum großen Teil wirkungslos gemacht wird. Meist wird der Anker am Umfang nur leicht überschliffen.

Zur Aufnahme der Ankerwicklung erhalten die Bleche am äußeren Umfang N u t e n. Diese sind meist parallel zur Achsenrichtung geführt (Bild 185), doch findet man oft auch schräg geführte Nuten (Bild 186), und zwar beträgt die Verschiebung der Nutenenden gegeneinander meist eine Nutenteilung. Durch diesen schraubenförmigen Verlauf der Nuten soll dem Heulen der Maschine entgegengewirkt werden (s. auch Seite 32 und Seite 40).

Zur Erzielung einer besseren Raumausnutzung, Ersparung von Isolation und Vereinfachung der Herstellung wird die Nutzahl, soweit es die Rücksicht auf Stromwendung, Eisenverluste in den Polschuhen, Heulen und Schwingungserscheinungen gestatten, klein gehalten. Es

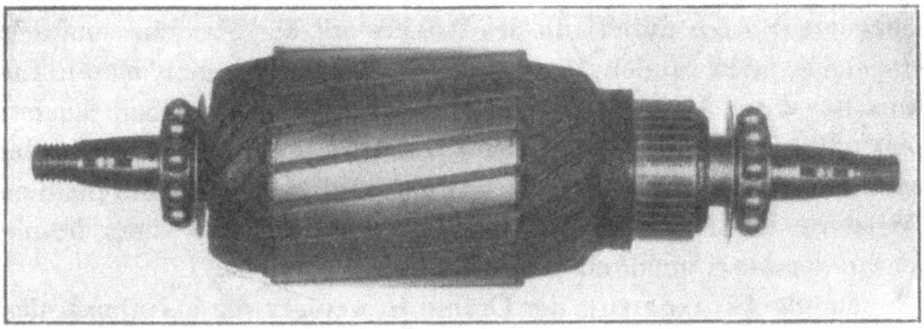

Bild 186. Einbaufertiger Anker mit schrägen Nuten

werden dann, wie auch bei sonstigen Gleichstrommaschinen, mehrere Einzelspulen in einer Nut zusammengefaßt.

Die Ausführung der Wicklung (Bild 187) erfolgte früher meist durch Einführung der einzelnen Drähte von Hand in die Nuten des Ankers. Diese sogenannte Handwicklung ergibt eine gute Ausnutzung des Nutenraums und kleine Wickelköpfe an den Enden des

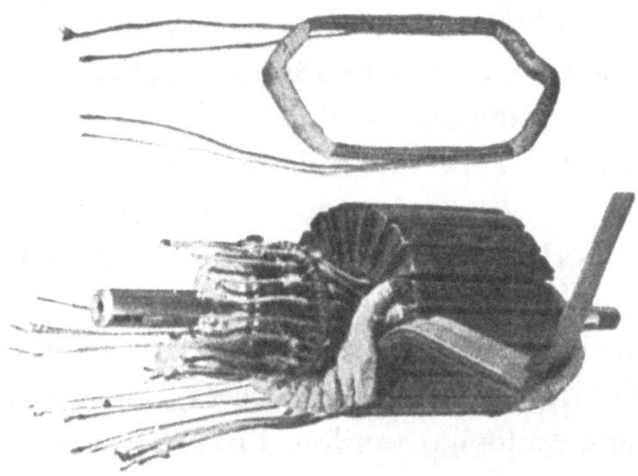

Bild 187. Halbgewickelter Anker mit Formspulen und Zweischichtenwicklung; die Anfänge der Spulen sind bereits in die Kollektorfahnen eingelegt. Oben eine einzelne Spule

Ankers, ist aber sehr teuer und wird daher nur in solchen Fällen verwendet, wo eine andere Ausführung der Wicklung wegen zu geringer Windungszahl der einzelnen Spulen oder zu großer Drahtstärke, wie bei sehr großen Leistungen oder sehr niedriger Nennspannung, überhaupt nicht in Frage kommt. Bei mehrpoligen, kleinen und mittleren Maschinen wurde in Europa bis in die neueste Zeit die Schablonenwicklung angewendet, die eine kürzere Anlernzeit der Wickler erfordert, aber zu größeren Wickelköpfen und etwas schlechterer Raumausnutzung der Nuten führt. Man wickelt dabei die einzelnen Spulen außerhalb des Ankers mit der Maschine und legt erst die fertigen Spulen in die Nut ein. Neuerdings geht man in Europa für diese Maschinengrößen zu der in Amerika schon längere Zeit gebräuchlichen Maschinenwicklung über, und zwar auch bei mehrpoligen Anordnungen. Der Draht wird hierbei in der gleichen Weise wie früher bei der Handwicklung, nun aber mit einer besonderen Maschine, unmittelbar in die Nuten eingeführt.

Für die Isolierung der Drähte ist weniger die Isolationsfestigkeit an sich, sondern vielmehr die Widerstandsfähigkeit gegenüber den Beanspruchungen bei der Fabrikation und im Betriebe ausschlaggebend. Es wird nur ganz selten Lackisolierung, meist doppelte Baumwoll- und Seidenumspinnung gewählt. Die Isolierung der Wicklung bzw. der Spulen gegen das Eisen des Ankers erfolgt allgemein durch in die Nuten eingeschobene Preßspanhülsen. Die Festlegung der Spulen in den Ankernuten wird meist durch eingeschobene Keile, bei größeren Maschinen durch Stahldrahtbandagen bewirkt. Teilweise werden solche Bandagen auch auf den Wickelköpfen angebracht.

Der fertig bewickelte Anker wird nach Verlöten der Spulenenden mit den Kollektorsegmenten in den meisten Fällen zur Entziehung der in der Isolation befindlichen Feuchtigkeit im Vakuum behandelt und anschließend unter Druck mit Isolierlack getränkt und getrocknet. Diese Tränkung verleiht der Wicklung höhere Isolations- und mechanische Festigkeit, erleichtert die Wärmeabfuhr und schützt gegen das Eindringen von Feuchtigkeit.

Dem Gleichrichten der in den Spulen erzeugten Wechselspannungen dient der Kollektor oder Stromwender, an den die Drähte der Wicklung angeschlossen werden. Er besteht aus einem Ring voneinander isolierter Segmente aus hart gezogenem Elektrolytkupfer. Die Segmente werden häufig Kollektorlamellen oder -stege genannt. Sie werden vielfach in der üblichen, mit Schwalbenschwanz versehenen Form aus Profilkupfer gestanzt. Nach Bild 188 dient als Grundlage für den Kollektoraufbau eine eiserne Büchse, die auf ihrem einen Ende einen ringförmigen Ansatz trägt, der in die eine Seite des Schwalbenschwanzes der Kollektorstege eingreift. Auf der anderen Seite werden die Stege von einem auf die Hülse aufgeschobenen und festgepreßten Ring gefaßt, der durch Umbördeln der Hülse gehalten wird. Läßt die Stärke der vorgesehenen Gleichrichterstege ein Ausstanzen in einem Stück nicht zu, so werden sie aus zwei nebeneinander gelegten Teilen gebildet. Ein anderer Herstellungsgang ist der, daß man vom Profilkupfer glatte Stücke abschneidet, diese unter Zwischenlage der Glimmerisolierung zu einem Ring zusammenfaßt und jetzt die beiden Schwalbenschwanznuten eindreht. Dann wird der Stegring mit Hülse und Preßring gefaßt und zusammengenietet, worauf die äußere Hilfsfassung beseitigt werden kann. Die Isolierung zwischen den Kollektorstegen besteht stets aus Glimmer, die Isolierung gegen die Hülse aus Mikanit (gelegentlich auch aus Preßspan). Der fertig zusammengefaßte Stromwender wird außen abgedreht.

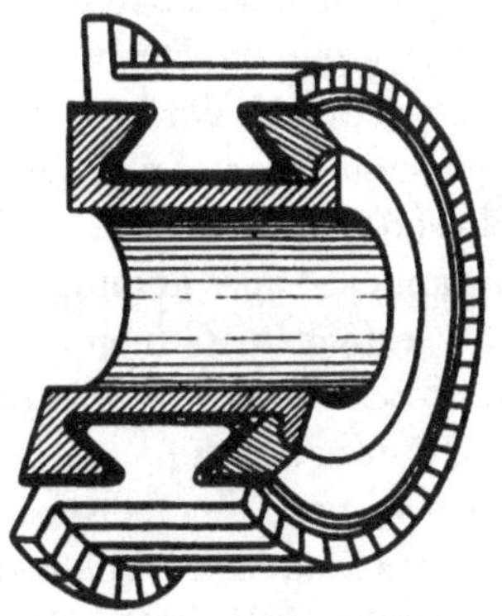

Bild 188. Üblicher Aufbau eines Stromwenders

Bild 189. Stromwender mit einbakelitisierten Segmenten

Die Befestigung des Stromwenders auf der Ankerwelle erfolgt nicht durch Verkeilen, wie es bei größeren Maschinen üblich ist, sondern er wird vielfach nur auf die glatte Ankerwelle gepreßt; zum Teil wird eine Sicherung gegen Verdrehen durch Riefelung der Ankerwelle angestrebt.

Bemerkenswert ist der Stromwender einer amerikanischen Firma, bei dem die Stege durch Bakelit unmittelbar auf der geriefelten Hülse vereinigt werden (Bild 189). Die Isolierung zwischen den Stegen erfolgt aber auch hier durch Glimmer.

Der Stromwender wird fast stets auf die Ankerwelle gepreßt, ehe der Anker bewickelt wird. Nach dem Wickeln werden die am Stromwender überstehenden D r a h t e n d e n blank gemacht und jeweils das

Ende einer Spule und der Anfang der nächsten Spule in die hierfür in den Lamellenfahnen vorgesehenen Sägeschlitze eingedrückt (Bild 187) und mit nicht zu nieder schmelzendem Lot unter Verwendung von säurefreiem Lötfett gut mit der Fahne verlötet. Daraufhin wird der Stromwender nochmals sauber abgedreht und geschliffen. Die Glimmerisolation zwischen den Segmenten wird an der Lauffläche der Bürsten ausgesägt oder -gestoßen, so daß sie etwas zurücksteht. Dadurch wird ein Vortreten der Glimmerblättchen und ein Hüpfen der Bürsten, wie es sonst infolge der rascheren Abnutzung der Kupferstege zu befürchten wäre, vermieden. Um die von den Spulenenden ausgehenden Fliehkräfte von den Lötstellen fernzuhalten, wird der Wickelkopf unmittelbar hinter den Kollektorsegmenten auf einem kurzen Stück mit Schnur bewickelt (Bild 186). Zumeist wird nun erst der ganze Anker imprägniert.

Die **Lagerschilde** schließen das Lichtmaschinengehäuse auf beiden Seiten ab und tragen die Lager der Ankerwelle, die Stromabnehmer und häufig auch Regler und Schalter. Der Antrieb der Lichtmaschine erfolgt meist an dem dem Kollektor entgegengesetzten Ende der Welle. Dieses Ende wird deshalb als Antriebsende und das entsprechende Lager als Antriebslager bezeichnet. Das andere Lager heißt Kollektorlager. Die Herstellung der Lagerschilde erfolgt in Grauguß, Aluminiumsand- oder -spritzguß, Zinkspritzguß oder auch durch Drücken in Stahlblech. Der Antriebslagerschild nähert sich im allgemeinen der einfachen Plattenform. In Amerika wird er in den meisten Fällen als Flansch zur Befestigung der Maschine am Steuerrädergehäuse ausgebildet (Bild 179), wodurch die Bearbeitung des äußeren Durchmessers des Polgehäuses wegfallen kann. Auf die Möglichkeit, den Antriebslagerschild durch Ziehen zugleich mit dem Gehäuse herzustellen (Bild 180), haben wir bereits hingewiesen.

Im Gegensatz zu der überall ähnlichen einfachen Form des Antriebslagerschildes hat der Kollektorlagerschild eine sehr verschiedenartige Ausbildung erfahren, je nachdem der Lagerschild zugleich den elektromagnetischen Regler und Schalter zu tragen hat oder nicht. Im letzten Falle findet man ähnliche Flachformen wie auf der Antriebsseite. Das Polgehäuse ist dann über den Kollektor hinaus verlängert. Kollektor und Bürsten werden durch Durchbrüche im Polgehäuse, die durch ein um das Gehäuse gespanntes Stablband verschlossen werden, zugänglich gemacht (Bild 179).

An anderen Maschinen hat der Kollektorlagerschild die Form einer Kappe, die den Kollektor umschließt und an das Polgehäuse gefügt ist. Die Kappe ist meist zylindrisch ausgebildet und hat im Mantel Durchbrüche, die wie oben durch ein herumgespanntes Stahlband verschlossen werden (Bild 190).

Diese beiden einfachsten Formen von Lagerschilden für die Kollektorseite kommen in erster Linie bei den Maschinen mit Regelung durch dritte Bürste vor. Der für das Zusammenarbeiten mit der Batterie

Bild 190. Lichtmaschine amerikanischer Bauart mit kappenförmigem Kollektorlagerschild

erforderliche selbsttätige Schalter wird dann meist auf die Maschine gesetzt, kann aber bei dem als Kappe ausgebildeten Lagerschild auch in diesem untergebracht werden.

Bei den Maschinen mit elektromagnetischem Regler dient der Kollektorlagerschild in der Regel zugleich als Träger für Regler und Schalter. Näheres ist aus den Bildern 183, 191, 192 und 193 zu ersehen.

Die Befestigung der Lagerschilde erfolgt einzeln durch Anschrauben an das Polgehäuse oder aber durch lange, durchgehende Bolzen, die alle drei Teile zugleich zusammenziehen.

Die in den Lagerschilden sitzenden Lager sind teils Gleit-, teils Kugel- oder auch Rollenlager. Bronze-Gleitlager kommen nur noch selten vor, und zwar vor allem deshalb, weil sie zu häufig geschmiert werden müssen; dabei dienen Dochte zur Übertragung der Schmierung von einem Ölgefäß nach dem Lager. Am ehesten erscheinen diese Gleitlager noch auf der Antriebsseite von solchen Maschinen verwendbar, die durch Flansche am Steuerrädergehäuse befestigt werden, weil

Bild 191. Lichtmaschine mit am Kollektorlagerschild axial eingebautem Regler und Schalter

Bild 192. Lichtmaschine mit am Kollektorlagerschild senkrecht zur Achse eingebautem Regler und Schalter

hier eine reichliche Schmierung vom Rädergehäuse aus möglich ist. In Amerika finden Gleitlager durch die Verwendung von „Durex"-Lagermetall neuerdings anscheinend wieder mehr Eingang. Das Duremetall ist eine poröse Kupfer-Zinn-Graphit-Bronze, die nach einer Angabe in Automotive Industries *) bis zu einem Viertel ihres eigenen

*) Automotive Industries, Bd. 50, Nr. 20, vom 15. 5. 1924, S. 1072

Rauminhalts an Öl aufsaugen kann. Das Lagermetall wirkt also wie ein Schwamm und führt der Lagerfläche stets genügend Öl zu. Versagt einmal der Ersatz des verbrauchten Öls vom Steuerrädergehäuse oder bei Verwendung von Durexlagern auf der dem Antrieb entgegengesetzten Seite vom Ölgefäß her, so tritt wegen des im Lagermetall aufgesaugten Ölvorrats noch längere Zeit hindurch ein Trockenlaufen des Lagers nicht ein.

Am meisten und in Europa wohl ausschließlich werden an den Lichtmaschinen Kugellager verwendet. Diese können – ebenso wie die Rollenlager – lange Zeit mit einer geeigneten Fettfüllung (Heißlagerfett) laufen. Eine Ergänzung der Schmierung durch gelegentliche

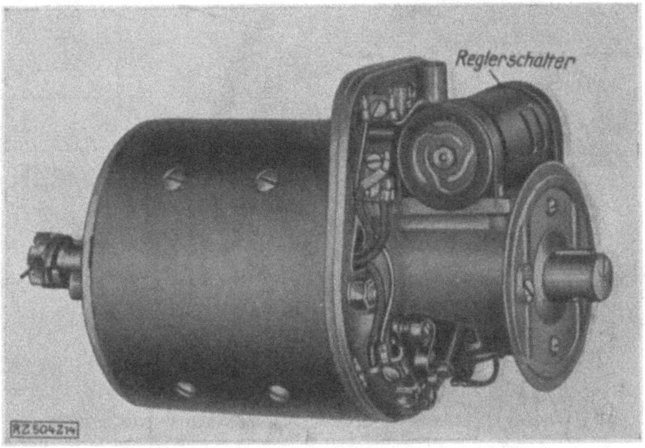

Bild 193. Lichtmaschine mit am Kollektorlagerschild eingebautem vereinigten Reglerschalter

Zufuhr von wenigen Tropfen Öl, wie sie viele Lichtmaschinenhersteller vorschreiben, ist bei Wahl richtigen Fetts nicht nötig. Es genügt die Erneuerung des Heißlagerfettes bei den in gewissen Zeitabständen nötigen allgemeinen Überholungen des gesamten Fahrzeuges. Die Kugellager werden als Ein- und Zweischulterlager und als sogenannte zylindrische Lager verwendet. Die besonders einfachen Einschulterlager bieten Vorteile für den Zusammenbau der Maschinen. Bei ihnen wird der äußere Laufring in den Lagerschild und der innere Laufring mit dem gefüllten Kugelkäfig auf die Welle gepreßt. Der äußere Laufring kann dann ohne weiteres über die Kugeln geschoben werden. Wegen der durch die Erwärmung im Betriebe entstehenden Längsausdehnung der Ankerwelle ist dem Lager etwas Luft zu geben. Bei Verwendung von Zweischulterlagern sitzt der Innenring fest auf der Welle, während der Außenring im Lagerschild gleiten kann. In einem Lagerschild wird der Außenring durch eine Deckplatte, die ihn gegen einen Bund drückt, festgehalten, in dem andern aber kann er frei gleiten, damit der Längsausdehnung des Ankers bei Erwärmung Rechnung getragen ist. In Amerika bildet man dieses zweite Lager vielfach als zylindrisches Kugellager aus. Bei einem solchen fehlt im äußeren Laufring die Rinne, so daß der innere Ring mit den Kugeln axial zum äußeren Ring verschiebbar ist und dadurch der Ausdehnung folgen

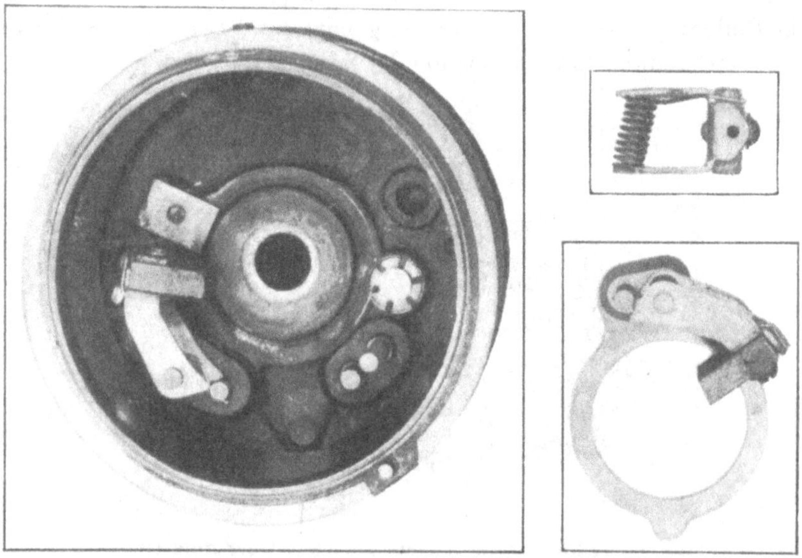

Bild 194. Unmittelbar im Lagerschild schwingend angeordnete Hauptbürsten. Dritte Bürste auf einem verdrehbaren Ring, Bürstenhalter aus Blech gebogen

kann. In derselben Absicht sieht man manchmal auf einer Seite auch ein Rollenlager vor, bei dem die axiale Bewegung ohne weiteres möglich ist.

Den Stromabnahmevorrichtungen ist bei den Fahrzeuglichtmaschinen, die fast ohne Wartung arbeiten sollen, ganz besondere Aufmerksamkeit zuzuwenden. Bei schlechtem Anliegen der Bürsten kann durch starkes Feuern sehr schnell der Stromwender zerstört werden. Man kann bei der Stromabnahmevorrichtung grundsätzlich zwei Bauarten unterscheiden: die schwingend und die gleitend angeordnete Bürste. Im ersten Fall (Bild 194 und 195) sitzt die Bürste fest am Bürstenhalter, und dieser ist auf dem Bürstenstift drehbar gelagert. Eine Feder drückt den Bürstenhalter mit der Bürste gegen den Stromwender. Die gleitende Bürste (Bild 196) dagegen ist in dem feststehenden Bürstenhalter geführt und wird durch eine Feder auf den Stromwender gedrückt. Je nach Ausführung der Maschine bietet die eine oder die andere Bauart des Stromabnehmers gewisse Vorteile. Bei der schwingenden Bürste ist die Masse des beweglichen Teils (Halter und Kohle) und infolgedessen die Neigung zum Schleudern bei hohen Drehzahlen größer als bei der kleinen Masse der gleitend angeordneten Kohle. Die Ableitung des Stroms erfolgt fast immer

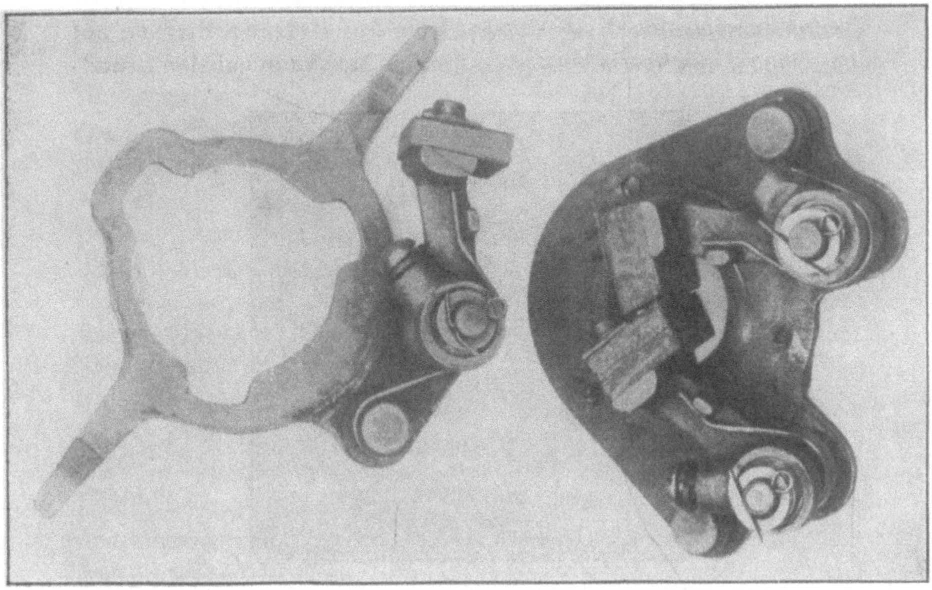

Bild 195. Auf einer Bürstenbrücke, schwingend angeordnete Bürsten. Dritte Bürste auf einem verdrehbaren Ring, Bürstenhalter Gelbguß

durch ein gut biegsames Kabel. Bei ganz kleinen Leistungen wird bei guter Ausführung des Stromabnehmers auf das Kabel verzichtet.

Bei schwingend angeordneten Bürsten werden die Bürstenhalter aus Blech gebogen oder in Gelbguß ausgeführt. Die Bürsten werden hier mit durchgehenden Schrauben an den Halter gepreßt. Die Stifte, um die die Halter schwingen, sind entweder unmittelbar in den Lagerschild eingesetzt (Bild 194) oder auf einer besonderen, aus Isolierstoff oder Metall bestehenden Bürstenbrücke befestigt (Bild 195), die durch Schrauben in dem Lagerschild gehalten wird. Da die Lichtanlage des Kraftfahrzeugs meist mit Masserückleitung ausgerüstet ist, liegt fast durchweg eine Bürste an Masse, d. h. ein Bürstenstift ist ohne Isolierung in das Metall des Lagerschildes oder der Bürstenbrücke eingesetzt, der andere ist isoliert angebracht. Damit die Bürsten sich nicht bis auf den Halter abnutzen können, ist die Bewegung des Bürstenhalters durch einen Anschlag begrenzt, der meist zugleich als Widerlager für die Bürstenfeder dient.

Die abgebildeten Beispiele haben wir Maschinen mit dritter Bürste entnommen, weil gerade die Anbringung der dritten Bürste besondere Beachtung verdient.

Wie später dargelegt werden wird, kann man die Leistung der Dreibürstenmaschine durch Verdrehen der dritten Bürste auf dem Umfang des Stromwenders verändern. Man kann nun den Grundsatz vertreten, daß die Einstellung der dritten Bürste möglichst erleichtert werden soll, so daß auch der nicht besonders ausgebildete Fahrer die Leistung der Maschine leicht dem Bedarf des Wagens anpassen kann, oder aber den Grundsatz, daß die vom Hersteller gewählte Einstellung möglichst beibehalten werden soll, damit Beschädigungen der Maschine durch falsche Einstellung der Hilfsbürste vermieden werden. In diesem Falle wird die Einstellung der dritten Bürste von außen her ohne Abnehmen des Lagerschildes nicht vorgesehen. Die von uns gewählten Beispiele zeigen die zumeist gewählten Ausführungen, die das Einstellen ohne Abnehmen des Kollektorlagerschildes ermöglichen.

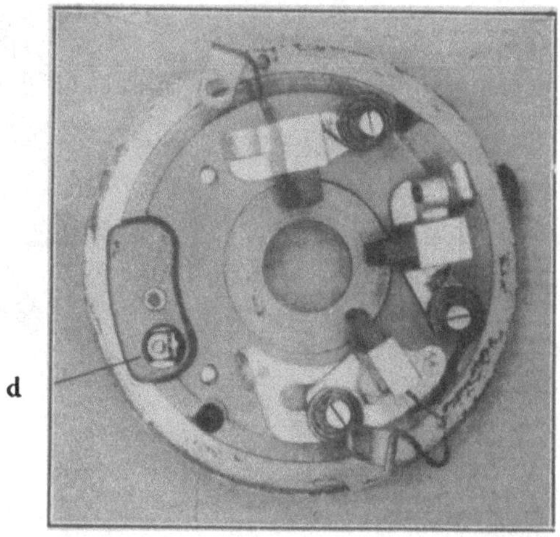

Bild 196. Auf einer Bürstenbrücke gleitend angeordnete Bürsten einer vierpoligen Dreibürstenmaschine. d = Durchführung zur außenliegenden Sicherung im Feldstromkreis

Bei Bild 194 sitzt die dritte Bürste an einem Ring, der auf einem Sitz im Lagerschild drehbar ist und von einer Feder und einer Pratze gehalten wird. Die Pratze kann von außen her durch eine Schraube festgezogen und dadurch die Hilfsbürste in ihrer Lage festgestellt werden. Übermäßige Verdrehung der dritten Bürste wird durch eine am Ring sitzende Nase verhindert, die in die Lücke zwischen den Böcken, auf denen die Hauptbürstenstifte sitzen, eingreift und an diesen ihren Anschlag hat.

Bei der Anordnung nach Bild 195 wird ebenfalls ein Ring als Träger der dritten Bürste verwendet. Dieser wird durch die darüberliegende Bürstenbrücke auf seinen Sitz gedrückt. Nach Lösen der Befestigungsschrauben der Bürstenbrücke kann er an den bis in die Schlitze des Lagerschildes ragenden Ansätzen bis zum Anschlagen an die durch die Ausschnitte des Ringes gehenden Befestigungsschrauben gedreht werden.

Auch bei der Bauart mit gleitender Bürste sind die verschiedensten Ausführungsformen auf den Markt gekommen. Wir beschränken uns auch hier auf zwei Beispiele. Die kastenförmigen Bürstenhalter, in denen die Bürsten gleiten, werden aus Blech gebogen, gepreßt oder gegossen (Spritzguß!). Die Bürstenhalter in Bild 196 bestehen aus Aluminium-Spritzguß. Die beiden Hauptbürstenhalter sind fest auf eine ringförmige Bürstenbrücke aus Pertinax genietet, die wiederum an den plattenförmigen Kollektorlagerschild genietet ist. Die Bürsten gleiten mit möglichst kleinem Spiel, aber doch leicht in den Haltern und werden durch Spiralfedern gegen den Stromwender gedrückt. Der Halter der dritten Bürste ist in einem Schlitz auf einer Messingplatte verschiebbar. Er wird mit einer durch den Schlitz führenden kräftigen Schraube von der Außenseite des Lagerschildes her festgezogen und kann nach Lösen der Schraube mit ihrer Hilfe von außen her verschoben werden.

Bild 197 zeigt einen Bürstenhalter von einer Maschine mit elektromagnetischem Regler. Er ist in Spritzguß ausgeführt

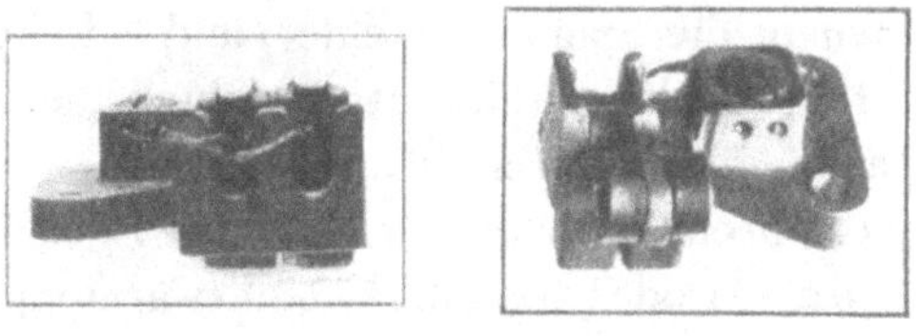

Bild 197. Bürstenhalter mit 2 gleitend angeordneten Bürsten aus einer spannungsregelnden Maschine nach Bild 191

und wird in einfacher Weise unter Zwischenlage von Isoliermaterial oder bei der Massebürste unmittelbar am Kollektorlagerschild festgeschraubt (Bild 191).

Um ein sicheres Anliegen der Bürsten auf dem Stromwender auch bei hohen Drehzahlen und unter starken Erschütterungen zu erzielen, werden, sofern Preis und Raum es gestatten, statt einer Bürste zwei entsprechend kleinere Bürsten in jedem Bürstenhalter angeordnet (Bild 197). Bei großen Maschinen ist die Anordnung mehrerer Bürsten pro Bürstenhalter mit Rücksicht auf den gesamten erforderlichen Bürstenquerschnitt und die größere Gefahr beim Abspringen einer einzigen Bürste unbedingt erforderlich.

Der Bürstendruck muß so groß sein, daß die Bürsten, trotz der starken Stöße und Schleuderwirkungen, die beim Betrieb der Lichtmaschine auftreten, fest auf dem Stromwender liegen. Unnötig hoher Bürstendruck muß vermieden werden, da er bei den meisten Bürsten starke Reibung und damit unzulässige Abnützung und Erwärmung von Stromwender und Kohlen hervorruft. Die Wahl des Bürstendrucks hängt stark von der Kohlenbeschaffenheit und der Güte des Stromwenders ab. Ist für gutes Rundlaufen des Stromwenders gesorgt, so kann natürlich der Bürstendruck wesentlich geringer sein als bei schlechten Stromwendern, doch ist dabei zu beachten, daß sich im Laufe des Betriebs eine ungleichmäßige Kollektorabnützung nie ganz vermeiden läßt, und daß daher der Stromwender allmählich immer weniger rundläuft.

Der Anschluß der Kabel, die den Strom von der Lichtmaschine zum Schaltkasten oder auch unmittelbar zur Batterie führen, erfolgt häufig in einfachster Weise an Klemmen, die isoliert auf dem Lichtmaschinengehäuse angebracht sind. Die Klemmen sind entweder so ausgeführt, daß das zu einer Öse gebogene oder auch mit einem Kabelschuh versehene Kabel untergeklemmt oder das fest zusammengedrehte und verlötete Kabel in einem Loch festgeklemmt wird. Gelegentlich sind die auf dem Maschinengehäuse sitzenden Klemmen noch durch eine kleine Schutzkappe aus Isolierstoff geschützt. Bei anderen Maschinen, z. B. denen, die Spannungsregler und Schalter unter einer Blechhaube am Kollektorlagerschild tragen, sitzen die Anschlußklemmen unter dieser Blechhaube (Bild 191, 192, 193).

Für das einwandfreie Arbeiten der Maschine ist es wichtig, daß ein Übertreten von Öl oder von durch die Erwärmung der Maschine flüssig gewordenem Fett aus den Lagern auf den Anker verhindert wird. Besonders unangenehm ist ein Verölen des Stromwenders, weil dadurch starkes Feuern und Verbrennen der Stromwenderstege, unter Umständen auch Zerstörung der Schleifkohlen eintritt. Auch für die Isolierung der Wicklungen ist das Öl schädlich. Die Gefahr der Verölung des Stromwenders und der Wicklungen wird durch Verwendung von Kugellagern, die mit Heißlagerfett gefüllt sind, erheblich

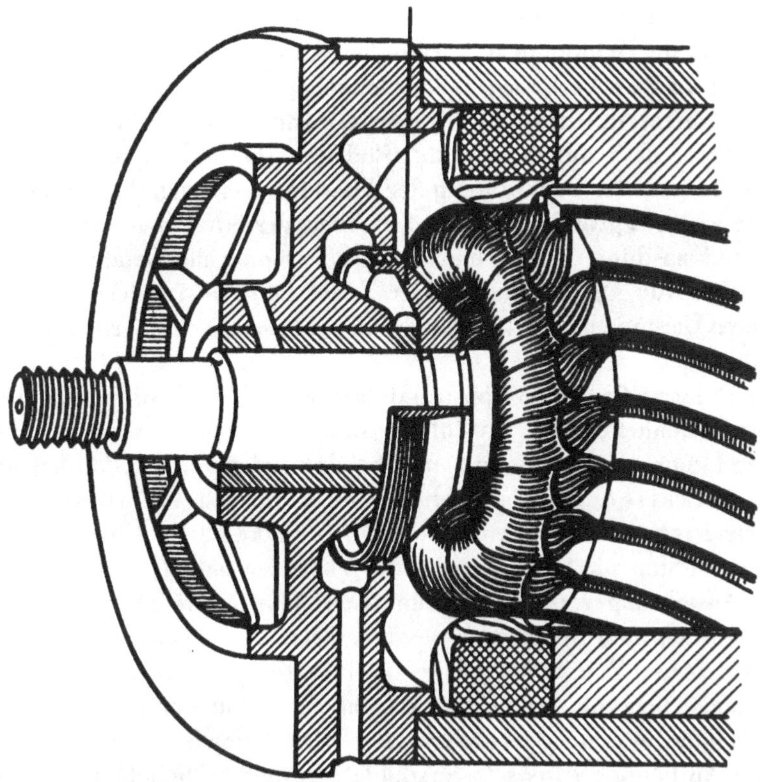

Bild 198. Lichtmaschine mit besonders gut ausgebildetem Schutz gegen Eindringen von Öl auf der Ankerwelle

vermindert, besonders wenn man auf eine Zusatzschmierung mit Öl verzichtet. Man sichert sich gegen bei warmer Maschine etwa doch austretendes Fett in genügender Weise durch einfache Ölspritzscheiben, die zwischen die gefährdeten Teile und die Kugellager gelegt werden (Bild 186). Häufig sind die Maschinen auch an den Lagern gedichtet durch Einlegen von Filz- oder Korkringen, die die Aufgabe haben, das an der Achse kriechende Öl zurückzuhalten. Besondere Sorgfalt ist auf die Dichtung bei den Maschinen zu verwenden, die mit Flansch an das Steuerrädergehäuse angebaut oder in das Gehäuse eingesteckt werden. Hier wird man bei Kugellagern ein Eintreten von Öl vom Rädergehäuse her überhaupt zu verhindern suchen. Dies geschieht ebenfalls durch eine mit der Welle umlaufende äußere Schutzkappe, von der das Öl durch die Zentrifugalkraft abgeschleudert wird. Bei Gleitlagern ist natürlich eine gewisse Ölzufuhr vom Rädergehäuse her erwünscht, doch ist dann besondere Sorgfalt auf den Schutz des Kollektors und der Wicklung zu verwenden. An einer derartigen Maschine fanden wir eine Verbesserung der innenliegenden Spritzscheibe durch ein auf ihrem Außenumfang liegendes Gewinde, das etwa eindringendes Öl wieder nach außen schraubt (Bild 198). Diese Dichtung ist aber natürlich von der Drehrichtung der Maschine abhängig, die dann nicht ohne weiteres geändert werden darf. Trotz der Schutzmittel ist bei der Einsteckmaschine und bei der Flanschbefestigung die Gefahr des Eindringens von Öl beträchtlich. Der Kollektor darf sich deshalb unter keinen Umständen auf der dem Rädergehäuse zugekehrten Seite befinden.

Die grundlegenden Konstruktionsteile der Lichtmaschine sind, von Verschiedenheiten der Ausführungsform abgesehen, nicht nur bei allen Lichtmaschinen, sondern auch bei den Anlaßmotoren und bei den Kombinationen von Lichtmaschinen und Anlaßmotoren sowie Lichtmaschinen und Zündern dieselben. Über den Anlasser werden wir im III. Band näher zu reden haben; dort soll auch die Ausführung von Lichtmaschine und Anlasser als eine Maschine besprochen und begutachtet werden. Beim Zusammenbau von Lichtmaschine und Zünder handelt es sich fast stets nur um eine räumliche Zusammenfassung der beiden Maschinen, die an dem Aufbau jedes Teils nichts Wesentliches ändert. Hier erfolgt zumeist nur eine besondere Ausbildung eines Lagerschildes. Besonders beliebt ist es, bei Batteriezündung den Zündverteiler entweder auf der Antriebseite oder auf der Kollektorseite senkrecht zur Lichtmaschinenachse anzuordnen und von dieser aus mit Schraubenrad anzutreiben. Dabei sitzt der Verteiler in einem Stutzen, der entweder mit dem Lagerschild zusammengegossen oder als besonderer Bauteil angeschraubt wird (siehe Bild 179 und 190 dieses Abschnitts und Bild 102 und 103 aus Band I). Das umlaufende System des Magnetzünders ist zumeist fliegend auf der Lichtmaschinenwelle angebracht (siehe z. B. Band I, Bild 95). Bei kombinierten Maschinen für Krafträder ist in der Regel die Lichtmaschine über dem Zündanker angebracht und wird von diesem aus über eine Stirnradübersetzung mit oder ohne Zwischenrad angetrieben. Hier ist zumeist der Lagerschild von Lichtmaschine und Zünder als ein Stück ausgebildet (siehe z. B. Band I, Bild 96 und 97). Der Zu-

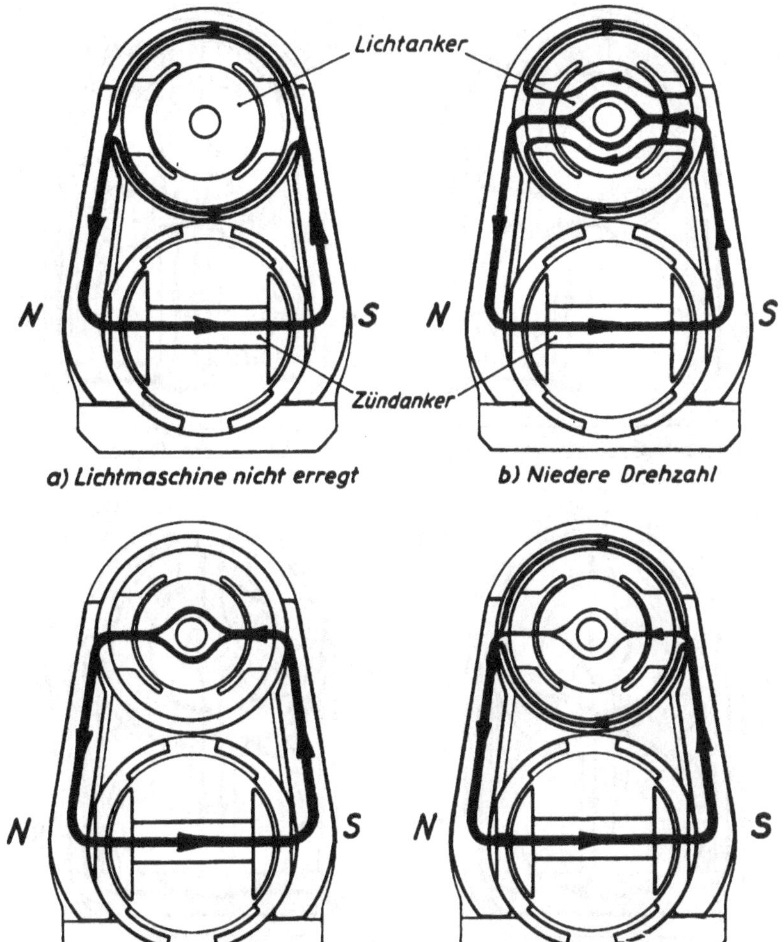

Bild 199. Flußverlauf in einem Lichtmagnetzünder nach Bild 98, Band I, mit hintereinander geschalteten Magneten

sammenbau von Lichtmaschine und Zünder ist vom Zündungsstandpunkt aus in Band I, Abschnitt IV, 3 näher besprochen worden.

Vom Standpunkt der Lichterzeugung ist zu den dort besprochenen Kombinationen folgendes zu sagen: Bild 96 des I. Bandes zeigt eine

Bauart, bei der die Lichtmaschine in elektrischer Beziehung völlig unabhängig vom Zündungsteil ist. Dagegen besteht bei dem Zusammenbau nach Bild 97 und 98 des 1. Bandes eine gewisse Verkettung der

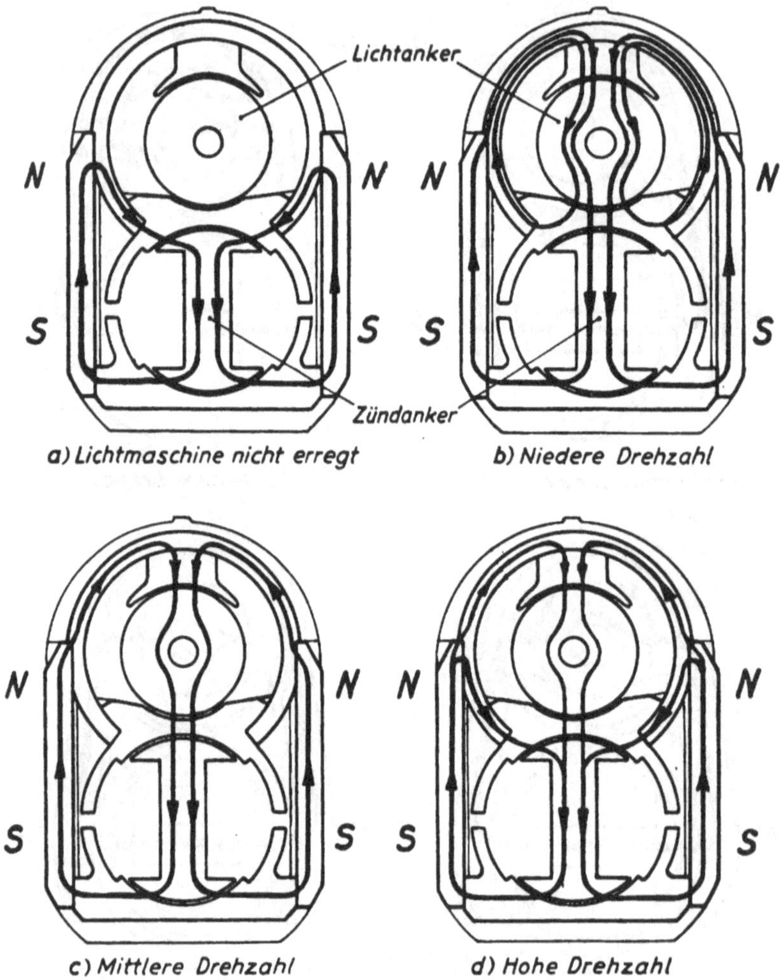

Bild 200 Flußverlauf in einem Lichtmagnetzünder nach Bild 98, Band 1, mit parallel geschalteten Magneten

magnetischen Flüsse der Zündungs- und Lichtseite. Da der Fluß der Lichtseite mit zunehmender Drehzahl kleiner wird, ergibt sich ein verschiedener Verlauf des Kraftflusses je nach der Drehzahl der Maschine. Bild 199 zeigt für die Maschine mit zwei hintereinander geschalteten Magneten, Bild 200 für die Maschine mit parallel geschalteten Magneten den Flußverlauf, wobei Teilbild a für das Anwerfen, also für nicht erregte Lichtmaschine, Teilbild b für erregte Lichtmaschine bei niederer Drehzahl, Teilbild c für mittlere Drehzahlen und Teilbild d für hohe Drehzahlen gilt. Bei diesen Anordnungen ist es möglich, den eigentlichen Polring der Lichtseite schwächer zu halten, da die Zündseite einen Parallelweg für den Fluß der Lichtseite darstellt.

Bei diesen Maschinen ist darauf zu achten, daß das Magnetisieren der permanenten Zündmagnete nicht in beliebiger Richtung vorgenommen werden darf, da der Magnetismus der permanenten Magnete bestimmend für den remanenten Magnetismus der Lichtmaschine und damit für ihre Erregung und Polarität ist. Die Richtung der Magnetisierung dieser Maschinen ist also, wie aus den früheren Ausführungen über die Polarität der Lichtmaschine hervorgeht, je nach der Drehrichtung verschieden zu wählen.

Als abweichend vom normalen Aufbau der Lichtmaschine müssen noch die Maschinen erwähnt werden, die nicht Elektromagnete sondern

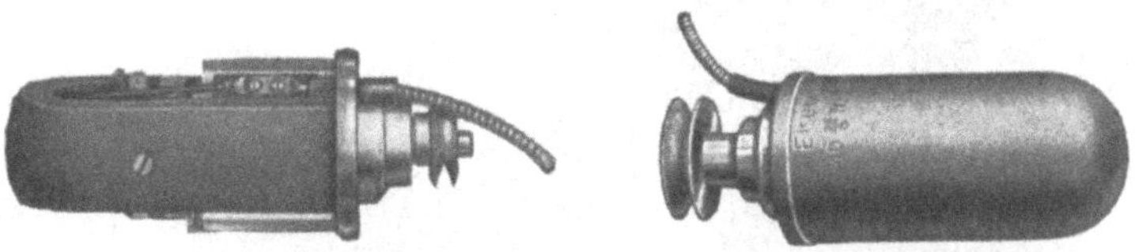

Bild 201. Eisemann-Motorradlichtmaschine mit Dauermagnet

Dauermagnete zur Erzeugung ihres Magnetfeldes benützen. Beispiele sind der in Band I, Bild 99, dargestellte Lichtmagnetzünder mit seinem eigenartigen Kraftlinienverlauf und der in Band I, Bild 100, dargestellte Lichtmagnetzünder mit der Zünd- und Lichtwicklung auf einem Anker. In beiden Fällen trägt der Anker einen Kollektor mit zwei an die Wicklung angeschlossenen Segmenten und dazwischen liegenden Blindlamellen, der die auftretenden Spannungsstöße gleichrichtet. Auch die Zünder mit Lichtstromentnahme sind zu dieser Maschinenart zu zählen. In der Regel haben aber derartige kombinierte Maschinen mit Dauermagnetfeld einen für Batterieladung nicht sehr günstigen, ungleichmäßigen Lichtstromverlauf.

Auch für reine Lichtmaschinen ohne Verbindung mit der Zündung sind Dauermagnete wenigstens für kleinere Leistungen in Verwendung gekommen. Meist handelt es sich dann um reine Wechselstrommaschinen, ähnlich den bei Tretfahrrädern neuerdings vielfach verwendeten Lichtmaschinen, nur in etwas größerer Ausführung. Die Firma Eisemann, Stuttgart, hat eine hierher gehörende für Krafträder

Bild 202–204. Aladdin-Duplex-Lichtmaschine mit Dauermagneten für Lastwagenbetrieb ohne Batterie

gedachte Gleichstrommaschine größerer Leistung hergestellt. Der kleine Lichtanker mit Stromwender bewegt sich zwischen den Schenkeln des axial angeordneten Hufeisenmagnets (Bild 201). Die Lichtmaschine gibt eine Leistung von 25 Watt bei 6 Volt, allerdings erst bei verhältnismäßig hoher Drehzahl.

Für Lastwagen ohne Batterie wird in Amerika eine Wechselstrommaschine gebaut. Wie aus den Bildern 202–204 hervorgeht, hat diese feststehende Magnete, zwei umlaufende Leitstücke und dementsprechend zwei feststehende Wicklungen, die von dem durch die Umlaufleitstücke gesteuerten Magnetfluß durchsetzt werden. Die eine Wicklung speist einen Scheinwerfer und die Schlußlampe, die andere den zweiten Scheinwerfer und eine Instrumentenbrettlampe. Es wird dadurch erreicht, daß bei Störungen in einem Kreis der zweite Scheinwerfer in Betrieb bleibt und Unglücksfälle, die durch ein gleichzeitiges Versagen des anderen Scheinwerfers entstehen könnten, vermieden werden. Derartige Maschinen können ohne die noch zu besprechende besondere Regelung der Leistung arbeiten. Die Spannung steigt nämlich bei ihnen mit wachsender Drehzahl nicht so stark an wie bei den selbsterregenden Dynamomaschinen, weil das Feld seine Stärke mit wachsender Klemmenspannung nicht steigert. Außerdem aber bewirkt die Ankerrückwirkung bei derartigen Wechselstromerzeugern eine selbsttätige Begrenzung der Leistung, so daß also bei genügender Belastung bis zu einem gewissen Drehzahlbereich eine gefährliche Steigerung der Spannung nicht zu befürchten ist. Bei nur teilweiser Belastung oder Leerlauf treten allerdings gefährliche Spannungssteigerungen auf. Auch für Anlagen, die ohne Batterie arbeiten sollen, ist daher besser eine gute auf konstante Spannung regulierende Lichtmaschine zu verwenden. Für größere Maschinen kommen Dauermagnete mit Rücksicht auf Preis, Gewicht, ungenügende Leistung und unbefriedigende Regelung nicht in Betracht.

III. Die Batterie

1. Chemische und elektrische Eigenschaften des Sammlers

Anwerfen und Standlicht erfordern elektrische Energie bei Stillstand der Lichtmaschine und machen es notwendig, diese Energie im Kraftfahrzeug aufzuspeichern. Es ist bisher nicht gelungen, Elektrizität als solche in für praktische Zwecke in Betracht kommenden Mengen zu sammeln. Man muß dazu den Umweg über chemische Vorgänge einschlagen. Die elektrochemischen Vorrichtungen, die das Ansammeln von elektrisch erzeugter Energie auf chemischem Wege und das zu späterer Zeit mögliche Wiederentnehmen elektrischer Energie gestatten, nennt man „Sammler" oder „Akkumulatoren". Eine Anzahl durch besondere Schaltungen verbundener Sammler nennt man „Batterie".

Wie die Eigenart des Kraftfahrzeugbetriebes an die elektrischen Maschinen des Kraftfahrzeugs ganz besondere Ansprüche stellt, so unterliegt auch die Sammlerbatterie im Kraftfahrzeug gegenüber einer ortsfesten sehr erschwerten Bedingungen in bezug auf mechanische und elektrische Leistungsfähigkeit, und die Sammlerindustrie hat auf den durch die ortsfesten und tragbaren Batterien gegebenen Grundlagen erst besondere Typen entwickeln müssen, bevor sich die Batterie als brauchbarer Bestandteil in die Kraftfahrzeugausrüstung eingefügt hat. Heute genügt die richtig durchgebildete Kraftfahrzeugbatterie bei sachgemäßem Einbau und Befolgung der Behandlungsvorschriften allen billigen Ansprüchen. Sie bleibt aber trotz aller Fortschritte der empfindlichste Teil der ganzen Anlage, der ohne Pflege leicht eine unangenehme Störungsquelle bilden kann. Die chemischen Umwandlungen, die im Sammler erforderlich sind, vollziehen sich zwar in einfacher Weise, rufen aber doch ständig wiederholte, tiefgehende Veränderungen in allen wesentlichen Teilen des Sammlers hervor, die unumgänglich eine besondere Empfindlichkeit der Batterie mit sich bringen.

Theoretisch stehen für die Aufspeicherung von elektrischer Energie durch elektrochemische Vorgänge verschiedene Wege offen, praktisch aber hat sich in erster Linie nur der Blei-Schwefelsäure-Sammler bewährt, neben dem nur noch der alkalische Sammler in der Nickel-Eisen- oder Nickel-Eisen-Kadmium-Batterie eine gewisse Bedeutung erlangt hat. Wir wenden uns zuerst lediglich dem Bleisammler zu.

Ein gedrängter Überblick über die **chemischen Vorgänge** im Sammler soll das Verständnis der späteren Ausführungen erleichtern:

Die Sammler sind im Grunde genommen nichts anderes als galvanische Elemente. Sie unterscheiden sich von den allgemein als „galvanische Elemente" bezeichneten elektrischen Stromquellen nur dadurch, daß die bei der Entladung stattfindenden chemischen Umsetzungen durch einfaches „Aufladen", d. h. durch Zufuhr von elektrischer Energie wieder rückgängig gemacht werden können. Das ist bei den galvanischen Elementen im üblichen Sinne nicht oder doch nur unvollkommen möglich.

Allgemein erhalten wir ein galvanisches Element, wenn wir zwei verschiedene Metalle, Metallverbindungen oder Kohle in Säuren oder Salzlösungen bringen.

Beim Blei-Schwefelsäure-Sammler besteht die positive Elektrode aus Bleisuperoxyd (PbO_2) auf einem Bleigitter und die negative Elektrode aus Blei (Pb) in schwammiger Form, das ebenfalls von einem festen Bleigitter getragen wird. Die Elektroden haben durchweg Plattenform, und zwar sind zur Erzielung großer Oberflächen bei bequemen Abmessungen meist mehrere Platten von jeder Sorte in einem Gefäß vereinigt. Als Füllsäure (Elektrolyt) dient mit destilliertem Wasser verdünnte Schwefelsäure (H_2SO_4), die je nach dem Verwendungszweck des Akkumulators ein spezifisches Gewicht von etwa 1,20–1,30 haben soll; für Kraftfahrzeugbatterien ist ein spezifisches Gewicht der Säure von 1,24–1,25 gebräuchlich.

Schließen wir ein so aufgebautes Element über einen äußeren Stromkreis (Entladung), so geht ein Strom von der Bleisuperoxydelektrode durch den äußeren Kreis zur Bleischwammelektrode und von dort durch die Füllsäure zur Superoxydplatte zurück. Dabei tritt zunächst eine Zerlegung der Schwefelsäure ein. Zu den positiven Platten wird Wasserstoff und zu den negativen der Säurerest SO_4 geführt. Unter Mitwirkung des Wasserstoffes wird dann an der positiven Platte das Bleisuperoxyd durch Einwirkung der Schwefelsäure in Bleisulfat ($PbSO_4$) übergeführt und gleichzeitig Wasser gebildet. An der negativen Platte verbindet sich der Säurerest SO_4 mit dem Bleischwamm zu Bleisulfat. Durch den Säureverbrauch und die Wasserbildung tritt eine Verdünnung der Füllsäure ein, die als Maßstab für das Fortschreiten der Entladung benutzt wird.

Bei der *Ladung* wird durch die Einwirkung des in den Sammler gesandten Stromes unter Mitwirkung des in der Füllsäure enthaltenen Wassers das Bleisulfat wieder in Superoxyd und Bleischwamm verwandelt. Dabei wird die bei der Entladung verbrauchte Schwefelsäure wiedergebildet, so daß die Dichte der Füllsäure mit wachsender Aufladung wieder steigt. Man kann also diese Dichte als Maßstab für den Ladezustand benutzen.

Nach der eingehenden Theorie sind die Vorgänge im Bleisammler allerdings erheblich verwickelter, als sie hier dargestellt worden sind. Das für uns allein wichtige Endergebnis läßt sich aber aus der oben gegebenen Darstellung in der übersichtlichen *chemischen Formel* zusammenzufassen:

$$PbO_2 + Pb + 2\,H_2SO_4 \rightleftarrows 2\,PbSO_4 + 2\,H_2O.$$

Durch die Pfeile deuten wir an, daß der Vorgang sich nach beiden Seiten vollziehen kann, d. h. daß wir ein sogenanntes *umkehrbares Element* haben. Wichtig ist, daß wir uns darüber klar sind, daß bei der Ladung die elektrische Energie nur solange ohne wesentliche *Gasentwicklung* gebunden wird, als umsetzbares Bleisulfat vorhanden ist. Sobald dies nicht mehr der Fall ist, bewirkt der zugeführte Strom nur noch eine Zersetzung des in der Füllsäure vorhandenen Wassers, die sich durch mehr oder weniger lebhafte Gasentwicklung an den Platten kundgibt. Lebhaftes Gasen ist also neben der erhöhten Säuredichte ein Zeichen dafür, daß die Batterie geladen ist. Für die Behandlung der Batterie ist zu beachten, daß das Bleisulfat der Rückbildung zu Blei und Bleisuperoxyd einen großen Widerstand entgegensetzt, und daß diese Rückbildung nur dann ohne besondere Schwierigkeiten vonstatten geht, wenn das Sulfat sich noch in dem sehr fein verteilten Zustande in den Akkumulatorenplatten befindet, in dem es ausgeschieden wird. Der Akkumulator soll darum möglichst bald nach der Entladung wieder aufgeladen werden. Bei längerem Stehen in entladenem Zustande ballt sich das Bleisulfat zu harten kristallinischen Massen zusammen, die als feste weiße Schichten auf den Platten sichtbar werden und sich nur schwer und unvollkommen wieder aufschließen lassen. Wesentlich ist für die Behandlung des Sammlers auch die Erscheinung der Selbstentladung, durch die auch bei Nichtbenutzung Sulfat gebildet wird, das beseitigt werden muß, bevor es verhärtet

Nach diesem kurzen Überblick über die chemischen Vorgänge soll **das elektrische Verhalten** näher betrachtet werden.

Die *elektromotorische Kraft des Sammlers* ohne Stromdurchgang ist abhängig von der Konzentration der Schwefelsäure und beträgt ungefähr 2 V. Die in Kraftfahrzeugen gebräuchlichen Spannungen von 6 und 12 V werden durch Hintereinanderschalten von 3 bzw. 6 Sammlern zu Batterien erreicht. Der innere Widerstand des Sammlers ist bei den heute üblichen Bauarten sehr gering und schwankt zwischen 0,01 und 0,001 Ω je nach Größe der Plattensätze. Er wird auch durch Entladung des Sammlers nicht merklich größer. Trotzdem ändert sich die Klemmenspannung des Sammlers und damit der Batterie außerordentlich im Verlauf der Ladung und Entladung. Die Schaulinien in Bild 205 sind charakteristisch für das Ansteigen der Klemmenspannung im Laufe der Ladung und für ihr Abfallen im Laufe der Entladung. Die Ordinaten zeigen die Klemmenspannung, die Abszissen die Amperestundenzahl, die hier proportional der Zeit ist, da die Stromstärke während des Vorganges gleich

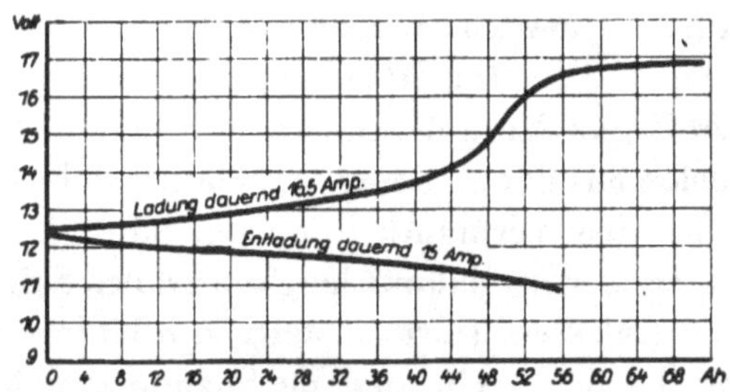

Bild 205. Spannung eines 12-Volt-Sammlers bei Ladung und Entladung in Abhängigkeit von der Zahl der hineingeladenen und entnommenen Amperestunden

blieb. Man sieht, wie die Klemmenspannung der Batterie beim Ladevorgang zuerst allmählich, dann stark zunimmt und schließlich einen Höchstwert von etwa 16,8 V erreicht. Öffnet man nun den Stromkreis, so sinkt die Klemmenspannung allmählich wieder auf den normalen Wert von etwa 12,5 V zurück. Bei der Entladung sinkt die Klemmenspannung zuerst langsam bis ungefähr auf den Wert 10,8 V, entsprechend 1,8 V eines einzelnen Sammlers, um dann plötzlich bei weiterer Entladung sehr rasch gegen 0 hin abzunehmen. Dieses Ansteigen und Abfallen der Klemmenspannung beruht im wesentlichen auf Konzentrationsverschiedenheiten der Säure während des Stromdurchgangs. Die chemischen Umsetzungen bei Ladung und Entladung vollziehen sich in der Hauptsache im Innern der in die Gitterplatten eingestrichenen wirksamen Masse. Dabei muß die bei der Ladung frei werdende Schwefelsäure aus der Masse heraus- und der Ersatz für die bei der Entladung verbrauchte Schwefelsäure in die Masse hineindiffundieren. Diese Diffusion geht so langsam vor sich, daß die Konzentration der Säure in der Elektrodenmasse ganz anders ist als die Konzentration der freien Füllsäure. Für die elektromotorische Kraft des Sammlers ist aber natürlich die in der Masse vorhandene Säurekonzentration maßgebend, und deshalb kann die elektromotorische Kraft nicht aus der Konzentration der freien Füllsäure errechnet werden. Nur beim stromlosen Sammler gleicht sich die Konzentration der Säure in allen Sammlerteilen aus. Der plötzliche Spannungsanstieg am Ende der Ladung ist allerdings nicht mehr auf die Konzentrationsverschiedenheit der Säure, sondern auf die zur Gasentwicklung notwendige Überspannung zurückzuführen.

Je stärker die Stromdichte auf den Platten bei Ladung und Entladung ist, desto mehr tritt die besprochene Erscheinung auf, denn um so ungünstiger ist das Verhältnis der chemischen Umwandlungsgeschwindigkeit zur Geschwindigkeit der Säurediffusion. Hauptsächlich bei der Entladung kann der Ersatz der in der Masse verbrauchten Schwefelsäure, der durch Diffusion aus der zwischen den Platten stehenden Füllsäure erfolgen muß, mit dem Verbrauch nur dann Schritt halten, wenn die Umsetzung bei geringer Stromdichte langsam erfolgt. Sobald die Stromdichte, z. B. beim Anlassen, stark ansteigt, tritt im Innern der Platten eine Verarmung der Säure ein, und die Spannung sinkt sehr schnell unter das normale Maß. Dieses Absinken der Spannung ist um so größer, je weiter die Batterie entladen ist, denn dann findet die Stromerzeugung immer mehr im Innern der Platte statt. Außerdem ist die Diffusion der Schwefelsäure noch dadurch erschwert, daß durch die chemischen Umwandlungen die Poren in den Platten verengt werden, weil das Bleisulfat, das sich bei der Stromentnahme bildet, einen größeren Raum einnimmt als das Bleisuperoxyd oder der Bleischwamm der geladenen Platten.

Das Absinken der Spannung bei der Entladung bietet ein Maß für den Ladezustand der Batterie. Die Praxis führt dazu, daß man die Entladung der Batterie als beendet ansieht, wenn die Spannung der unter einem bestimmten Strom stehenden Batterie auf etwa 1,8 V für jede Zelle gesunken ist. An dem dadurch bestimmten Punkte beginnt durchweg nach einem langsamen Absinken der Spannung ein schneller Abfall, durch den in der Praxis bei weiterer Entladung der Batterie unzulässige Spannungsschwankungen herbeigeführt würden. Auch ist eine zu weitgehende Entladung der Batterie sehr schädlich für die Platten. Die Stromstärke, mit der die Entladung erfolgt, und die Zeit, innerhalb der die gut geladene Batterie bis zu dem angegebenen Maß entladen ist, ergeben gemeinsam ein Maß für die elektrische Aufnahmefähigkeit oder „Kapazität" der Batterie.

Die elektrische Leistungsfähigkeit von Batterien wird durch die „Kapazitätsprobe" geprüft. Dazu wird die fertig formierte Batterie vollständig aufgeladen und dann nach bestimmten, noch zu erläuternden Richtlinien entladen. Die Zahl der bei dieser Probe entnommenen Amperestunden nennt man die Kapazität der Batterie. Sie ist in erheblichem Maße von den verschiedensten Einflüssen abhängig, und es ist daher z. B. bei Abnahmeversuchen genau anzugeben, unter welchen Bedingungen die Prüfungen vorgenommen wurden.

Wesentlich ist zunächst, daß die Batterie fertig formiert ist. Wenn die Batterie aus der Fabrik kommt, ist nämlich meist noch nicht alles für die Aufspeicherung der elektrischen Energie vorgesehene Blei in Form von Superoxyd vorhanden. Je nach dem Herstellungsverfahren wird der leistungsfähigste Zustand, die fertige Formierung, erst mit der dritten oder vierten Ladung und Entladung erreicht. Danach sollte dann also erst die Kapazitätsprobe vorgenommen werden.

Weiter ist der Zeitpunkt der Beendigung der Ladung zu beachten. Man kann eine Batterie als gut aufgeladen ansehen, wenn die Ladespannung während 20 bis 30 Minuten nicht mehr steigt, die Säuredichte den vorgeschriebenen Wert erreicht hat und beide Plattensätze lebhaft Gas entwickeln. Dabei ist für genaue Kapazitätsproben vorausgesetzt, daß die Säure schon bei den vorbereitenden Ladungen richtig eingestellt ist. Das Merkmal der Gasentwicklung fällt allerdings für die Kraftfahrzeugbatterien fort, weil die Behälter durchweg undurchsichtig sind.

Eine weitere wesentliche Bedingung bei der Kapazitätsprobe ist die Stromstärke, mit der die Entladung vorgenommen werden soll, da, wie oben ausführlich erläutert wurde, eine volle Ausnützung der wirksamen Masse der Platten um so weniger erreicht wird, je höher die Entladestromstärke ist.

Eine Übersicht über den Einfluß der Entladestromstärke auf die Kapazität gibt Bild 206. Dieses stellt den Spannungsverlauf an einer normalen Wagenbatterie von 60 Ah Sollkapazität bei Entladung mit 6, 10, 15 und 20 A, d. h. also bei 10-, 9-, 4- und 3stündiger Entladung dar. In Deutschland wird in der Regel die Sollkapazität für 10stündige Entladung angegeben, d. h.: es wird die Kapazitätsprobe mit der Stromstärke vorgenommen, die sich bei Division der zu erwartenden Amperestundenzahl durch 10 ergibt. Man sieht aus Bild 206, daß die zugrunde gelegte Batterie recht gut war, denn die bei der Kapazitätsprobe mit 6 A entnommene Amperestundenzahl übersteigt die Sollkapazität um 10 %.

Bei jeder Kapazitätsprobe muß auch der Säuretemperatur besondere Beachtung geschenkt werden, weil sie für die Diffusionsgeschwindigkeit und damit für die Kapazität und den Spannungsverlauf maßgebend ist. Wir müssen uns diesen Einfluß der Temperatur so vorstellen, daß mit steigender Temperatur die Säure dünnflüssiger wird und daher schneller durch die engen Poren der aktiven Masse

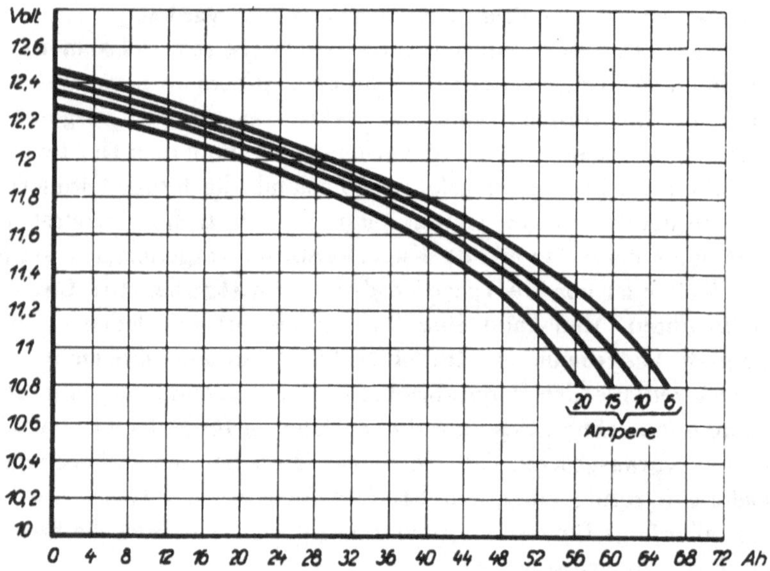

Bild 206. Einfluß der Entladestromstärke auf die Batteriekapazität

dringen kann. Die Größe des Einflusses ist auf den Bildern 207*) und 208 zu ersehen. Bei Bild 207 ist durchweg die Entladung bis auf 1,33 V für jede Zelle getrieben worden, wohl mit Rücksicht auf die mit den langsamen zugleich eingetragenen schnellen Entladungen, für die dieses starke Absinken der Spannung als äußerste Grenze noch zugelassen werden kann. Dabei zeigen die Schaulinien getrennt für die Temperaturen -10, 0, 10, 20° C die Abhängigkeit der Kapazität von der Entladungsdauer, und zwar prozentual im Verhältnis zu der Sollkapazität bei 10stündiger Entladung und 20° C Säuretemperatur.

*) Aus: A. C. Burgoine, Elektrische Anlaß- und Beleuchtungsausrüstungen. The Automobile Engineer, Febr. 1924, S. 59.

Leider ist bei dieser Darstellung über die zugrunde gelegte Batterie nichts angegeben, doch ist anzunehmen, daß es sich um eine normale Wagenbatterie mittlerer Größe handelt.

Die große Bedeutung der Temperatur der Füllsäure für den Betrieb des Anlassers wird durch Bild 208 besonders hervorgehoben. Die dargestellten Messungen wurden an einer 90 Amperestunden-

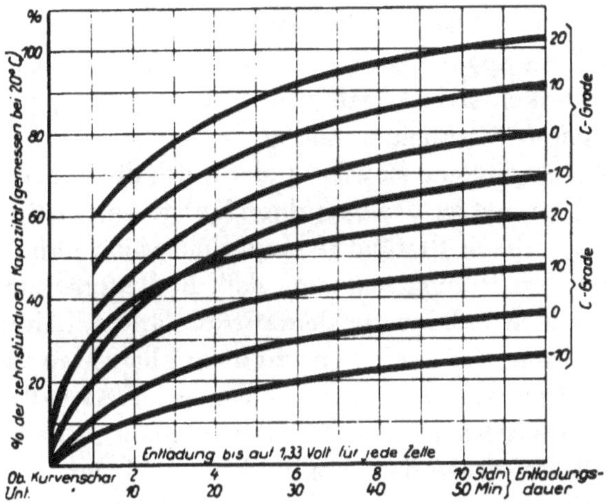

Bild 207. Abhängigkeit der Kapazität von der Entladungsdauer bei verschiedenen Temperaturen

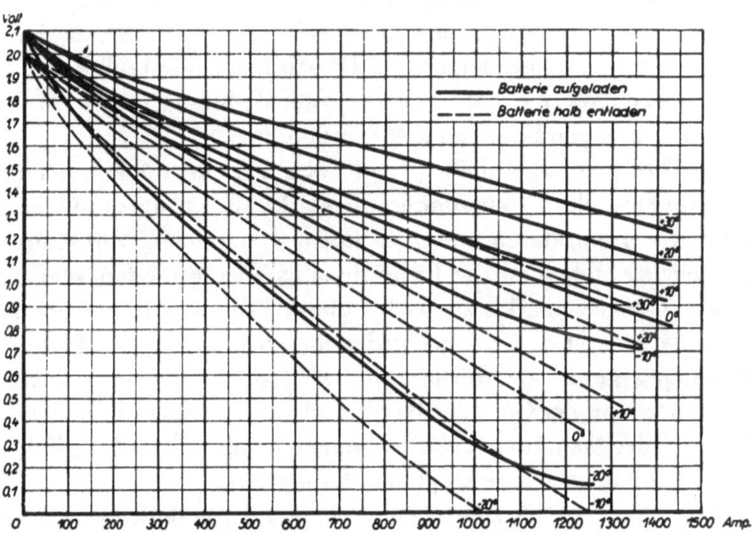

Bild 208. Abhängigkeit der Spannung eines Sammlers von der Entladestromstärke bei verschiedenen Temperaturen

Batterie vorgenommen, und zwar wurde die Spannung für ein Element jeweils 5 Sekunden nach dem Einschalten der entsprechenden Stromstärke abgelesen. Nach dieser Zeit kann, wie aus den später gezeigten Schaulinien folgt, damit gerechnet werden, daß nach einem zunächst steilen Abfall der Spannung ein Zustand erreicht ist, in dem die Spannung nur noch langsam abfällt.

Im übrigen sind die Schaulinien ohne weitere Erläuterung verständlich. Sie zeigen klar, daß der Einfluß der Säuretemperatur auf die Kapazität und die Spannungslage so bedeutend ist, daß Garantien von seiten der Fabriken stets Angaben über die zugehörige Temperatur (Normaltemperatur) enthalten sollten.

Für eine eingehende Prüfung der durch die hohen Stromstöße des Anlassers besonders beanspruchten Kraftwagenbatterie genügt die besprochene 10stündige Kapazitätsprobe nicht. Man muß vielmehr bei der Prüfung beachten, daß die Batterie sich grundverschieden verhält, je nachdem sie kleine Stromstärken, Lichtströme oder sehr starke Ströme, Anlasserströme zu liefern hat. Man kann geradezu von einer Lichtkapazität und von einer Anlaßkapazität reden. Die Stromstärken beim Anlassen können je nach Größe des Anlassers bis auf 300–800 A anwachsen und sind für die Größe der benutzten Batterien ganz ungewöhnlich hoch. Es tritt dabei ein starkes Absinken der Spannung durch Verarmen der Füllsäure in den Platten ein. Diese hohe Beanspruchung tritt aber in der Regel nur stoßartig auf, und es folgt auf den Stoß eine längere Pause, in der ein Ausgleich der Säure erfolgen kann. Diesen Umständen sollte also eine Prüfung der Batterien auf Anlaßkapazität Rechnung tragen. Einheitliche Festsetzungen bestehen dafür noch nicht.

Die Prüfung auf Anlaßkapazität kann z. B. in Anlehnung an den Anlaßvorgang durch kurzdauernde starke Belastungsstöße vorgenommen werden, deren Stärke in einem bestimmten Verhältnis zur Sollkapazität steht und die in bestimmten Zeitabständen wiederholt werden. Die Grenze, bis zu der bei dieser Prüfung die Spannung absinken darf, ist durch die zum Durchziehen des Anlassers erforderliche Spannung gegeben und dürfte etwa bei 1,3–1,5 V für jede Zelle liegen. Zur Beurteilung der Güte der Batterie dient bei diesem Verfahren das Absinken der Spannung beim einzelnen Stromstoß und die Zahl der bis zur Entladungsgrenze möglichen Stromstöße.

Die Bilder 209 bis 215 stellen die Prüfung von Batterien auf Verwendbarkeit für Anlaßzwecke dar. Bild 209 zeigt die Prüfung einer für Anlaßzwecke geeigneten Batterie von 60 Ah Sollkapazität. Die Batterie wurde zunächst mit 16,5 A Ladestrom voll aufgeladen. Es wird bei den gezeigten Kapazitätsproben auffallen, daß zum Aufladen eine gleichbleibende hohe Stromstärke benutzt wird, während im allgemeinen ein am Ende der Ladung abfallender Ladestrom empfohlen wird. Der gleichbleibende starke Ladestrom wurde hier gewählt, um die neuen Batterien mit wenigen Ladungen und Entladungen sicher durchzuformieren. Nach der Aufladung wurde die Batterie mit 13 s dauernden Stromstößen von 210 A, die einander mit $^1/_4$stündigen Pausen

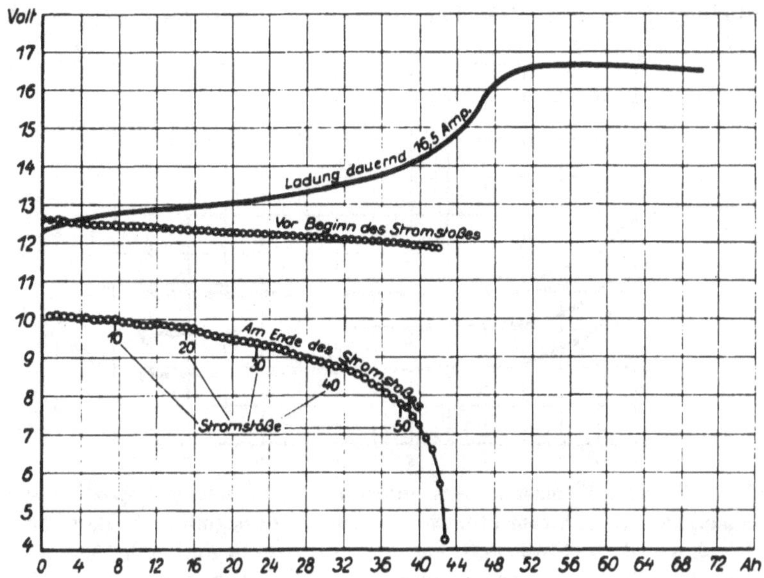

Bild 209. Prüfung einer für Anlaßzwecke brauchbaren Batterie durch stoßweise Entladung. (60 Ah Lichtkapazität, 210 A Entladestrom, 13 s Stoßdauer, 15 min Pause. 1 Stromstoß = 0,758 Ah)

folgten, entladen. In dem Bild ist die Spannung der Batterie vor Beginn und am Ende von jedem Stromstoß eingetragen. Sobald der Stromstoß auftritt, sinkt die Batteriespannung sofort auf einen wesentlich geringeren Wert infolge des Spannungsabfalles, der im Innern der Batterie durch den an sich geringen, aber bei dem hohen Strom ins Gewicht fallenden inneren Widerstand vorhanden ist. Dazu kommt die Verringerung der elektromotorischen Kraft, die durch die alsbald eintretende Konzentrationsverringerung der in den Platten befindlichen Säure verursacht wird. Ist das Konzentrationsgefälle nach den ersten Sekunden groß genug geworden, so stellt sich ein Ausgleich zwischen Säureverbrauch in den Platten und Säurenachschub aus dem Säureraum ein, so daß die Spannung nur noch ganz langsam zurückgeht, wie aus den Schaulinien in Bild 210 ersichtlich ist. Sobald der Stromstoß beendigt ist, erreicht die Spannung der geladenen Batterie wieder nahezu den Wert, der vor Beginn des Stromstoßes vorhanden war.

Je größer die Zahl der der Batterie entnommenen Stromstöße ist, um so stärker sinkt die Batteriespannung beim Stromstoß ab. Dieses wachsende Zurückgehen der Spannung beim Stromstoß mit zunehmender Zahl der Stromstöße rührt von der immer weiter fortschreitenden Entladung der Batterie her. Die äußeren Schichten der Platten werden

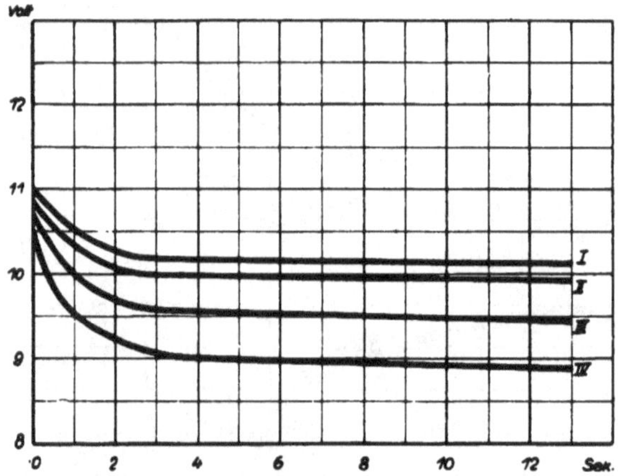

Bild 210. Einzelne Stromstöße aus der in Bild 209 gezeigten Kapazitätsprobe.
Schaulinie I: 3. Stromstoß. Batterie enthält zu Beginn noch 41,69 Ah
Schaulinie II: 19. Stromstoß. Batterie enthält zu Beginn noch 33,35 Ah
Schaulinie III: 29. Stromstoß. Batterie enthält zu Beginn noch 21,98 Ah
Schaulinie IV: 39. Stromstoß. Batterie enthält zu Beginn noch 14,40 Ah

mehr und mehr erschöpft, und die chemische Umsetzung findet immer weiter im Innern der Platten statt. Dadurch wird der Säureausgleich erschwert, die elektromotorische Kraft der Platten wird während des Stromstoßes immer geringer und der innere Widerstand der Batterie infolge der Überdeckung der leitenden Plattenteile mit nicht leitendem Bleisulfat und infolge der Abnahme der Säuredichte immer größer.

Bei der vorliegenden Batterie konnten, wie Bild 209 zeigt, 48 Stromstöße von je 0,758 Ah ausgeführt werden, bis die Batteriespannung auf das für das Durchziehen des Anlassers nötige Mindestmaß der Spannung von 8 V am Ende des Stromstoßes herabgesunken war. Man konnte also dieser Batterie für Anlaßzwecke 36,4 Ah nutzbar entnehmen.

Die Bilder 211 und 212 zeigen das Verhalten einer anderen 12-Volt-Batterie von 110 Ah Sollkapazität. Sie war bei der normalen 10stündigen Kapazitätsprobe durchaus gut, dem Anlasserbetrieb zeigte sie sich jedoch nicht gewachsen. Die Prüfung auf Anlaßkapazität (Bild 211) wurde mit Stromstößen von 280 A unter sonst gleichen Bedingungen wie bei der oben besprochenen Batterie vorgenommen. Man sieht in Bild 211 und 212, daß die Batteriespannung am Ende des Stromstoßes bereits nach wenigen Stößen auf 8 V herabsinkt und dann schnell weiter auf viel zu kleine Werte zurückgeht. Der Grund für das schlechte Verhalten dieser Batterie ist zu großer

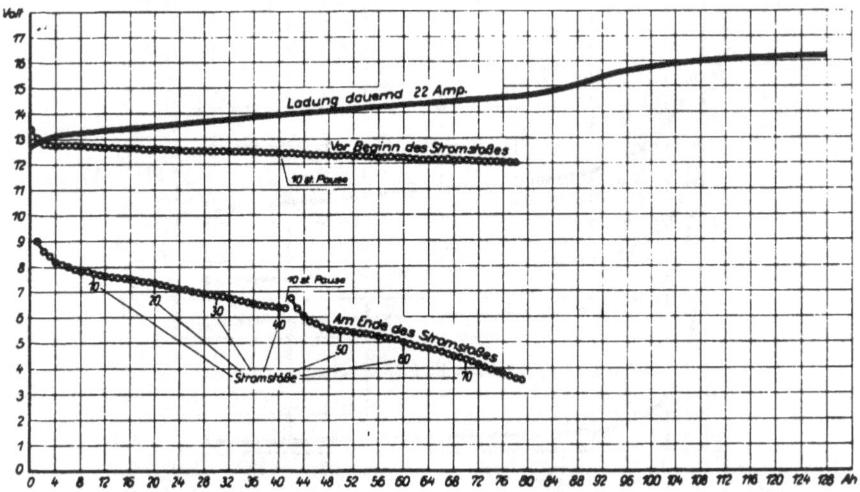

Bild 211. Prüfung einer für Anlaßzwecke nicht geeigneten Batterie durch stoßweise Entladung. (110 Ah Lichtkapazität. 280 A Entladestrom. 13 s Stoßdauer. 15 min Pause. 1 Stromstoß = 1 Ah)

innerer Widerstand und ungenügender Säureausgleich zwischen Platte und Säureraum. Hauptsächlich waren die Verbindungsleisten der einzelnen Elemente so schwach bemessen, daß sie bei starken Stößen heiß wurden und schon aus diesem Grunde die Batterie nur für Beleuchtungszwecke in Frage kam. Daß der Säureausgleich bei dieser Batterie mangelhaft war, geht aus dem in Bild 211 gezeigten Verhalten der Batterie nach einer 10stündigen Unterbrechung der Entladungsprobe hervor. Die Säuredichte in der Platte hatte während der Erholungspause durch den Säureausgleich zugenommen, so daß eine vorübergehende Hebung der Spannung am Ende des Stromstoßes um etwa 0,5 V zu verzeichnen war, die aber bei Fortführung des Entladungsversuchs sofort wieder verschwand.

Als weiteres Beispiel für eine für Anlaßzwecke nicht geeignete Batterie bringen wir die Bilder 213 bis 215. Die hier geprüfte 6-Volt-Batterie hatte bei normaler Kapazitätsprobe eine Kapazität von 60 Amperestunden, und es wäre zu vermuten gewesen, daß sie zum Betrieb eines kleinen Anlassers durchaus ausreicht. Die stoßweise Entladung der Batterie wurde ihrer Größe entsprechend mit Stromstößen von 210 Ampere vorgenommen. Die übrigen Bedingungen waren wie bei den oben besprochenen Batterien. Auch hier zeigte sich,

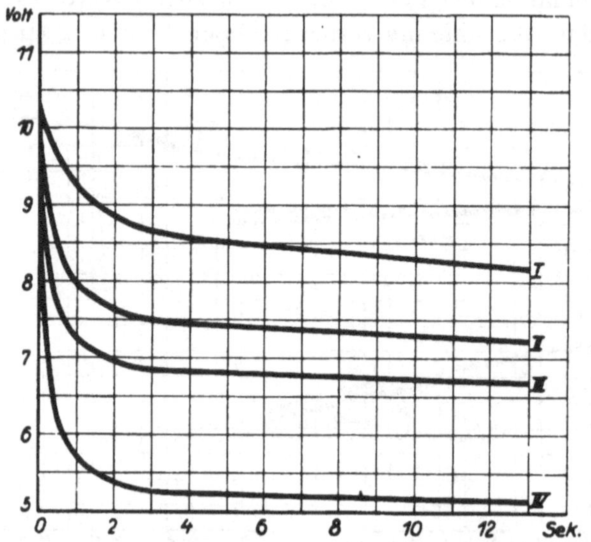

Bild 212. Einzelne Stromstöße aus der in Bild 211 gezeigten Kapazitätsprobe
Schaulinie I: 5. Stromstoß. Batterie enthält vor Beginn noch 75 Ah
Schaulinie II: 23. Stromstoß. Batterie enthält vor Beginn noch 57 Ah
Schaulinie III: 34. Stromstoß. Batterie enthält vor Beginn noch 46 Ah
Schaulinie IV: 57. Stromstoß. Batterie enthält vor Beginn noch 23 Ah

daß nur eine ganz unzureichende Anzahl von Stromstößen ausgeführt werden konnte, bis die Spannung das für das Anlassen unbedingt erforderliche Maß von $3 \times 1{,}3$ V unterschritt (Bild 213 und 214). Bild 215 zeigt eine weitere Prüfung der Batterie mit stoßweiser Entladung, wobei unter Berücksichtigung der festgestellten geringen Leistungsfähigkeit nur Stöße von 140 A entnommen wurden. Das Ergebnis war jedoch auch bei dieser geringen Beanspruchung durchaus ungenügend.

Interessant ist an Bild 215, daß die Batterie nach anscheinend völliger Entladung mit starkem Strom bei einer darauffolgenden normalen Beanspruchung doch noch längere Zeit Strom abgeben konnte. Daraus war zu vermuten, daß die Ursache des ungünstigen Verhaltens bei hoher Stromstärke auch hier **mangelnder Säureausgleich** war. Eine nähere Untersuchung der Batterie zeigte, daß die positiven Platten verschlammt und die negativen Platten blasig waren, obwohl die Bat-

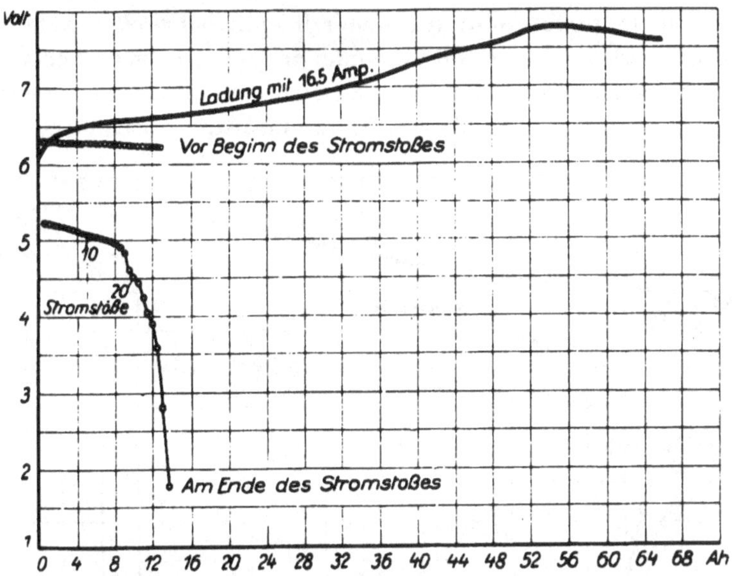

Bild 213. Prüfung einer für Anlaßzwecke nicht geeigneten Batterie durch stoßweise Entladung (60 Ah Lichtkapazität. 210 A Entladestrom. 13 s Stoßdauer. 15 min Pause. 1 Stromstoß = 0,758 Ah)

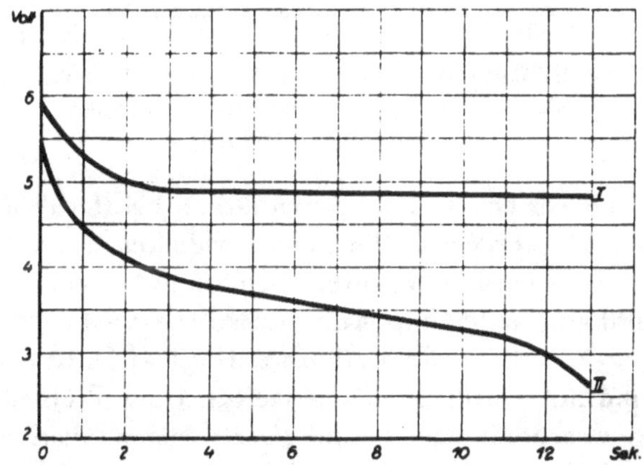

Bild 214. Einzelne Stromstöße aus der in Bild 213 gezeigten Kapazitätsprobe
Schaulinie I: 2. Stromstoß. Batterie enthält vor Beginn noch 31,3 Ah
Schaulinie II: 16. Stromstoß. Batterie enthält vor Beginn noch 20,7 Ah

terie noch kaum gebraucht war. Die Mängel lagen also offenbar an der Zusammensetzung der wirksamen Masse.

Die vorstehend beschriebenen Beispiele für die Prüfung der Anlaßkapazität wurden bei einer Temperatur von 20° C durchgemessen. Es ist zu beachten, daß im Winter bei kaltem Motor vielfach nicht nur lange Anlaßperioden auftreten, sondern auch bei großer Kälte die Kapazität der Batterie an sich wesentlich geringer ist. Immerhin ist bei den hier besprochenen Prüfungen die Dauer des Stromstoßes ungefähr das 3- bis 4fache der tatsächlich am Motor durchschnittlich auftretenden

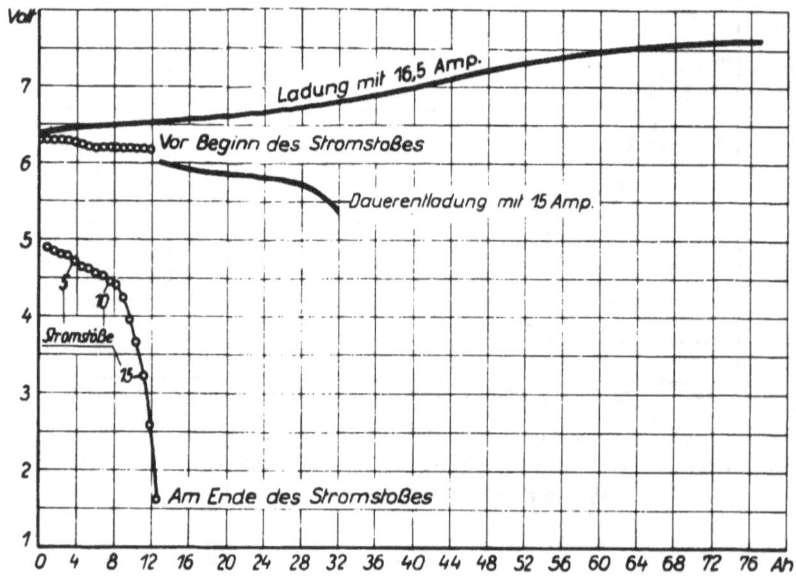

Bild 215. Prüfung der Batterie von Bild 213 und 214 durch Entladung mit Stromstößen von 14 A (13 s Stoßdauer. 15 min Pause. 1 Stromstoß = 0,505 Ah)

Anlaßzeit; andererseits sind die Stromstärken bei der Prüfung eher geringer gewählt worden als die beim Einschalten des Anlassers im ersten Augenblick tatsächlich auftretenden Stromstärken.

In Amerika ist in den Normen der Society of Automotive Engineers (S. A. E.) eine Prüfung der Batterien auf Lichtkapazität und auf Anlaßkapazität festgelegt. Diese Prüfbedingungen sind freilich wesentlich anders, und zwar weniger scharf als die in Deutschland bisher üblichen. Die Lichtkapazität wird dabei ermittelt durch die Entladung der Batterie in 20 h bis auf eine Spannung von 1,75 V für jede Zelle und die Anlaßkapazität im Gegensatz zu den oben besprochenen Prüfungen durch ununterbrochene Entladung in 20 min bis auf 1,5 V für jede Zelle. Dabei soll die Temperatur der Säure bei Beginn des Versuchs 80° F = etwa 27° C sein.

Neuerdings wird auch in Deutschland oft die Kapazität der Batterien auf Grund der amerikanischen Normen für Lichtkapazität angegeben. Es ist zu beachten, daß deshalb jeder Kapazitätsangabe stets die Entladungszeit beigefügt werden muß. Eine Batterie mit Kapazitätsangabe nach amerikanischer Probe (20 h Entladung) leistet wesentlich weniger als eine Batterie gleicher Kapazitätsangabe nach bisheriger deutscher Probe (10 h Entladung).

2. Aufbau der Batterie

Für den Aufbau der Kraftfahrzeugbatterie sind die verschiedensten Gesichtspunkte maßgebend. In erster Linie wird die Ausbildung der Plattensätze und Gefäße durch die hohe mechanische Beanspruchung der Kraftwagenbatterie und besonders der Kraftradbatterie und die hohe elektrische Beanspruchung der Kraftwagenbatterie bestimmt. Dazu kommt die Forderung niedrigen Preises, geringen Gewichtes und kleinen Raumbedarfs für diesen an sich verhältnismäßig teuren, schwersten und größten Teil der elektrischen Ausrüstung des Kraftfahrzeugs.

Recht enge Grenzen sind von vornherein bezüglich des Gewichts gegeben. Beim Bleisammler arbeitet man mit Baustoffen von beträchtlichem spezifischen Gewicht, und wenn man auf Grund der in der Batterie erfolgenden chemischen Umsetzungen die Energie berechnet, die in 1 kg Batteriegewicht nach rein theoretischer Betrachtung aufspeicherbar ist, so kommt man nach Strasser*) nur auf 38,5 Wh (26 kg/kWh). Dabei ist aber nur das Gewicht der Plattensätze, des Elektrolyten und der Gefäße in Rechnung gesetzt worden. Die Menge des Bleies, das nur für den Aufbau des an den chemischen Umsetzungen nicht teilnehmenden und somit für die Speicherung bedeutungslosen Gerüstes der Platten, des „Gitters", angenommen wurde, ist jedoch dabei schon bis zu einer Grenze vermindert worden, die bei den Platten der Fahrzeugbatterien wegen der dadurch herbeigeführten Verringerung der Festigkeit nicht wünschenswert erscheint. Die oben angegebene günstigste spezifische Kapazität kann also nicht erreicht werden,

*) Strasser, E. T. Z. 1916, Heft 25, S. 326 ff.

und man wird nach demselben Verfasser praktisch kaum über 31,3 Wh/kg (32 kg/kWh) kommen. Ziehen wir aber weiter nicht nur die mit ihrem leichten Hartgummigefäß versehene Zelle, sondern die fertig zusammengebaute Batterie in den Kreis unserer Betrachtungen, so kommen wir zu noch wesentlich ungünstigeren Werten. Ein Streben nach Verbesserung der spezifischen Kapazität muß sich in erster Linie auf eine Verbesserung des Gewichtsverhältnisses der chemisch wirksamen zu den toten Teilen der Batterie richten. Allgemein gestaltet sich das Bild mit wachsender Größe der Batterie günstiger, weil sich das Verhältnis des toten Gewichts der Gefäße, Verbindungen usw. zum Gewicht der wirksamen Teile verbessert. Zu beachten ist, daß dieses Verhältnis bei der 12-Volt-Batterie ungünstiger ist als bei der 6-Volt-Batterie gleicher Wattstundenkapazität.

Bei der Beurteilung des Raumbedarfs für eine gute Fahrzeugbatterie sind ähnliche Überlegungen anzustellen. Hier muß das Streben sich vor allem auf Verminderung des Füllsäureraumes und des Raumes für Zellengefäße und Einbaukästen richten. Der Verminderung des Raumes für den zu den wirksamen Bestandteilen der Batterie zählenden Elektrolyten ist jedoch durch die geforderte Kapazität und die Art der Ladung (Regelungsart der Lichtmaschine, siehe Abschnitt IV) eine recht enge Grenze gezogen. Die Abmessungen der Zellengefäße und Einbaukästen werden in erster Linie durch die geforderte mechanische Festigkeit bestimmt. Auf diese Teile werden wir weiter unten zurückkommen, nachdem wir zunächst den **Aufbau der Plattensätze** besprochen haben.

Den Anforderungen des Kraftfahrzeugbetriebes entsprechen allein Batterien mit dünnen Gitterplatten. Diese enthalten im Verhältnis zu ihrem Gewicht große Mengen wirksamer Masse, während zugleich das stark verzweigte Gitter die Masse gut festhält und günstige Leitungswege für den Strom bietet. Dünn müssen die Platten sein, damit die Säure nur kurze Diffusionswege in das Innere der Platten zurückzulegen hat und bei Entnahme von starken Strömen einer Verarmung an Säure im Platteninnern möglichst vorgebeugt wird.

Die in ortsfesten Batterien für starke Entladungsströme vornehmlich verwendeten Großoberflächenplatten können schon wegen ihres Gewichts im Kraftfahrzeugsammler nicht in Frage kommen. Allerdings wird bei den dünnen Gitterplatten eine Lebensdauer, wie man sie von den Großoberflächenplatten her gewohnt ist, nicht erreicht. Die Verhältnisse verlangen aber auf dem in Frage stehenden Gebiete unbedingt eine weitgehende Verminderung von Gewicht und

Raum, und man muß daher die verminderte Lebensdauer in Kauf nehmen.

Eine gut gebaute **positive Platte** ist in den Bildern 216 und 217 dargestellt. Bild 216 zeigt, wie beim Aufbau des Gitters die mechanisch besonders beanspruchten Stellen in geeigneter Weise verstärkt sind, d. h. am unteren Rande der Platte die Stellen, an denen die Platte auf den auf dem Kastenboden angebrachten Stegen steht, und oben der Ansatz der sogenannten Fahne, die die Verbindung nach der Polbrücke, der Verbindungsleiste mit den anderen Platten gleicher Polarität, darstellt. Die zur Fahne führenden verstärkten Gitterstäbe sind zugleich von Bedeutung für die Stromverteilung in der Platte. Abb. 217 zeigt dieselbe Platte nach Füllung mit der wirksamen Masse.

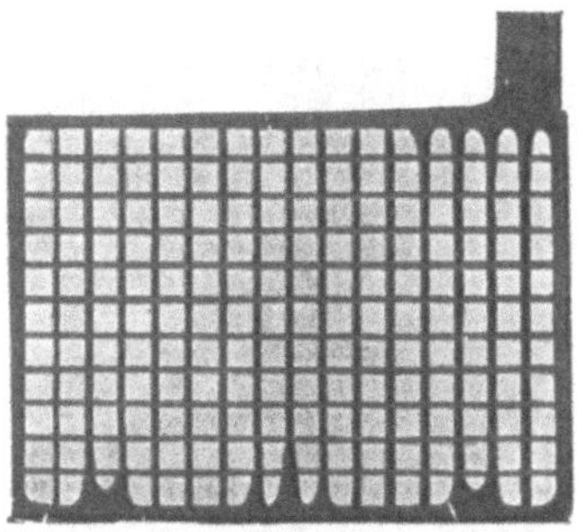

Bild 216. Aufbau des Gitters für eine Sammlerplatte

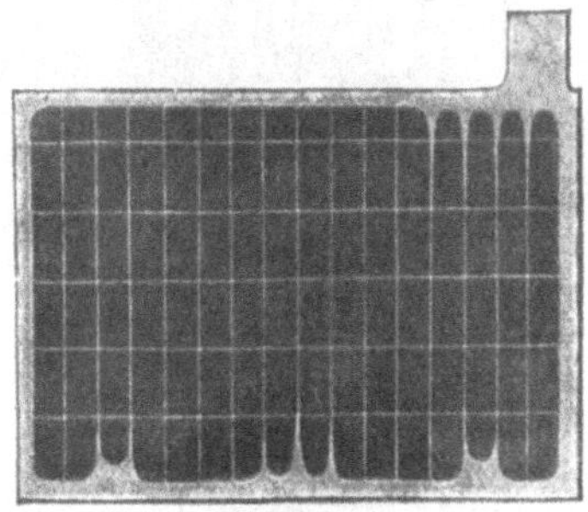

Bild 217. Fertige Gitterplatte

Eine eigentümliche Bauart der positiven Platten zeigt eine englische Batterie, bei der die wirksame Masse nicht in Bleigitter, sondern in Hartgummiröhren eingepreßt ist. Durch die Röhren geht zentral ein dünner Bleistab, der die Stromführung zu übernehmen hat. Der Säureaustausch erfolgt durch zahlreiche, senkrecht zur Längsachse in die Röhren geschnittene feine Schlitze (Bilder 218 und 219). Diese Batterien sind wegen ihres großen Spannungsabfalles für Anlaßzwecke nicht geeignet.

Die **negativen Platten** sind meist in gleicher oder wenigstens sehr ähnlicher Weise wie die positiven Platten aufgebaut. Man kann bei ihnen unter Umständen ein schwächeres Bleigitter verwenden, weil bei den negativen Platten das Gitter nicht angegriffen wird, während bei den positiven Platten mit der Zeit das Gitterblei bis zu einem gewissen Grade mit formiert wird und dadurch an Festigkeit einbüßt.

Von den hier angegebenen Grundzügen weichen die Bauarten der verschiedenen Fabriken in ihren Einzelheiten natürlich mehr oder weniger ab. Sehr häufig findet man z. B. eine Führung der Gitterstäbe nicht parallel zu den Kanten der Platte wie bei Bild 216, sondern parallel zu den Diagonalen des Kantenrechtecks.

Von maßgebendem Einfluß auf die Güte der Platte, sowohl in elektrischer wie in mechanischer Beziehung, ist vor allem auch die in das Gitter gefüllte wirksame Masse. Über ihre genaue Zusammensetzung kann hier nicht gesprochen werden, da sie stets Geheimnis der einzelnen Sammlerfabriken ist. Bei der wichtigen Rolle, die ein schneller

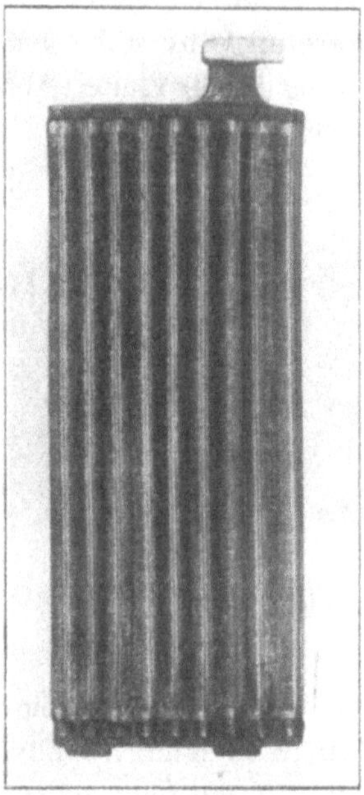

Bild 218. Eigenartige positive Platte aus einem Sammler englischer Herkunft

Bild 219. Schnitt durch ein mit wirksamer Masse gefülltes Hartgummirohr aus der Platte nach Bild 218

Ersatz der bei der Entladung im Innern der Platte verbrauchten Schwefelsäure spielt, ist möglichste Porosität der Masse erwünscht. Damit fällt aber andererseits die mechanische Festigkeit, und man ist somit auch hier wieder zu einem Mittelweg gezwungen. Der Beschaffenheit der Masse ist besonders bei den Batterien Beachtung zu schenken, die zusammen mit stromregelnden Lichtmaschinen arbeiten (Abschnitt IV). Die dabei häufig auftretende starke Überladung der Batterie führt stets zu lebhafter Gasentwicklung auch im Innern der Masse und damit unvermeidlich zum Auflockern der Schicht und zum Ablösen von kleinen

Masseteilchen, wenn die Masse nicht zweckentsprechend zusammengesetzt ist. Mit der Zeit wird freilich auch die beste Masse der ständigen Überladung zum Opfer fallen. Auf diesen Punkt muß bei Besprechung der Regelung noch zurückgegriffen werden.

Eine durch die beabsichtigte Kapazität der Batterie bestimmte Zahl von Platten gleicher Polarität wird durch eine Polbrücke zu einem Plattensatz verbunden. Dieser wird dann mit einem Satz entgegengesetzter Polarität in einem geeigneten Gefäß zu einer „Zelle" oder, wie man auch sagt, einem „Element" vereinigt. Dabei werden die beiden Sätze außerhalb des Gefäßes, in der Regel unter Einlage geeigneter Trennwände, sogenannter Separatoren, zwischen den Platten, zu festen Blöcken zusammengefügt (Bild 220). Da die positiven

Bild 220. Zusammenfügen des positiven und negativen Plattensatzes

Platten bei einseitiger Beanspruchung Neigung zeigen, sich zu krümmen, werden als Endplatten eines Blocks stets negative Platten benutzt, so daß die Zahl der negativen Platten um eine größer ist als die der positiven. Man strebt beim Zusammenbau in Befolgung des Grundsatzes möglichster Gewichts- und Raumersparnis weitgehende Beschränkung des Säureraumes durch gedrängte Anordnung der Platten an. Allerdings darf zur vollen Ausnutzung der Plattenkapazität die Füllsäure nicht unter ein gewisses Maß verringert werden. Man sucht zwar bei der Batterie des Kraftfahrzeuges durch größere Konzentration der Säure, als bei ortsfesten Batterien üblich ist, mit besonders kleinem Säureraum auszukommen, doch setzt hierbei die Gefahr der Sulfatierung eine Grenze. Man pflegt daher auch bei dem Kraftfahrzeugsammler höchstens bis zu einem spezifischen Gewicht der Füllsäure von 1,30, meist aber nur bis zu etwa 1,25, gemessen in der geladenen Zelle, zu gehen, während bei ortsfesten Batterien im geladenen Zustand durchschnittlich ein spezifisches Gewicht der Säure von 1,20 angenommen werden kann. Übrigens bietet ein nicht zu knapp bemessener Säureraum noch den Vorteil, daß die bei Überladung der Batterie eintretende Vergasung von Wasser nicht zu schnell eine gefährliche Verminderung des Säurestandes bewirkt.

Bei der zusammengedrängten Anordnung der Platten wird die Auswahl geeigneter Separatoren zur Vermeidung von Kurzschlüssen zwischen den Platten bei den meisten Bauarten von großer Bedeutung (Bild 221). Eine Verwendung von durchlöcherten, gewellten Hartgummiblättern allein ist bei gedrängtem Zusammenbau wegen der dadurch

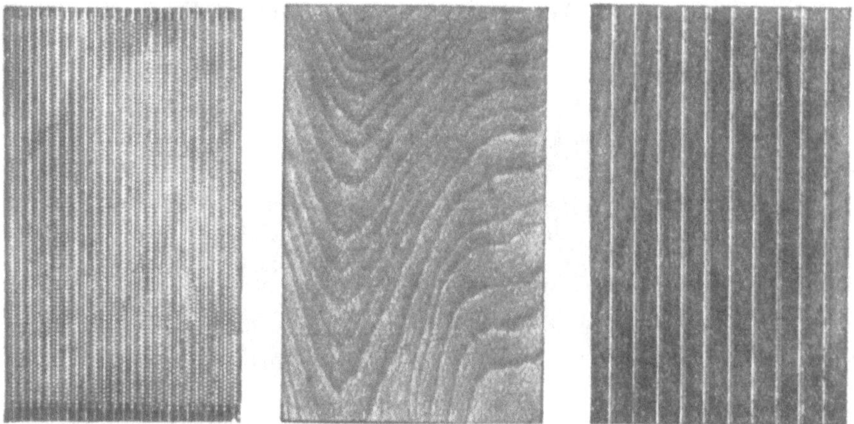
A1298

Bild 221. Separatoren für Varta-Fahrzeugbatterien

herbeigeführten geringen Verminderung des Säureraumes wünschenswert. Wegen der Durchlöcherung bleibt hier aber noch eine gewisse Kurzschlußgefahr bestehen. Daher verwenden manche Firmen außerdem noch dünne Holzbrettchen, die zur Sicherung gegen Kurzschlüsse mit eingeschoben werden. Die gewellten Hartgummiblätter müssen bei glatten Holzbrettchen zur Erzielung eines bestimmten Plattenabstandes und genügenden Säureraumes beibehalten werden. Die Brettchen werden an die negative Platte gelegt, denn an der positiven Platte muß die Schwefelsäure möglichst ungehindert Zutritt haben, damit die hier stattfindende Wasserbildung recht schnell ausgeglichen werden kann. Bei einer Reihe von Batterien umgeht man die Hartgummi-Separatoren durch Verwendung von gerippelten Holzbrettchen. Mit gutem Erfolg hat die Willard Storage Battery Comp. die Verwendung von Hartgummi-Separatoren ohne Holzzwischenlagen dadurch möglich gemacht, daß sie die Löcher durch geeignet eingelegte Fasern durchlässig verschlossen hat (Bild 222).

Beim Aufbau der Batterie ist zu beachten, daß ein Hochschwimmen der Zwischenlagen in der Füllsäure und dadurch möglicherweise entstehender Kurzschluß zwischen den unteren Plattenteilen verhindert werden muß. Dies wird jetzt allgemein dadurch erreicht, daß man die Polbrücke ziemlich dicht über die Platten legt und damit die Separatoren festlegt (Bild 220). Die in den Schnittbildern Nr. 223 und 224 gezeigte Bauart, bei der die Separatoren durch eingeschobene Leisten, die zugleich die Plattensätze nach oben hin festlegen, niedergehalten werden, ist als überholt zu betrachten.

Von Bedeutung für Lebensdauer und Gewicht der Batterien ist auch die richtige Auswahl des Stoffes, aus dem die **Elementgefässe**

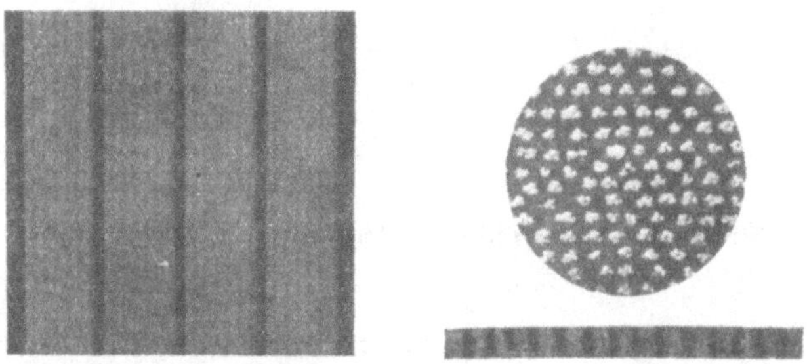

Bild 222. Durch Einlegen von Fasern porös gemachter gerippelter Hartgummiseparator der Willard Storage Battery Comp.

hergestellt werden. Hierbei kann vor allem sehr an Gewicht gespart werden. *Glas* scheidet wegen seiner Empfindlichkeit gegen Stöße sowie wegen seines hohen Gewichtes beim Kraftfahrzeug von vornherein aus.

Als Ersatz dafür verwendete man früher besonders gern *Zelluloid*. Dieses läßt sich leicht verarbeiten, ist aber nicht in genügendem Maße säurefest und übt infolgedessen schädigende Einflüsse auf die Platten aus. Im Gebrauch geht auch der Vorzug der Durchsichtigkeit durch die Einwirkung der Säure oft verloren, und schließlich ist noch die Feuergefährlichkeit des Stoffes bedenklich. Man ist daher heutzutage wohl durchweg zu Elementkästen aus *Hartgummi* oder anderen *Isoliermassen* von ähnlicher Beschaffenheit und genügender Säurebeständigkeit übergegangen. Mit diesem Werkstoff hat man recht gute Erfahrungen gemacht.

Der Boden des Gefäßes ist mit Stegen versehen (Bild 223 und 224), auf denen die Platten stehen. Der durch die Höhe der Stege bestimmte

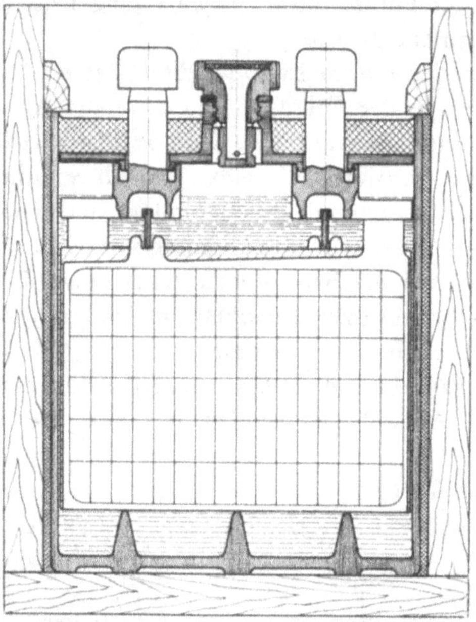

Bild 223. Schnitt durch einen in einen Holzkasten eingebauten Sammler

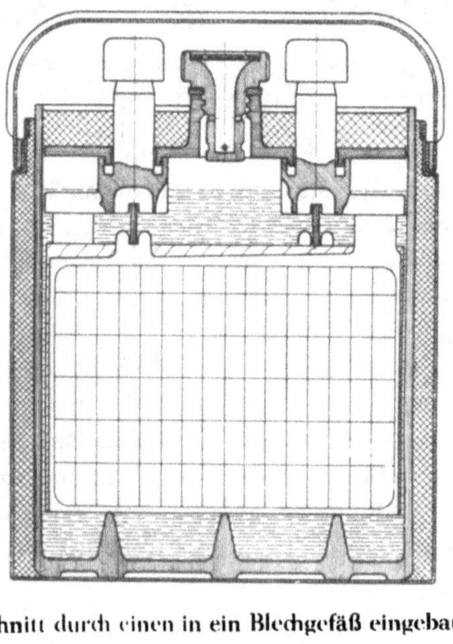

Bild 224. Schnitt durch einen in ein Blechgefäß eingebauten Sammler

freie Raum unter den Platten muß so reichlich bemessen werden, daß ein Kurzschluß der Platten durch den aus den Platten im Laufe des Betriebs ausbrechenden und in diesem Raum sich ansammelnden Schlamm auch nach längerer Betriebsdauer nicht eintritt.

Man verwendete bisher meist für jede Zelle ein besonderes Gefäß, das mit den Gefäßen der anderen zu derselben Batterie gehörigen Zellen in einem Kasten aus Holz oder Blech vereinigt wurde (Bilder 223–226). Der Kasten wurde innen und außen mit säurefestem Anstrich versehen und die einzelnen Zellen wurden mit ihm durch

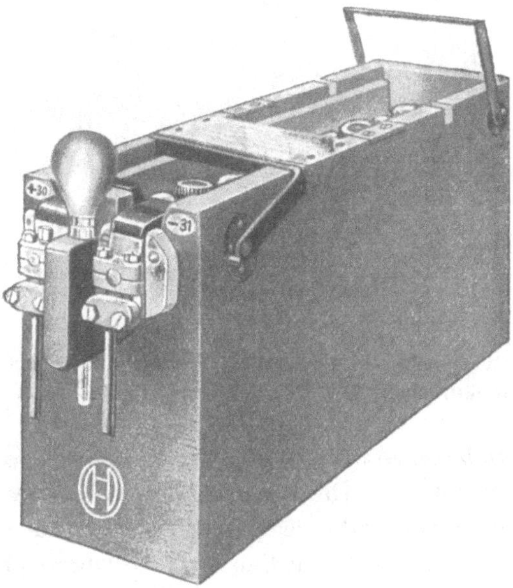

Bild 225. 12-Volt-Batterie, in einen Holzkasten eingegossen

Vergießen mit einer geeigneten Vergußmasse zu einem festen Block vereinigt, so daß Verschiebungen durch Erschütterungen und damit Beschädigungen der Zellengefäße ausgeschlossen waren. Neuerdings kommt man immer mehr von dem Zusammenbau der Einzelgefäße in einem besonderen Kasten ab und verwendet ein für alle Zellen gemeinsames, durch Zwischenwände unterteiltes Blockgefäß. Beispiele hiefür zeigen die Bilder 227–229. Eine solche Blockbatterie wird nach Bild 228 und 229 mit Schutzdeckel versehen und kann so ohne weiteren Schutz in das Fahrzeug eingebaut werden.

Bei der Kraftfahrzeugbatterie ist eine vollkommene Abdichtung jeder Zelle gegen Austritt von Säure erforderlich. Zu diesem Zweck wird die Zelle mit einem Hartgummideckel versehen, der durch eine säurefeste Vergußmasse völlig dicht mit dem Gefäß verbunden wird. Dieser Deckel enthält eine Einfüllöffnung für die Säure, die durch einen meist als Schraubstöpsel ausgeführten Stopfen verschließ-

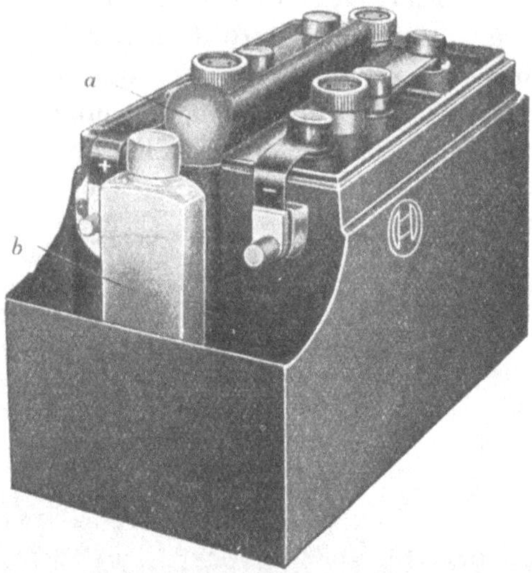

Bild 226. 6-Volt-Batterie, in einen Blechkasten eingegossen.
a Säureprüfer, *b* Flasche für destilliertes Wasser

bar ist, und 2 Bohrungen für die Polköpfe, die der Stromzuführung zu den Plattensätzen dienen. Die Durchbrechungen des Deckels müssen ebenfalls durchaus säuredicht wieder verschlossen werden; dies ist eine der schwierigsten Aufgaben beim Bau von Kraftfahrzeugbatterien. Die

Bild 227. 6-Volt-Blockbatterie (Gottfried Hagen A.-G., Köln-Kalk)

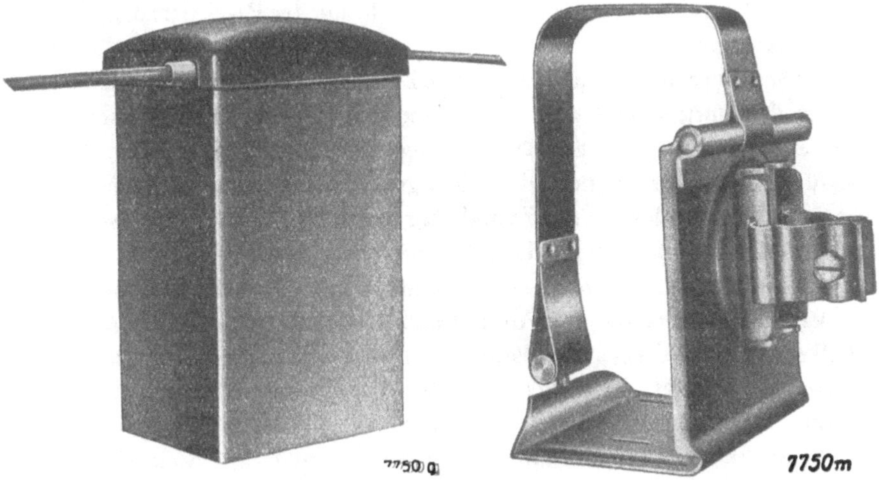

Bild 228. Blockbatterie mit Deckel und Befestigungsvorrichtung für Motorräder (Robert Bosch A.-G.)

Bild 229. 12-Volt-Blockbatterie mit Deckel und Befestigungsbolzen. (C. A. Vandervell & Co.)

Akkumulatorensäure hat nämlich eine außerordentliche Neigung, auch durch die feinsten Ritzen hindurch und vor allem an den Polköpfen hoch zu kriechen. Beim Stöpselbau ergibt sich die besondere Aufgabe, ihn mit Durchlaßöffnungen für die im Element entstehenden Gase zu versehen und doch der Säure mit Sicherheit den Austritt aus der Zelle zu verwehren. Wir wenden uns zuerst der Frage der Polkopfdurchführung zu.

Die ältere Bauart nach Bild 230, bei der ein glatter Polkopf durch den Hartgummideckel geführt und über diesem durch Vergießen mit einer säurefesten Vergußmasse abgedichtet wird, hat sich den Ansprüchen des Fahrzeugbetriebes nicht gewachsen gezeigt. Die Vergußmasse haftet an der glatten Zylinderform des Polkopfes nicht fest genug, um den auftretenden Erschütterungen widerstehen zu können. Es erweist sich daher mindestens als nötig, eine innigere Verbindung zwischen Vergußmasse und Polkopf dadurch zu erzielen, daß man den Polkopf nach Bild 231 mit Rillen versieht, in denen die Vergußmasse festen Halt findet. Auch diese Art der Abdichtung stellt aber immer noch große Ansprüche an die Güte der Vergußmasse. Sie darf einerseits bei hohen Sommertemperaturen nicht unzulässig erweichen und

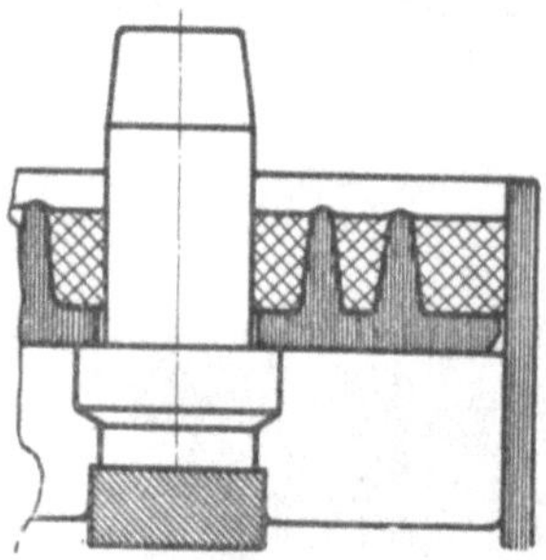

Bild 230. Polkopfabdichtung bei glattem Polkopf

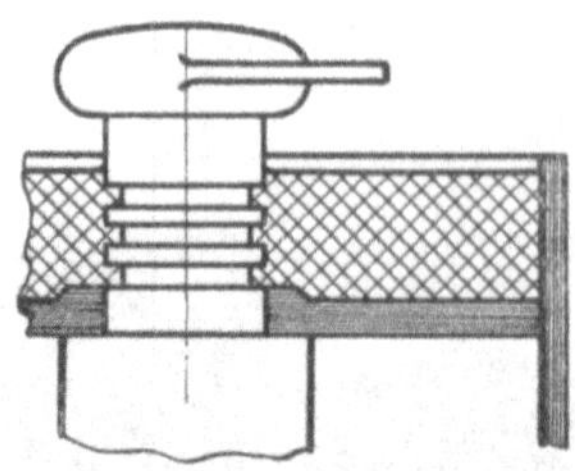

Bild 231. Abdichtung bei einem Polkopf mit Haftrillen für die Vergußmasse

muß andererseits doch bei niedrigen Temperaturen eine so große Elastizität haben, daß sie sich bei schnellen Stößen, die infolge des beträchtlichen Gewichts des am Polkopf hängenden Plattensatzes mit ziemlich großer Wucht erfolgen, nicht von den Polköpfen löst. Der richtige Weg muß nach diesen Überlegungen der sein, welcher die Vergußmasse möglichst entlastet, so daß sie in der Hauptsache nur noch Abdichtungsmittel ist.

Nach Bild 232 wird zwischen Deckel und zylindrischem Polkopf eine starke Gummimuffe sehr fest eingepreßt. Dadurch wird eine einwandfreie Abdichtung erzielt, die zwar von der Güte des verwendeten Gummis abhängt, sich aber in der Praxis bewährt.

Eine Abdichtung, die besonders starken Beanspruchungen genügt, stellt Bild 233 dar. Hier wird der Polkopf durch Verschrauben starr mit dem Hartgummideckel verbunden. Die Abdichtung gegen Säure wird durch einen zwischen der Unterseite des Deckels und einer Schulter des Polkopfes eingepreßten Weichgummiring erzielt. Die Einzelheiten gehen aus dem Bild klar hervor. Als Werkstoff für die Mutter wird Hartgummi oder häufiger Hartblei, auf jeden Fall natürlich ein säurebeständiges Material, verwendet. Besondere Beachtung erfordert bei dieser Ausführung der Werkstoff des Polkopfes, damit keine zu große Längendehnung und damit kein Undichtwerden der Durchführung oder gar Abbrechen des Polkopfs erfolgt.

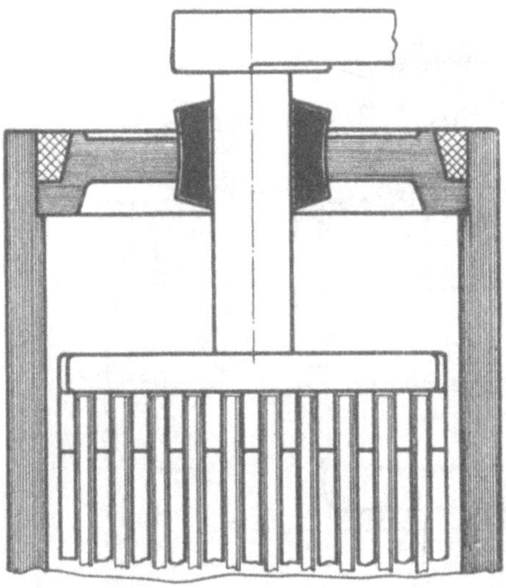

Bild 232. Polkopfabdichtung durch Gummimuffe

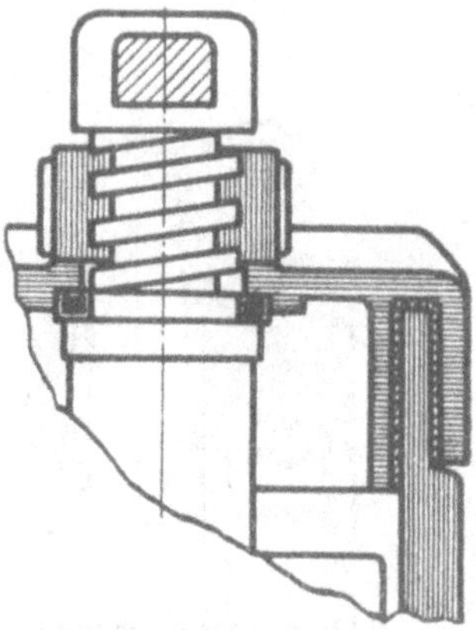

Bild 233. Durch Verschrauben befestigter und durch Gummi abgedichteter Polkopf. Deckelbefestigung mit vergrößerter Haftfläche für die Vergußmasse

Eine mehrfach verwendete, völlig starre Polkopfdurchführung ohne elastische Zwischenglieder zeigt Bild 234. Hier sind an den Durchführungsstellen Bleibüchsen in den Hartgummideckel einvulkanisiert. Diese Büchsen werden fest auf die konischen Polköpfe gedrückt und – meist zugleich mit den Polverbindungen – mit den Polköpfen verschweißt. Der Deckel wird durch Vergußmasse gegen das Gefäß abgedichtet.

Allgemein aber kann man sagen, daß eine allen Ansprüchen genügende Bauart der Polkopfdurchführungen bisher noch nicht gefunden ist. Vor allem geben die Kraftradbatterien immer wieder Anlaß zu Klagen. Man kann diesen Schwierigkeiten bisher nur durch besonders sorgfältige Arbeit und Werkstoffauswahl einigermaßen begegnen.

Besondere Maßnahmen zur Sicherung des meist in das Gefäß eingelassenen Deckels sind bei den bisher geschilderten Bauarten im allgemeinen nicht nötig. Die Haftkraft der sorgfältig aufgebrachten guten Vergußmasse an der Gefäßwand genügt meistens. Will man eine erhöhte Sicherheit der Deckelbefestigung erreichen, so wird man in erster Linie auf eine Vergrößerung der Haftfläche hinzielen müssen. Einen Versuch nach dieser Richtung zeigt Bild 233.

Wegen der chemischen Vorgänge in der Batterie ist es nicht zulässig, die Gefäße völlig abzudichten. Es muß vielmehr den entstehenden Gasen genügender Ausweg geboten werden, um einen größeren

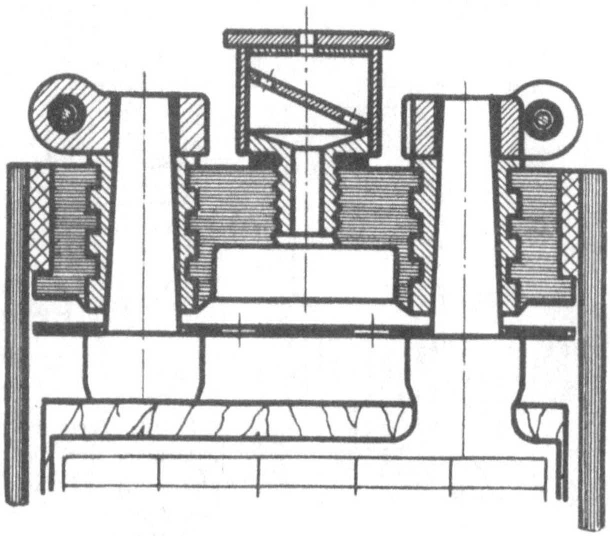

Bild 234. Abdichtung der Polköpfe durch Verschweißen mit in den Hartgummideckel einvulkanisierten Bleibüchsen

Überdruck in der Zelle sicher zu vermeiden. Gleichzeitig muß aber ein Herausspritzen der Säure bei den heftigen Bewegungen des Fahrzeuges oder ein Mitreißen der Säure durch die ausströmenden Gase unmöglich gemacht werden, damit der Zellendeckel trocken bleibt und keine Selbstentladung durch Nebenschluß auf der Zellenoberfläche oder Anfressen der Anschlüsse und Befestigungsteile eintritt. Außerdem müssen Säureverluste an sich vermieden werden, damit immer nur der durch die Vergasung entstehende Wasserverlust ausgeglichen werden muß.

Die zum Verschließen der Einfüllöffnungen vorgesehenen Schraubstöpsel werden deshalb mit Bohrungen für den Gasabfluß versehen.

In erster Linie ist man darauf bedacht, den Stöpsel so im Deckel unterzubringen, daß er schon durch seine Lage gegen die stark bewegte Säure geschützt ist. Dies kann nach Bild 234 dadurch geschehen, daß man den Deckel mit einer domartigen Höhlung ausbildet, die nach unten durch eine auf die Polbrücken gelegte durchlochte Hartgummiplatte abgeschlossen wird.

Von ähnlicher Wirkung ist die Unterbringung des Stöpsels in einem Rohransatz nach Bild 235 und 236. Die Bauart nach Bild 235 hat sich bei Kraftbatterien, bei denen geringe Gasmengen abzuführen sind, gut bewährt. Das untere Ende des Rohransatzes taucht dauernd in die Füllsäure. In dem engen Rohr ist dann keine heftige Bewegung der Säure möglich. Der Gasabfluß erfolgt durch die oben im Rohr angebrachten seitlichen Öffnungen. Die Bauart nach Bild 236 wird an größeren Batterien mit stärkerer Gasentwicklung verwendet. Hier ist der Stöpsel in einem kurzen und weiteren Rohransatz untergebracht, der nicht mehr den guten Schutz bietet, wie die Bauart nach Bild 235. Der Stöpsel selbst muß daher sorgfältiger ausgebildet werden.

Auch bei sehr geschützter Lage des Stöpsels wird es sich nie ganz vermeiden lassen, daß Säure gegen den Stöpsel spritzt oder von den Gasen mitgerissen wird. Es muß daher stets dafür gesorgt werden, daß die gegen den Stöpsel andringende Säure nicht auf geradem Wege nach außen gelangen kann. Die unteren Bohrungen im Stöpsel, durch die die etwa in ihn eingedrungene Säure wieder abfließen muß, müssen so weit sein, daß durch Kapillarerscheinungen nur unbedeutende Säuremengen im Stöpsel zurückgehalten werden können. Die Öffnungen müssen außerdem nach Zahl, Lage und Querschnitt so bemessen sein, daß neben dem ungehinderten Säurerückfluß der Gasabfluß nicht gehemmt wird. Für sehr geschützt liegende Stöpsel genügt bei kleinen Batterien mit geringen abzuführenden Gasmengen auch bei stark bewegter Füllsäure (Motorrad) der einfache Stöpsel nach Bild 235. Bei weniger geschützt eingebauten Stöpseln fanden wir als einfachste Ausführung bei einer kleinen Wagenbatterie, d. h. einer Batterie mit wenig bewegter Säure und geringen Gasmengen, den Stöpsel nach Bild 237. Er ist in seiner Mittelachse von einem 1 mm weiten Kanal durchbohrt. Senkrecht dazu ist eine etwa 3 mm weite Bohrung angebracht, die im Innern des Stöpselmantels durch eine ringförmige Nut geöffnet ist. Die Säure kann nicht durch den senkrecht durchgehenden 1 mm weiten Kanal nach außen dringen, sondern wird vielmehr durch die Querbohrung abgefangen und zurückgeleitet. Bei diesem Stöpsel ist in einfachster Weise vor der nach außen

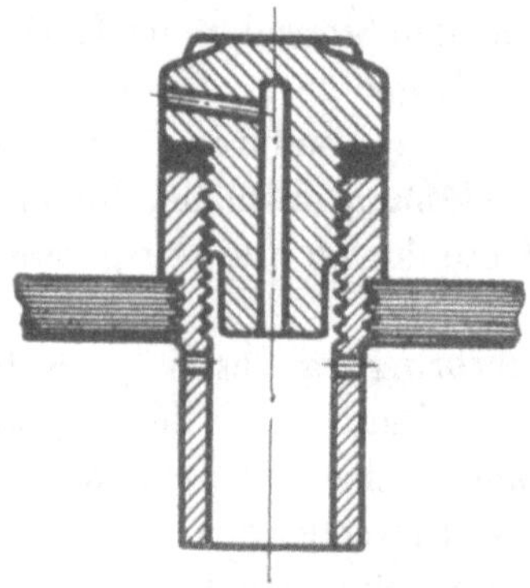

Bild 235. Entlüftungsstöpsel einer kleinen Batterie. Geschützte Lage in einem Rohransatz

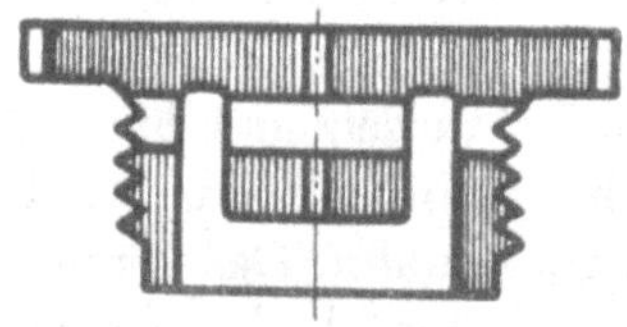

Bild 237. Einfacher Stöpsel für wenig erschütterte kleinere Batterien

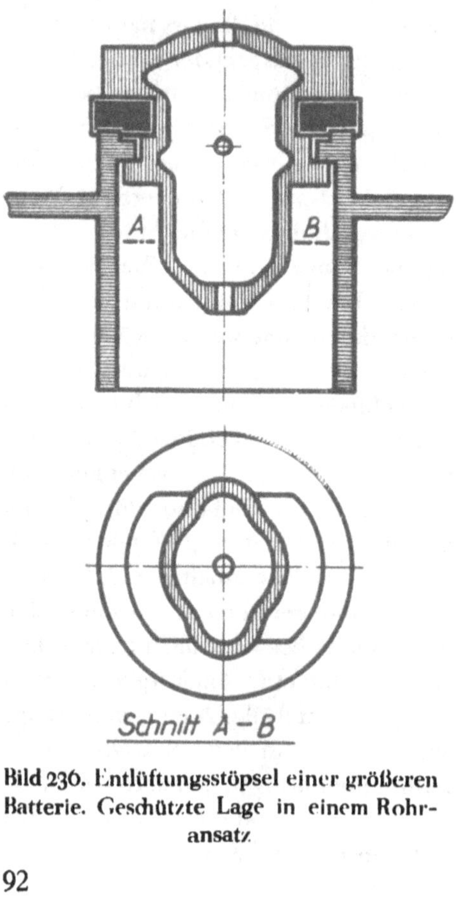

Bild 236. Entlüftungsstöpsel einer größeren Batterie. Geschützte Lage in einem Rohransatz

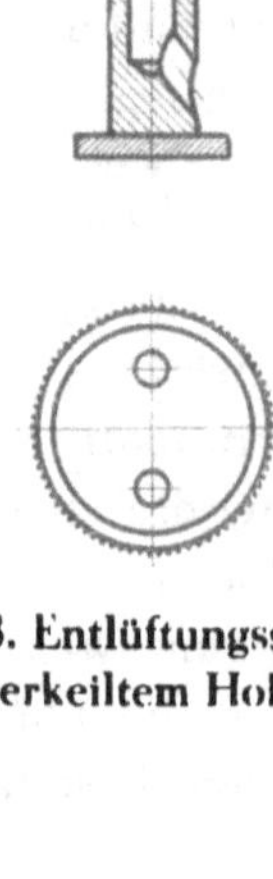

Bild 238. Entlüftungsstöpsel mit unterkeiltem Hohlraum

führenden Entlüftungsöffnung ein schützender Vorraum geschaffen. Bei einer größeren Batterie mit ihren größeren Gasmengen wird bei der geringen Ausweichmöglichkeit zwischen rückfließender Säure und abströmendem Gas allerdings die Gefahr des Mitreißens von Säure nach außen bestehen bleiben.

Deutlich ausgeprägt ist der Vorraum bei dem Stöpsel nach Bild 236. Hier ist reichlich Ausweichmöglichkeit zwischen Gas und Säure vorhanden. Das Gas strömt ungehindert durch die oberen seitlichen Öffnungen in den Stöpsel ein, und die etwa eingedrungene Säure kann unten frei abfließen. Bemerkenswert ist die Befestigung durch Bajonettverschluß, die vor dem Schraubverschluß den Vorzug hat, daß sie sich nicht so leicht festsetzt. Die Sicherheit der Befestigung ist aber dabei ganz von der Elastizität des zwischengelegten Gummirings abhängig.

Bei dem Stöpsel in Bild 234 ist das Innere durch Einbau einer mit 2 Löchern versehenen Platte in 2 Räume geteilt worden. Dadurch wird die Möglichkeit eines Austritts von Säure aus dem Batteriegefäß noch weiter vermindert. Diese Bauart ist in Bild 238 weiterentwickelt worden und bietet in dieser Form eine etwas größere Sicherheit dagegen, daß überhaupt Säure in den Stöpselhohlraum eintritt. Das gilt vor allem, wenn noch die Deckelausbildung dem Stöpsel in der früher besprochenen Art angepaßt wird.

Neben diesen wenigen Beispielen gibt es noch eine große Reihe von verschiedensten Stöpselformen, die sich aber alle diesem oder jenem der hier dargestellten Grundsätze annähern. Wir glauben daher die zu lösende Aufgabe mit unseren Ausführungen genügend gekennzeichnet zu haben.

Da die verschiedenen Elemente einer Batterie fest zusammengebaut sind, kann das Zusammenschalten der Elemente zur 4-, 6- oder 12-Volt-Batterie durch starre Verbindungsleisten erfolgen, deren Ausbildung von der Stromstärke, für die die Batterie vorgesehen ist, abhängt (Bild 239). Bei der Anlaßbatterie, deren Eigenwiderstand möglichst gering gehalten werden muß, kommt man wegen der geringen Leitfähigkeit des Bleis zu sehr kräftigen Stäben, wenn man diese Verbindungsleisten voll aus Blei herstellt. Das Gewicht der Batterie wird dadurch merklich erhöht, und man ist daher leicht geneigt, hier an der falschen Stelle zu sparen. Bei Entnahme von starken Strömen zeigen sich dann die schon besprochenen Nachteile, deren Ursache an der Erhitzung der Polverbindungen leicht zu erkennen ist. Um bei guter Leitfähigkeit zu der wünschenswerten Gewichtsverminderung zu gelangen, ist man vielfach dazu übergegangen, statt der Vollblei-Verbindungsleisten stark verbleite Kupferbänder zu verwenden, die wegen der erheblich größeren Leitfähigkeit des Kupfers bedeutend schwächer und leichter ausfallen. Hierbei bleibt aber zu beachten, daß die Bleiumhüllung nie völlig dicht ist und daher mit der Zeit meistens die Kupferbänder von der Säure angegriffen werden.

Die Anschlüsse für die zur Lichtmaschine und zu den Stromverbrauchern führenden Kabel müssen mit besonderer Sorgfalt ausgeführt werden, weil an diesen Stellen sonst leichte Kontaktstörungen

Bild 239. Polverbindungsleisten und Kabelanschlußklemmen an einer Blockbatterie für Kraftwagen

auftreten. Man begnügt sich zwar vielfach damit, nach Bild 239 auf die freien Polköpfe der Batterie verbleite Messingklemmen zu setzen, in die die Kabel eingelötet oder auch nur eingeklemmt werden. Derartige Anschlüsse neigen aber bei nicht sehr sorgfältiger Überwachung leicht zu Störungen, denn es läßt sich schwer vermeiden, daß geringe Säuremengen an die äußeren Polköpfe gelangen und hier in alle Spalten kriechen.

Erhöhte Sicherheit erhält man, wenn man den Kabelanschluß möglichst weit vom Polkopf entfernt. Dazu schweißt man ein Bleiband oder verbleites Kupferband an den Endpolkopf und führt dieses zu einem seitwärts und isoliert am Batteriekasten angebrachten Anschlußbolzen (Bild 225 und 226). An diese werden dann nach Bild 225 die Kabel mit Klemmen angeschlossen. Diese Bauart hat noch den weiteren Vorteil, daß die Polköpfe weniger beansprucht werden als bei unmittelbarer Befestigung der Kabel an ihnen, bei der sie nicht nur beim Anziehen der Klemmschrauben, sondern auch im Betrieb durch die Schwingungen des schweren Anlaßkabels ernstlich gefährdet werden. Bei Motorrad-Batterien erfolgt der Anschluß meist durch ein mit Gummi umpreßtes Kupferkabel, das in einen Kabelschuh eingelötet und zur Abdichtung gegen Säurezutritt zur Lötstelle eingepreßt ist (Bild 240). Der Kabelschuh wird mit dem Polkopf verschweißt.

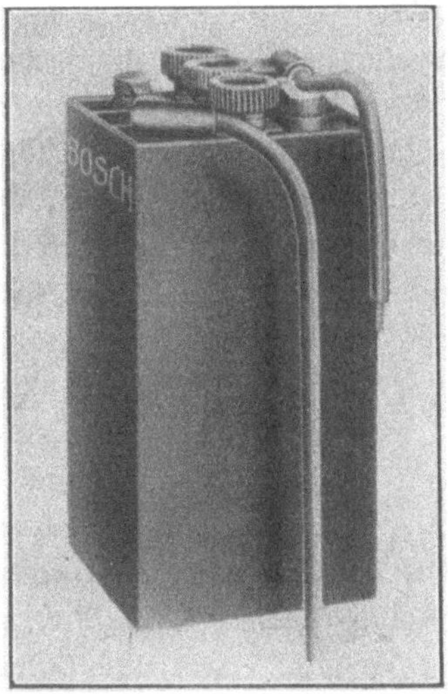

Bild 240. Kabelanschluß an einer Kraftradbatterie

3. Die alkalische Batterie

Aus unseren Betrachtungen ergibt sich, daß der Bleisammler eine Reihe grundsätzlicher Mängel hat. Im Kraftfahrzeug macht sich vor allem sein großes Gewicht und die Empfindlichkeit gegen unsachgemäße Behandlung unangenehm bemerkbar. Diese Mängel traten aber schon vor Einführung der Sammler in den Kraftfahrzeugbetrieb auch auf anderen Verwendungsgebieten hervor, und man sucht daher schon seit langem nach günstigeren Vorrichtungen zur Aufspeicherung elektrischer Energie. Praktische Verwendung haben neben den Bleisammlern bisher nur die sogenannten alkalischen Sammler gewonnen, die vor allem durch **Edison** in Amerika als **Nickel-Eisen-Batterie** und durch **Jungner** in Schweden als **Nickel-Eisen-Kadmium-Batterie** ausgebildet wurden.

Die beiden Arten unterscheiden sich im wesentlichen nur durch die wirksame Masse der negativen Elektroden. Beim Edison-Sammler enthalten diese in geladenem Zustand hauptsächlich Eisen in fein verteilter Form und beim Jungner-Sammler Eisen und Kadmium, ebenfalls in feiner Verteilung. Die wirksame Masse der geladenen positiven Elektroden besteht bei beiden Arten aus Nickelsuperoxyd. Als Elektrolyt dient Kalilauge. Da es zu weit führen würde, wenn wir die ziemlich verwickelten Vorgänge bei Ladung und Entladung derartiger Zellen hier wiedergeben wollten, begnügen wir uns mit einer vereinfachten Darstellung.*) Bei der Herstellung wird die Eisenelektrode mit einem Gemisch von Eisen, das durch Reduktion von feinstverteiltem Eisenoxyd gewonnen wird, und etwas Quecksilberoxyd oder einem durch Elektrolyse hergestellten Gemisch von Eisen und Kadmium gefüllt, während die wirksame Masse der Nickelelektrode als gefälltes, grünes Nickelhydroxyd eingebracht wird, dem zur Verbesserung der ziemlich geringen Leitfähigkeit Graphit oder wohl besser Nickelflitterchen beigemengt werden. Die fertigen Zellen werden dann durch elektrischen Strom formiert, d. h. es werden die in der Eisenelektrode noch vorhandenen Oxyde elektrolytisch zu Eisen und Quecksilber reduziert und das Nickelhydroxyd zu Nickelsuperoxyd oxydiert. Bei der Entladung werden das Eisen und Kadmium sowie das Nickelsuperoxyd in Hydroxyde umgewandelt. Das Quecksilber sowie das häufig der Kalilauge in geringen Mengen zugesetzte Lithiumhydroxyd spielen bei diesen Vorgängen nur eine sekundäre Rolle.

Wichtig ist für die Beurteilung des alkalischen Sammlers, daß im Gegensatz zu der Schwefelsäure des Bleiakkumulators die Menge des Kaliumhydroxyds im Elektrolyten nicht verändert wird. Es nimmt vielmehr an den stromliefernden Vorgängen nur dadurch teil, daß es den Übergang der Ionen (Hydroxylgruppen) von der Anode zur Kathode vermittelt. Bei der Bildung dieser Hydroxylgruppen wird aber das Wasser des Elektrolyten in Anspruch genommen, so daß dieser bei der Entladung etwas mehr gesättigt, bei der Ladung dagegen wieder verdünnt wird. Für den praktischen Gebrauch sind diese Veränderungen aber unwesentlich; sie wirken sich auch nicht wie beim Bleisammler in

*) Näheres siehe in L. Graetz, Handbuch der Elektrizität und des Magnetismus, Band II, Stationäre Ströme. Leipzig 1921, S. 721. – Fr. Foerster, Elektrochemie wässriger Lösungen. Leipzig 1922, S. 265.

merklichen Veränderungen der elektromotorischen Kraft des Sammlers aus. Infolgedessen ist die Kapazität des alkalischen Sammlers erheblich weniger von der Stärke des Entladestromes abhängig als beim Bleisammler.

Bei der Ladung des alkalischen Sammlers ist die beträchtliche Entwicklung von Wasserstoff und Sauerstoff zu beachten, die den Ladestromverbrauch erheblich erhöht und häufiges Nachfüllen von destilliertem Wasser erforderlich macht. Etwa einmal jährlich ist der gesamte Elektrolyt zu erneuern.

Der hervorstechendste Vorteil des alkalischen Sammlers (Bild 241) gegenüber dem Bleisammler ist seine große mechanische Festig-

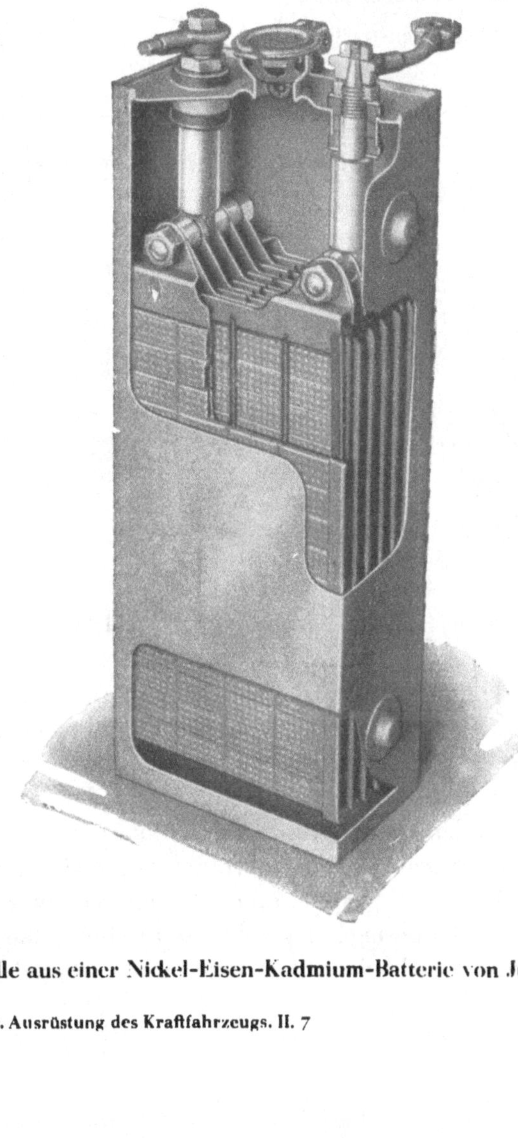

Bild 241. Zelle aus einer Nickel-Eisen-Kadmium-Batterie von Jungner („Nife")

keit. Diese wird dadurch erreicht, daß bis auf die wirksame Masse zum Aufbau nur vernickeltes Stahlblech und Hartgummi benutzt wird. Die aktive Masse wird in Taschen oder Röhren aus fein durchlöchertem Stahlblech (Bild 242) gefüllt, und diese werden dann unter hohem Druck fest in einen Rahmen aus dem gleichen Werkstoff gepreßt, so daß eine äußerst widerstandsfähige „Platte" entsteht (Bild 243). Die Durchlöcherung der Taschen oder Röhren ist so fein, daß die eingeschlossene Masse nicht ausfallen und darum der Akkumulator nicht

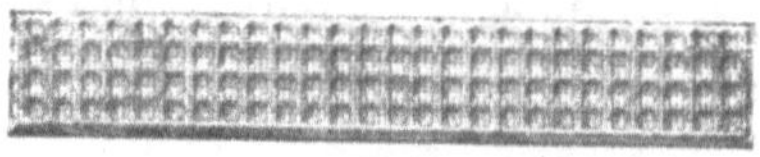

Bild 242. Nife-Elektrodenstreifen

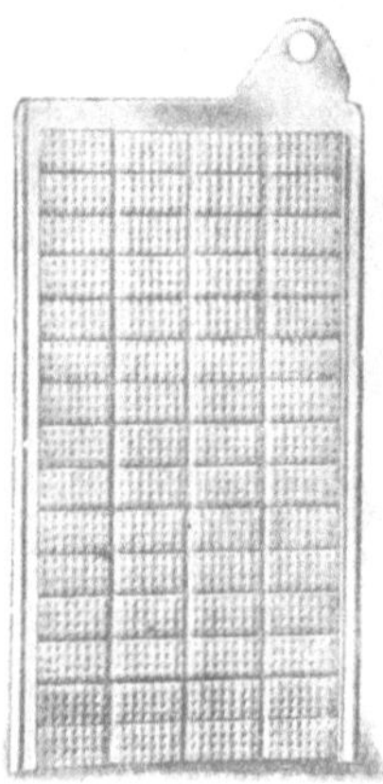

Bild 243. Nife-Elektrodenplatte

Bild 244. Nife-Plattensatz

verschlammen kann. Mehrere Platten gleicher Polarität werden in geeigneten Abständen auf einem Stahlbolzen fest miteinander verschraubt und zwei solche Plattenreihen von verschiedener Polarität zu einem Plattensatz (Bild 244) ineinander geschoben. Der ziemlich kleine Abstand zwischen den Platten verschiedener Polarität wird dabei durch eingeschobene Hartgummistäbe gewahrt. Bei anderen Bauarten werden die Platten auch an den Seiten noch in Einschnitten von Hartgummirahmen gehalten. Der geringe Elektrolytraum ist beim alkalischen Akkumulator nicht von Nachteil, weil die Lauge, wie oben dargelegt, nur vermittelnd an den Umsetzungen teilnimmt. Nur macht sich der verhältnismäßig starke Wasserverbrauch dieser Zellen dadurch etwas mehr bemerkbar. Der Plattensatz wird fest in das aus vernickeltem Stahlblech hergestellte Gehäuse eingepaßt, gegen das er wieder durch Hartgummi isoliert wird. Der mit zwei Durchbohrungen für die Stromzuführungen (Polköpfe) und einer Einfüllöffnung für die Lauge versehene Deckel des Gefäßes wird aufgeschweißt. Die Polköpfe werden durch Verschrauben unter Zwischenlage von Hart- und Weichgummi abgedichtet und die Einfüllöffnung durch einen festsitzenden Stöpsel mit Ventil, das den beim Laden frei werdenden Gasen Austritt gewährt, verschlossen. Die so geschaffenen Zellen werden nach Bedarf in Holzgestellen, in denen sie voneinander isoliert aufgehängt werden, zu Batterien vereinigt.

Nicht nur in mechanischer, sondern auch in elektrischer Beziehung ist die alkalische Batterie viel weniger empfindlich als die Bleibatterie. Man kann sie mit schwachen Strömen langsam, aber auch mit starken Strömen sehr schnell aufladen, ohne daß sie Schaden nimmt. Weiter kann man sie ohne weiteres monatelang ohne Aufladung stehen lassen und dann nach Belieben nach gehöriger Ladung wieder in Gebrauch nehmen, ohne daß die Kapazität nachgelassen hätte. Schädliche Umsetzungen wie die Sulfatierung der Platten in der Bleibatterie treten bei dem alkalischen Sammler nicht auf. Auch eine Entladung mit beliebigen Strömen schadet nicht, ja, man kann die Batterie sogar ohne Gefährdung der Platten kurzschließen. Nur soll die Temperatur der Zellen nie über 50° C steigen.

Dies weist uns aber zugleich auf die grundsätzlichen Nachteile der alkalischen Batterie für den Kraftfahrzeugbetrieb hin. Wir dürfen nämlich eine solche Batterie in erster Linie deshalb ohne Gefährdung kurzschließen, weil der große innere Widerstand die Entstehung von im Verhältnis zur Batteriegröße übermäßig starken Strömen von vornherein verhindert. Gerade der große innere Widerstand wirkt aber bei den hohen, für das Anwerfen erforderlichen Strömen sehr ungünstig auf die Spannungslage. Wählt man alkalische Batterien, die in ihrer Anlaßkapazität der Bleibatterie nahekommen, so führt dies zu sehr großem Gewicht und Raumbedarf.

Das Verhalten einer Nickel-Eisen-Batterie von einer den üblichen Bleibatterien entsprechenden Lichtkapazität wird durch die Bilder 245 und 246 beschrieben. Es ist zu beachten, daß die Nickel-Eisen-Batterie bei Entladung mit normalem Strom nur eine mittlere Spannung von 1,2 V für eine Zelle gibt, so daß für eine Nennspannung von 12 V 10 Zellen erforderlich sind. Nach Bild 245 hat die Batterie bei

Entladung mit 15 A eine Kapazität von 78 Ah. Die Sollkapazität war 75 Ah. Bild 246 zeigt aber das sehr ungünstige Verhalten bei stoßweiser Entladung mit der im Verhältnis zur Größe der Batterie für die stoßweise Prüfung geringen Stromstärke von 140 A. Zum Vergleich ist die Spannungslage einer unter gleichen Verhältnissen entladenen 12-Volt-Bleibatterie von nur 40 Ah Kapazität mit eingezeichnet. Diese verhält sich danach weit günstiger als die alkalische Batterie. Ein Vergleich mit Bild 209 zeigt, daß die mit Stromstößen von 210 A entladene Bleibatterie von 60 Ah Kapazität sich ebenfalls den Anforderungen viel besser gewachsen zeigt.

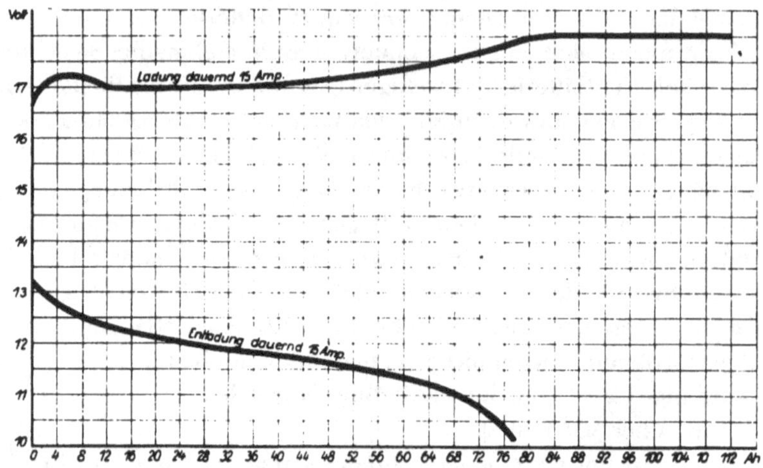

Abb. 245. Spannung einer Nickel-Eisen-Batterie von 10 Zellen bei Ladung und Entladung in Abhängigkeit von der Zahl der hineingeladenen und entnommenen Amperestunden

Wie sich aus Bild 245 ergibt, ist die Batterie aber auch für die Lichtanlage nicht ohne weiteres verwendbar, weil der Spannungsunterschied zwischen Ladung und Entladung zu groß ist. Die in der Lichtanlage verwendeten Lampen müssen so gewählt sein, daß sie bei der Entladespannung genügendes Licht geben. Dann erhalten sie aber, wenn die Lichtmaschine die alkalische Batterie lädt, eine bedeutende Überspannung und sind stark gefährdet. Man kann die alkalische Batterie zwar ohne Schaden zeitweise mit geringer Spannung aufladen und dadurch die Spannung an den Glühlampen etwas geringer halten, muß aber dann immer wieder mit der vollen Ladespannung gut durchladen. Diesem Grundsatz folgt ein Verfahren, nach dem man durch eine besondere Schaltung die Spannung der Lichtmaschine mit parallel geschaltetem alkalischen Sammler herabsetzt, sobald Glühlampen eingeschaltet werden. Bei Tagfahrten erhält dagegen die Batterie die volle Spannung und damit im allgemeinen wohl genügende Ladung.

Die Jungner-Batterie mit Eisen-Kadmium-Elektrode verhält sich in bezug auf die Ladespannung günstiger als die Batterie nach Bild 245. Bei ihr vollzieht sich ein großer Teil des Ladevorganges ohne Wasser-

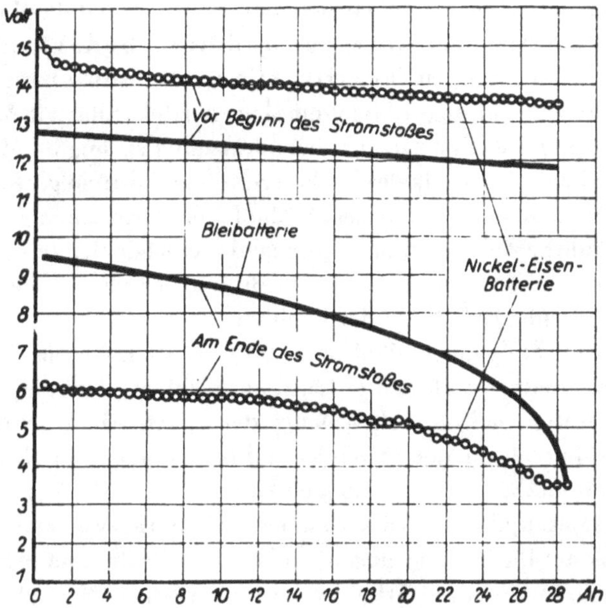

Bild 246. Prüfung der Nickel-Eisen-Batterie nach Bild 245 durch stoßweise Entladung. (75 Ah Lichtkapazität. 140 A Entladestrom. 13 s Stoßdauer. 15 min Pause. 1 Stromstoß = 0,505 Ah.) Zum Vergleich ist die Spannungslage einer unter gleichen Bedingungen entladenen Bleibatterie von 40 Ah eingezeichnet

stoffabscheidung bei 1,4 bis 1,5 V, und erst in der letzten Hälfte der Ladezeit steigt die Spannung ebenfalls bis auf etwa 1,8 V. Die Entladung wird durch das Kadmium nicht beeinflußt.

Durch diese günstigere Ladespannung wird auch der schlechte Nutzeffekt, d. h. das Verhältnis der abgegebenen zu der aufgenommenen Wattstundenzahl, des alkalischen Sammlers etwas verbessert. Während man bei dem ortsfesten, sorgsam behandelten Bleisammler mit einem Wirkungsrad, d. h. einem Verhältnis der abgegebenen zu den aufgenommenen Amperestunden, von 95 % und einem Nutzeffekt von

80 % rechnet, kommt man beim Nickel-Eisen-Sammler nach Foerster auf einen Wirkungsgrad von etwa 72 % und einen Nutzeffekt von 52 %, beim Nickel-Eisen-Kadmium-Sammler aber auf einen Wirkungsgrad von etwa 75% und einen Nutzeffekt von etwa 57 %. Dabei ist jedoch zu berücksichtigen, daß Wirkungsgrad und Nutzeffekt bei Kraftfahrzeugbatterien nur eine untergeordnete Rolle zugesprochen werden kann, und daß jedenfalls eine Entscheidung zwischen alkalischem und Bleisammler nicht von diesen Werten abhängig gemacht werden darf.

Hierzu ist vielmehr neben den bereits berührten Punkten insbesondere die Frage nach Gewicht und Raumbedarf zu beachten. Es ist zwar gelungen, Sondertypen von alkalischen Batterien zu schaffen, die eine günstigere Spannungslage bei Belastung mit Anlasserströmen zeigen, als Bild 246 für den normalen Typ angibt. Man muß aber trotzdem für die alkalische Batterie die zehnstündige Kapazität um etwa 50 % höher wählen als für die Bleibatterie, um auf dieselbe durchschnittliche Anlaßleistung zu kommen wie bei der letzten. Dadurch kommt man zu merklich höherem Gewicht und vor allem zu bedeutend höherem Raumbedarf als bei der Bleibatterie.

Auch der Preis einer alkalischen Batterie ist höher als der einer Bleibatterie gleicher elektrischer Leistungsfähigkeit. Allerdings ist dabei zu beachten, daß die Lebensdauer der ersten schon bei ruhigem Betrieb größer als die der letzten ist und bei rauhem Betrieb auf das Vier- bis Fünffache und höher steigen kann.

Insgesamt ergibt sich, daß die alkalische Batterie zwar widerstandsfähiger als die Bleibatterie gegen rauhe mechanische und elektrische Behandlung, in bezug auf Arbeitsweise und Leistungsfähigkeit aber im Kraftfahrzeugbetrieb noch kein voller Ersatz für die Bleibatterie ist. Das hindert aber nicht, daß sie in rauhen Betrieben, z. B. in Omnibussen, bei denen genügend Raum zur Verfügung steht und auch die Anlaßleistung erheblich hinter der Lichtleistung zurücktritt, oder in schweren Lastwagen, bei denen die mechanischen Beanspruchungen besonders groß sind und ebenfalls genügend Raum für eine große Batterie geschaffen werden kann, mit Vorteil verwendet wird.

IV. Die Regelung der Lichtmaschine

1. Spannungsregelung

Schon bei der Besprechung der Anforderungen, die das Kraftfahrzeug an die Lichtanlage stellt, wurde gezeigt, daß die Regelung der Betriebsspannung bei der elektrischen Anlage des Kraftfahrzeugs von besonderer Bedeutung ist. Es müssen nicht nur die Einflüsse der starken Belastungsschwankungen zwischen Leerlauf und beträchtlicher Überlastung, sondern hauptsächlich auch der beträchtlichen Drehzahländerungen und der Unterschiede in der Maschinentemperatur ausgeglichen werden. Ferner sind aber auch die Auswirkungen von Leitungs- und Batteriestörungen auszuschalten und günstige Ladebedingungen für die Batterie zu schaffen. Daß diese Regelung der Lichtmaschine nicht dem Fahrer überlassen werden kann, sondern vielmehr selbsttätig erfolgen muß, ist selbstverständlich.

Die verschiedenen Verfahren zur selbsttätigen Regelung der Lichtmaschine lassen sich grundsätzlich in 2 Gruppen teilen: in die Verfahren, die die Maschinenspannung, und in die Verfahren, die den Strom zweckmäßig zu gestalten suchen. Vorausgeschickt sei, daß von den vielen Bauarten, die sich auf diesen beiden Grundsätze aufbauen, heute nur noch zwei praktische Bedeutung haben: als Vertreter des spannungsregelnden Systems die Maschine mit elektromagnetischem Schnellregler und als Vertreter des stromregelnden Systems die Dreibürstenmaschine. Wir wenden uns zuerst der den Anforderungen des Betriebes allein richtig entsprechenden Regelung auf – in gewissen Grenzen – gleichbleibende Spannung zu.

Als Vorläufer des heute üblichen elektromagnetischen Spannungsreglers der Lichtmaschine müssen einige Regelungsarten erwähnt werden, die zwar heute bedeutungslos sind, aber deutlich die Entwicklung des neuzeitlichen Regelungsverfahrens zeigen. Da es stets die Hauptforderung war, den Einfluß der starken Drehzahlschwankungen des Fahrzeugmotors auf die Lichtmaschinenspannung auszuschalten, lag nahe, mechanische Mittel zu ersinnen, die eine Übertragung der Drehzahländerungen des Motors auf die Lichtmaschine unterbinden konnten. Gelang dies, so konnten die bei ortsfesten Anlagen gebräuchlichen Dynamobauarten ohne Änderung übernommen werden.

In dieser Absicht führte man bei den Lichtmaschinen Schleifkupplungen ein, die von Fliehgewichtreglern entsprechend der Motordrehzahl gesteuert wurden und so der Lichtmaschine eine von den Schwankungen der Betriebsdrehzahl des Kraftfahrzeugmotors fast unabhängige Drehzahl aufdrückten. Belastungsänderungen mußten freilich durch eine geeignet bemessene Doppelschlußwicklung ausgeglichen werden. Auf diese werden wir später noch zurückkommen. Leitungsunterbrechungen konnten bei dieser Art der Drehzahlregelung keine Beschädigung der Maschine herbeiführen, weil durch die Drehzahlbegrenzung die Spannung festgelegt war. Daher war auch ein Betrieb ohne Batterie möglich. Bei Kurzschlüssen und Überlastung waren Schädigungen der Maschine ebenfalls nicht zu befürchten, weil die Kupplung die Belastungsfähigkeit der Maschine begrenzte. Wohl aber mußte in diesem Falle mit übermäßiger Erwärmung und Beschädigung der dauernd schleifenden Kupplung gerechnet werden. Günstig war noch, daß die Spannung durch die vom Fliehgewichtregler gegebene Drehzahlgrenze der Höchstspannung der vollen Batterie angepaßt werden konnte, so daß auch eine zu starke Überladung der Batterie vermeidbar war.

Solange die Schleifkupplung in Ordnung war, arbeiteten derartige Anlagen ziemlich gut. Die Kupplung aber war sehr starker Abnutzung unterworfen und erforderte daher eine regelmäßige Wartung und häufiges Nachstellen. Ein richtiges Einstellen solcher Kupplungen durch den Fahrer des Kraftfahrzeugs kann jedoch nicht vorausgesetzt werden. Vor allem aber ist bei derartigen Kupplungen rasche völlige Zerstörung durch übermäßige Erhitzung zu befürchten. Daher war die Betriebssicherheit der Anlagen ungenügend; dazu kam der Nachteil einer immerhin beträchtlichen Energievergeudung, die durch das Gleiten der Kupplungen bedingt war.

Ähnliche Schleifkupplungen wurden auch mit elektromagnetischer Steuerung gebaut. Der Steuermagnet lag an der Maschinenspannung und löste mit zunehmender Spannung die Kupplung. Daß diese Steuerung nicht von der Drehzahl, sondern von der für alle Stromverbraucher wesentlichen Maschinenspannung abhing, war der große Vorzug dieser Bauart. Auf diese Weise konnten auch die Rückwirkungen von Belastungsschwankungen auf die Maschinenspannung ausgeglichen werden. Eine Doppelschlußwicklung war entbehrlich.

Eine merkliche praktische Bedeutung hat diese Regelungsart nicht erlangt. Ihr haften dieselben mechanischen Mängel an, wie der durch Fliehkraft gesteuerten Kupplung. Der Versuch, die Maschinenspannung durch Regelung der Lichtmaschinendrehzahl zu begrenzen, scheiterte an der Unzuverlässigkeit der Schleifkupplungen bei längerem Gebrauch.

Ein weiterer Schritt war der, die Maschinenspannung dadurch zu regeln, daß man auf mechanischem Wege das den Anker durchsetzende Erregerfeld mit zunehmender Drehzahl schwächte. Mit Hilfe eines Fliehgewichtreglers wurde der Kraftlinienfluß durch den Anker dadurch gesteuert, daß der Anker aus dem Feld geschoben oder gezogen wurde, oder auch dadurch, daß die Polschuhe gegenüber dem Anker verschoben wurden. Zur Verstärkung der Wirkung gestaltete man den Anker konisch, so daß bei einer Verschiebung nicht nur der Anker aus dem Feld bewegt wurde, sondern auch noch eine Vergrößerung des Luftspaltes eintrat. Auch diese, baulich schwer zu lösende und wegen der großen bewegten Masse unbefriedigende Art der Regelung findet heute keine praktische Verwendung mehr.

Eine andere Art der Veränderung des Erregerfeldes sollte aber die Grundlage für den heute üblichen Spannungsregler bilden: Das Ein- und Ausschalten von Widerstand im Feldstromkreis. Man benutzte zuerst den Fliehkraftregler, um das Feld entsprechend den Schwankungen der Drehzahl zu verändern. Auch diese Art der Regelung war lediglich von der Drehzahl abhängig und erforderte daher zum Ausgleich der Belastungsschwankungen besondere Hilfsmittel.

Die richtige Lösung brachte erst die Verwendung des bereits bei den Schleifkupplungen angewandten, von der Maschinenspannung beeinflußten Elektromagneten als Steuerorgan für den Feldwiderstand der Lichtmaschine. Dieses Verfahren berücksichtigt nicht nur die Drehzahlschwankungen sondern auch die Belastungsänderungen. Man braucht keine baulich schwerfälligen und platzraubenden mechanischen Vorrichtungen, wie Fliehkraftregler, Schleifkupplungen, verschiebbare Anker oder Polschuhe mehr und vermeidet betriebsgefährdende Abnutzung, wie sie bei Schleifkupplungen auftrat.

Man bemühte sich ursprünglich, Vorrichtungen zu bauen, die eine fortlaufende Veränderung des Erregerwiderstands entsprechend den Drehzahl- oder Belastungsänderungen vornehmen. Sie sind trotz ihrer oft schwerfälligen Bauart vielfach in Gebrauch gekommen. Sinnreiche und verhältnismäßig wenig Raum beanspruchende Ausführungsformen waren der Bosch-Kohlekörnerregler und der

Quecksilberregler von Delco. Beim Kohlekörnerregler wurde Kohlepulver durch einen Elektromagneten mehr oder weniger von dem Druck einer Feder entlastet und dadurch ein veränderlicher Vorschaltwiderstand zur Feldwicklung geschaffen. Beim Quecksilberregler tauchte eine Widerstandsspule in Quecksilber und konnte durch einen in Abhängigkeit von der Maschinenspannung arbeitenden Elektromagneten mehr oder weniger aus dem Quecksilber herausgehoben werden, so daß der Widerstand weniger oder mehr kurzgeschlossen wurde. Alle diese Vorrichtungen arbeiteten aber nicht genügend zuverlässig.

Noch heute sind nach ähnlichen Gesichtspunkten arbeitende Regelvorrichtungen bei der elektrischen Bahnbeleuchtung für Regelung der Maschinen bei großen Leistungen weitgehend in Gebrauch, doch bedürfen sie, wenn sie zuverlässig arbeiten sollen, vielen Raumes und eines verhältnismäßig teuren Aufbaus.

Der heute verwendete sogenannte Schnellregler, der sich an die Arbeitsweise des im Großmaschinenbau zu weiter Verbreitung gelangten Tirrillreglers anlehnt, ermöglicht eine fortlaufende Regelung des Erregerstromes durch Ein- und Ausschalten nur eines Widerstandes oder sogar der gesamten Erregerwicklung.

Seine Wirkungsweise beruht auf der Selbstinduktion der Erregerwicklung. Legt man an die Erregerwicklung eine Spannung, so nimmt der Strom nicht wie bei einem induktionslosen Widerstand sogleich den dem Ohmschen Gesetz entsprechenden Wert an, sondern er steigt langsam nach einer Exponentiallinie zu diesem empor (Bild 247, Linie CD). Umgekehrt fällt der Strom beim Ausschalten nicht plötzlich auf 0, sondern verläuft ebenfalls nach einer Exponentiallinie (Bild 247, Linie AB). Die Geschwindigkeit, mit der das Ansteigen oder Abfallen des Stromes erfolgt, ist bei genügend großer Selbstinduktion des Stromkreises, wie sie bei der Erregerwicklung vorliegt, so gering, daß man den Vorgang mit mechanischen Mitteln an beliebiger Stelle unterbrechen kann. Dadurch ergibt sich die Möglichkeit, durch schnell wiederholt aufeinanderfolgendes Ein- und Ausschalten der Erregung oder eines Vorschaltwiderstandes einen mittleren Erregerstrom solcher Größe herzustellen, wie er bei der jeweiligen Drehzahl zur Erzielung einer bestimmten Lichtmaschinenspannung erforderlich ist. Dabei wird das wechselweise Ein- und Ausschalten durch einen an der Maschinenspannung liegenden Elektromagneten bewirkt.

In Bild 248 ist die Schaltung von Lichtmaschine und Schnellregler dargestellt. Vor die Erregerwicklung L_2 der Lichtmaschine ist der Ohmsche

Widerstand L_3 geschaltet. Solange durch die Feder F die Kontakte K_1 und K_2 aufeinander gezogen werden, ist der Vorschaltwiderstand kurzgeschlossen, und der Erregerstrom nimmt den durch die Spannung der Maschine und den Widerstand der Erregerwicklung bestimmten Wert an.

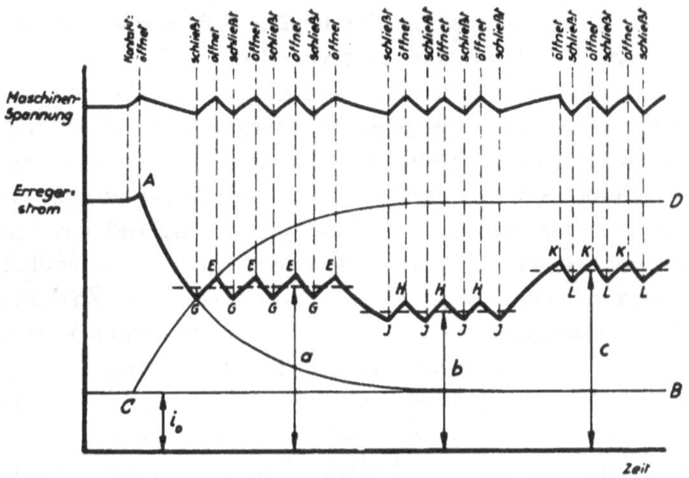

Bild 247. Arbeitsweise eines elektromagnetischen Schnellreglers für Spannungsregelung

An der Maschinenspannung liegt die Wicklung W_1 des Reglerelektromagnets, der entgegen der Federkraft F seinen Anker anzuziehen sucht und die Kontakte K_1, K_2 trennt, sobald die Spannung einen bestimmten Wert erreicht. Wir betrachten an Hand von Bild 247 den Regelvorgang und gehen dabei von einer Drehzahl aus, bei der die Spannung nahezu den Wert besitzt, der ein Anziehen des Ankers und

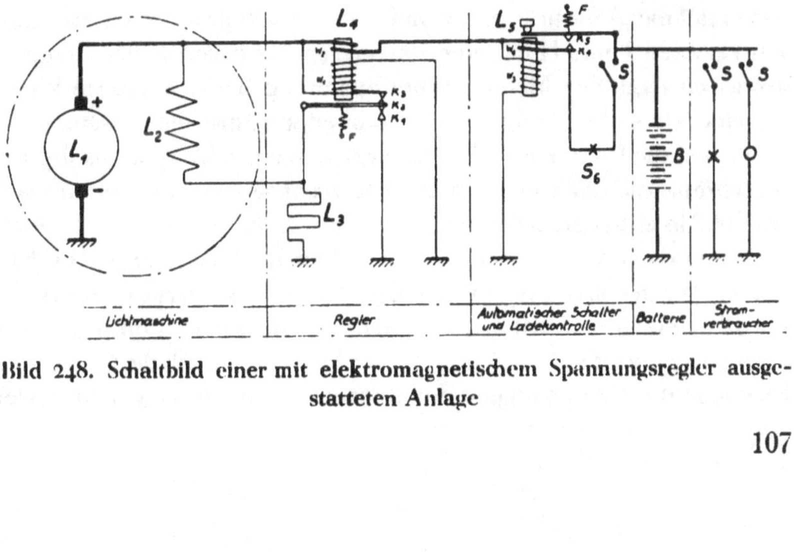

Bild 248. Schaltbild einer mit elektromagnetischem Spannungsregler ausgestatteten Anlage

damit eine Trennung der Kontakte zur Folge hat. Bei Punkt A der Erregerstromlinie ist dieser Wert erreicht, die Kontakte öffnen sich und der Strom sucht auf einen Wert i_0 zurückzugehen, der durch die Summe der Widerstände von Erregerwicklung L_2 und Vorschaltwiderstand L_3 bestimmt ist. Dieses Zurückgehen erfolgt jedoch, wie erwähnt, nicht plötzlich, sondern nach der Exponentiallinie AB, deren Verlauf durch die sogenannte Zeitkonstante des Erregerkreises, d. h. durch das Verhältnis des gesamten Ohmschen Widerstandes zur Selbstinduktion bestimmt ist. Durch den Rückgang des Erregerstroms sinkt auch die Maschinenspannung. Erregerstrom und Spannung sinken so lange, bis diese bei Punkt G der Erregerstromlinie einen Betrag erreicht hat, bei dem die Zugkraft der Feder F (Bild 248) die Zugkraft des Elektromagnets überwindet und damit die Kontakte K_1, K_2 wieder schließt. Infolgedessen steigt der Erregerstrom bei etwas geänderter Zeitkonstante nach der Exponentiallinie CD wieder an und sucht einen Wert zu erreichen, der durch den Widerstand der Erregerwicklung L_2 allein bestimmt ist. Mit dem Erregerstrom steigt auch wieder die Maschinenspannung, bis bei dem Punkt E (Bild 247) wiederum der Anker des Elektromagnets entgegen der Federkraft angezogen und die Kontakte K_1, K_2 geöffnet werden. Dieses Spiel wiederholt sich ständig in den engen Grenzen zwischen den Punkten G und E, wobei die zwischenliegenden Stücke der Erregerstromlinie jeweils Stücken der Exponentiallinien AB und CD entsprechen. Auf diese Weise stellt sich ein mittlerer Wert a des Erregerstromes und damit ein mittlerer Wert der Maschinenspannung ein. Bei noch weiterem Ansteigen der Drehzahl oder Verminderung der Belastung bleiben die Kontakte im ersten Augenblick länger als bisher geöffnet, so daß der Erregerstrom über den Punkt G hinaus auf einen tiefer liegenden Wert J der Exponentiallinie AB zurücksinkt und nun ein ähnliches Spiel zwischen den Punkten J und H um einen kleineren Mittelwert b des Erregerstroms einsetzt. Der Mittelwert der Spannung bleibt auf diese Weise derselbe wie früher. Sinkt die Drehzahl oder wächst die Belastung an, so bleiben die Kontakte K_1, K_2 wieder so lange geschlossen, bis der Erregerstrom auf einen höheren Wert K gestiegen ist, von dem aus sich das Spiel in entsprechender Weise um einen höheren Mittelwert c fortsetzt. Auf diese Weise ist eine fortlaufende Änderung des Erregerstroms mit einem festen Wert des Vorschaltwiderstandes erreichbar. Die Größe und Frequenz der Schwankungen des Erregerstromes um den jeweiligen Mittelwert und damit die Größe und Frequenz der Schwankungen der Betriebsspannung hängen in erster

Linie von der mechanischen und magnetischen Trägheit des Reglersystems und der Selbstinduktion der Erregerwicklung ab. Das Reglerspiel muß mindestens so schnell erfolgen, daß ein Einfluß der Schwankungen der Betriebsspannung auf das von den Beleuchtungskörpern ausgesandte Licht noch nicht bemerkbar wird.

Wegen weiterer Einzelheiten über die Schnellregler im allgemeinen müssen wir auf die besonderen Fachschriften verweisen.*) Wir beschränken uns hier auf die besonderen Anordnungen, die an Reglern für Kraftfahrzeug-Lichtmaschinen getroffen wurden. Bei dem eben geschilderten Verfahren kommt man zu großen Vorschaltwiderständen, wenn man beträchtliche Drehzahl- und Belastungsänderungen, wie sie bei den Lichtmaschinen von Kraftfahrzeugen vorkommen, beherrschen will. Um dabei noch zu genügend schnellem Kontaktspiel zu kommen, wickelt man den Vorschaltwiderstand L_3 in der Regel als sogenannte Entmagnetisierungs- oder Zitterspule in der Spannungsspule entgegengesetztem Sinn auf den Regler. Der Vorschaltwiderstand wirkt dann bei Öffnen des Kontaktpaares K_1, K_2 entmagnetisierend auf den Reglerelektromagneten, wodurch das Kontaktspiel in leicht ersichtlicher Weise beschleunigt wird. Außerdem muß man der durch die erhöhte Reglerleistung entstehenden stärkeren Beanspruchung Rechnung tragen. Zumeist ist man aber bei den Kraftfahrzeug-Lichtmaschinen dazu übergegangen, die Regelung in 2 Stufen vorzunehmen. Nach Bild 248 schließt der bewegliche Kontakt K_2 in seiner unteren Lage an K_1 einen Vorschaltwiderstand zur Erregerwicklung in der besprochenen Weise kurz. Mit diesem Vorschaltwiderstand vermag der Regler einen gewissen Drehzahl- oder Belastungsbereich auszugleichen. Steigt die Drehzahl höher, so wird schließlich der Kontakt K_1 dauernd von K_2 abgehoben und der Erregerstrom erreicht den gleichbleibenden Wert i_0. Bei weiterem Steigen legt sich der Kontakt K_1 an einen oberen Kontakt K_3, wodurch die ganze Erregerwicklung kurzgeschlossen wird. Das Kontaktspiel ist an dem oberen Kontakt dasselbe wie am unteren, nur erfolgt die Regelung zwischen den Werten i_0 und Null. Man erreicht durch diese zweistufige Regelung bei geringer Unterbrecherleistung und demgemäß geringer Kontaktabnützung einen allen praktisch auftretenden Anforderungen entsprechenden Regelbereich.

---

*) Natalis, Die selbsttätige Regulierung. Verlag von Friedrich Vieweg & Sohn. — A. Schwaiger, Das Regulierproblem in der Elektrotechnik. Verlag von B. G. Teubner. — H. Thoma, Theorie des Tirrillreglers. Verlag von Jul. Springer 1914.

In diesem Zusammenhang ist zu erwähnen, daß es auch Bauarten gibt, die überhaupt keinen Vorschaltwiderstand vorsehen, sondern durch Einschalten und völliges Ausschalten der Erregung mit Hilfe des Schnellreglerverfahrens die Maschinenspannung zu regeln suchen. Der Erregerstrom der Lichtmaschine darf allerdings in diesem Fall mit Rücksicht auf die Unterbrecherleistung einen verhältnismäßig kleinen Betrag nicht übersteigen.

Der Schnellregler hält in der beschriebenen Ausführung die Spannung der Maschine über den ganzen Drehzahlbereich gleich, und man hat es in der Hand, die Größe der Spannung oder mit anderen Worten die sogenannte „Regelung" durch Einstellen der Kontaktabstände, des Ankerabstandes und der Federspannung genau festzulegen. Dabei arbeitet die Maschine völlig unabhängig von der Batterie.

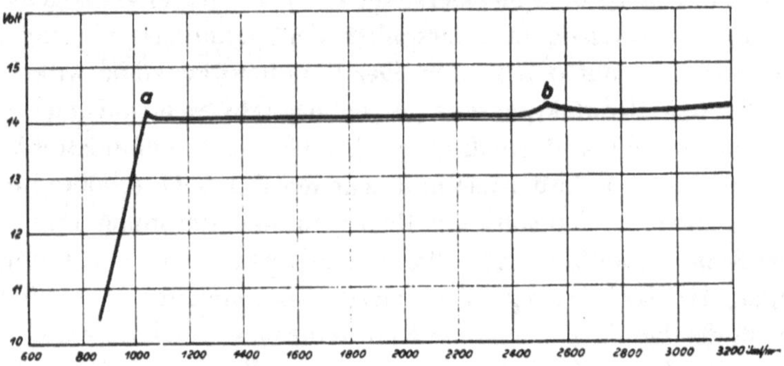

Bild 249. Spannung einer auf gleichbleibende Spannung geregelten Lichtmaschine in Abhängigkeit von der Drehzahl (Maschine warm). Nennleistung der Maschine 80 Watt

Die Wirkungsweise eines derartigen Reglers wird durch Bild 249 erläutert; dieses zeigt den Spannungsverlauf in Abhängigkeit von der Drehzahl beim Arbeiten der Maschine ohne Batterie. Die Spannung ist bei Leerlauf und Belastung dieselbe. Nachdem der selbsttätige Schalter eingeschaltet hat, steigt mit zunehmender Drehzahl die Spannung der Maschine so lange an, bis die zum Ansprechen des Reglers erforderliche Amperewindungszahl erreicht ist (Punkt a). Bis zu diesem Punkte sind die Kontakte K_1, K_2 des Bildes 248 dauernd geschlossen und die Maschine arbeitet wie jede normale Nebenschlußmaschine. Bei a beginnt der Regler am ersten Kontaktpaar K_1, K_2 zu arbeiten, wobei sich zunächst infolge von Trägheitserscheinungen eine etwas höhere Spannung ergibt, die dann aber rasch in den eigentlichen Wert der Regelspannung übergeht. Mit fortschreitender Drehzahlsteigerung wird schließlich der Punkt erreicht, wo die Kontakte K_1, K_2 dauernd geöffnet sind und daher der Regelwiderstand dauernd vor die Erregerwicklung geschaltet ist. Bei noch weitergehender Drehzahlsteigerung arbeitet der Regler von Punkt b der Schaulinie ab an dem Kontaktpaar K_2, K_3 (Bild 248) und schließt dadurch die Erregerwicklung entsprechend dem Reglerspiel zeitweise kurz. Der Verlauf der Spannung nach Erreichen des Punktes b hängt von der Einstellung des Reglers ab. Je nach Wahl von Ankerabstand, Ankerweg und Spannungszustand der Reglerfeder wird ein verschiedener Verlauf von Federkraftkurve und magnetischer Zugkraftkurve des Reglers erzielt, wodurch der Wert der Regelspannung bestimmt wird (Abschnitt V). Im allgemeinen erfolgt aus praktischen Rücksichten die Einstellung derart, daß von Punkt b ab die Regelspannung um ein Geringes höher, äußerstenfalls aber nur um einen ganz kleinen Betrag niedriger liegt als die Regelspannung in dem Bereich zwischen a und b.

Die in dem dargestellten Drehzahlbereich auftretenden Spannungsänderungen bewegen sich, wie die Schaulinie zeigt, in solchen Grenzen, daß eine schädliche Beeinflussung der Stromverbraucher oder ungenügende Lichterzeugung sicher vermieden wird. Man hat also die Möglichkeit, mit der spannungsregelnden Maschine auch ohne Batterie zu fahren. Auf die Motordrehzahl muß dabei in keiner Weise geachtet werden; selbstverständlich ist zur Erzielung der gewünschten Wattzahl die Einhaltung einer gewissen Mindestdrehzahl wie bei jeder Maschine erforderlich.

Zu erwähnen ist noch, daß die Regelung der Maschine durch die Temperatur des Reglers beeinflußt wird, da bei Temperaturänderungen der Widerstand der aus Kupfer bestehenden Reglerspule sich ändert und damit auch der bei einer bestimmten Spannung durch diese Spule fließende Strom. Bei hoher Temperatur fließt bei derselben Spannung ein kleinerer Strom durch die Reglerspule als bei niederer Temperatur. Die für das Ansprechen des Reglers erforderliche Amperewindungszahl wird daher erst bei höherer Spannung erreicht als bei kaltem Regler, d. h. der Regler regelt bei höheren Temperaturen auf eine höhere Spannung. Um diese Abhängigkeit der Regelspannung von der Erwärmung möglichst zu beschränken, wird ein Teil der Spule aus einem Werkstoff hergestellt, dessen Widerstand von Temperaturänderungen praktisch unabhängig ist.

Bild 250 zeigt Ladestrom, Ladespannung und Temperatur einer auf gleichbleibende Spannung regelnden Maschine in Abhängigkeit von der Zeit beim Aufladen einer zuvor auf 1,8 V pro Zelle entladenen Batterie. Dabei wurde, um den im praktischen Fahrbetrieb vorliegenden Verhältnissen nahezukommen, die Maschine mit wechselnder Drehzahl zwischen 1000 und 3000 Uml./min betrieben und mit Kühlwind von 2 m/s Geschwindigkeit gekühlt. Der Ladestrom (Schaulinie 1) und die Ladespannung (Schaulinie 2) sind jeweils der Mittelwert aus den bei 1000 und 3000 Uml./min gemessenen Werten. Die Schaulinien 3 und 4 zeigen die mit Thermoelement gemessenen Temperaturen von Regler und Maschinengehäuse. Es ist nicht möglich, die Spannung der Lichtmaschine so hoch einzustellen, daß die mit Rücksicht auf die Lebensdauer der Batterie im Kraftfahrzeugbetrieb erforderliche rasche Volladung gewährleistet ist, da man sonst auf die

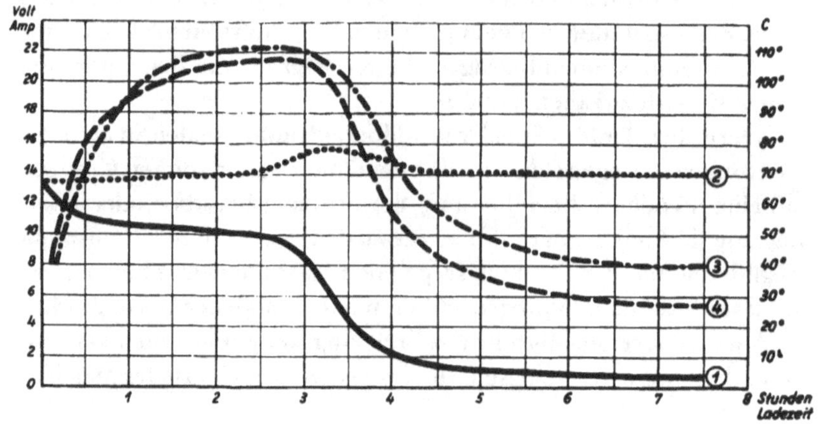

Bild 250. Verhalten einer auf gleichbleibende Spannung geregelten Lichtmaschine beim Laden einer Batterie. Nennleistung der Maschine 60 W. Drehzahl der Maschine 1000—3000 Uml./min Batteriekapazität 40 A/h

Schaulinie 1: Ladestrom
„ 2: Ladespannung
„ 3: Temperatur am Reglergehäuse
„ 4: Temperatur am Maschinengehäuse

ganz entladene Batterie einen für Maschine und Batterie unzulässig hohen Ladestrom und damit übermäßige Erwärmung der Maschine sowie durch lebhafte Gasentwicklung starke Lockerung der wirksamen Masse der Batterie erhalten würde. Man ist vielmehr gezwungen, die Spannung entsprechend niedriger einzustellen. Da mit zunehmender Gegenspannung der Batterie der Ladestrom verhältnismäßig rasch zurückgeht, erhält man, wie das Bild zeigt, trotz des immer noch großen Anfangsladestromes und hoher Regler- und Maschinentemperatur (Schaulinie 3 und 4) eine verhältnismäßig langsame Wiederaufladung.

Wesentlich günstigere Ladeverhältnisse erhält man, wenn man außer der Spannungsspule W_1 (Bild 248) eine zweite, wenige Windungen enthaltende Spule W_2 auf dem Regler vorsieht, durch die der gesamte, von der Lichtmaschine erzeugte Strom fließt. Diese Stromspule wird so geschaltet, daß ihre Amperewindungen gleichsinnig mit denen der Spannungsspule wirken. Da die Bewegung des Reglerankers von der Gesamtzahl der auf ihn wirkenden Amperewindungen abhängig ist, regelt der Regler auf um so niedrigere Spannung, je größer der durch die Stromspule fließende Strom ist, d. h. je größer die Belastung der Maschine ist. Man stellt dabei den Regler so ein, daß bei Leerlauf, also bei stromloser Stromspule, die für die Volladung der Batterie erforderliche Spannung erreicht wird. Durch entsprechende Wahl der

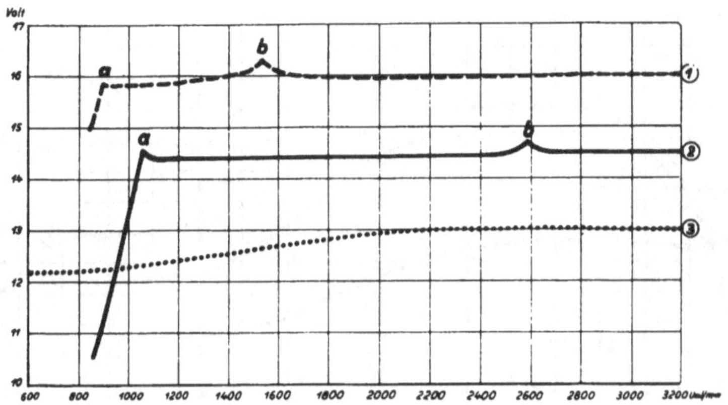

Bild 251. Spannung einer auf nachgiebige Spannung geregelten Maschine in Abhängigkeit von der Drehzahl (Maschine warm)
Nennleistung der Maschine 80 W,
Schaulinie 1: Leerlauf
„ 2: 80 W Lampenlast
„ 3: 80 W Lampenlast und halbvolle 60 A-Batterie

Stromspule ist es dann möglich, bei Belastung die Spannung derart zu vermindern, daß der Ladestrom in die leere Batterie den für Batterie und Lichtmaschine zulässigen Höchstwert nicht überschreitet. Mit fortschreitender Ladung erfolgt zunächst eine verhältnismäßig langsame Abnahme des Ladestroms, da jeder Abnahme des Stroms eine gewisse Zunahme der Regelspannung entspricht. Diese Regelung mit Strom- und Spannungsspule nennt man Regelung auf nachgiebige Spannung.

Die Spannung einer solchen Maschine in Abhängigkeit von der Drehzahl zeigt Bild 251. Schaulinie 1 gilt für den Leerlauf, Schaulinie 2 für Belastung mit 80 W Lampenstrom ohne Batterie. Punkt a stellt wieder den Beginn der Regelung am ersten Kontaktpaar, Punkt b den Übergang zur Regelung am zweiten Kontaktpaar dar.

Bei dem üblichen Betrieb der Maschine mit Batterie wird die Betriebsspannung durch die Spannung der Batterie bestimmt. Diese Spannung ist bei einem bestimmten Ladezustand der Batterie durch den in die Batterie gesandten Ladestrom bedingt. Der Regler arbeitet dann darauf hin, Ladestrom und zugehörige Ladespannung auf den für den jeweiligen Ladezustand der Batterie zweckmäßigen Wert zu bringen, d. h. bei leerer Batterie den Strom auf den für Maschine und Batterie zulässigen Höchstwert zu begrenzen und mit fortschreitender Ladung den Strom in der erforderlichen Weise zu vermindern. Schau-

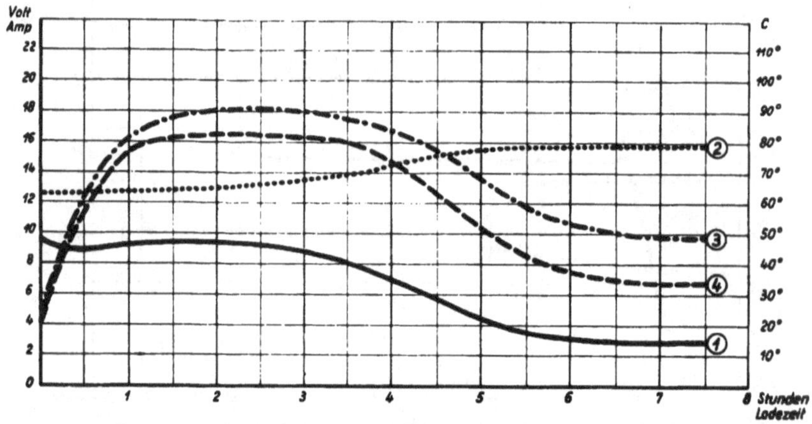

Bild 252. Verhalten einer auf nachgiebige Spannung geregelten Lichtmaschine beim Laden einer Batterie. Nennleistung der Maschine 60 W, Drehzahl der Maschine 1000–3000 Uml./min, Batteriekapazität 40 Ah

Schaulinie 1: Ladestrom

„ 2: Ladespannung

„ 3: Temperatur am Reglergehäuse

„ 4: „ „ Maschinengehäuse

linie 3, Bild 251, zeigt das Verhalten des Reglers bei Belastung der Maschine mit 80 W Lampenlast bei gleichzeitigem Anschluß einer halbgeladenen Batterie. Der Vergleich der Linie 1 mit Linie 2 und 3 zeigt deutlich den Einfluß der Stromspule auf die Spannung. Die Leerlaufspannung ist dabei aus den bereits erwähnten Gründen größer, als bei der Regelung auf gleichbleibende Spannung in Bild 249.

Bild 252 zeigt Ladestrom, Ladespannung und Temperatur in Abhängigkeit von der Zeit für Regelung auf nachgiebige Spannung. Maschine, Batterie und Betriebsverhältnisse sind im übrigen dieselben wie bei der Ladung mit gleichbleibender Spannung nach Bild 250.

Vergleichen wir die beiden Bilder, so fällt bei der Regelung auf gleichbleibende Spannung (Bild 250) der Anfangsladestrom (Schaulinie 1) von 13,5 A auf. Dieser starke Strom hat eine rasche Erwärmung von Regler und Maschine zur Folge; die Temperaturen steigen sogar im Laufe der Ladung auf übermäßige Werte, wie aus den Schaulinien 3 und 4 hervorgeht. Die starke Erwärmung des Reglers veranlaßt ein ziemlich rasches Ansteigen der Regelspannung (Schaulinie 2), so daß der Ladestrom nicht so rasch zurückgeht, wie es bei Regelung auf konstante Spannung zunächst erwartet werden sollte. Sobald aber mit dem allmählich abnehmenden Strom die Temperatur des Reglers schließlich zurückgeht, fällt die Regelspannung wieder etwas und mit ihr sehr rasch der Ladestrom. Nach einer Ladezeit von 5 Stunden ist der Ladestrom infolge der verhältnismäßig geringen Regelspannung bereits derartig klein geworden, daß eine völlige Aufladung der Batterie nur bei langen Ladezeiten erreichbar ist. Versucht man, die übermäßig starke Erwärmung der Lichtmaschine durch noch niedrigere Einstellung der Spannung herabzusetzen, so erhält man noch wesentlich ungünstigere Ladeverhältnisse, da bei der geringen Erwärmung des Reglers der Ladestrom schon nach viel kürzerer Ladezeit auf einen kleinen Wert sinkt.

Im Gegensatz dazu steht die in Bild 252 dargestellte Regelung auf nachgiebige Spannung. Die Temperaturen bleiben infolge des kleineren Anfangsladestroms wesentlich niedriger, der Strom sinkt infolge der nachgiebigen Spannung im Lauf der Ladezeit wesentlich langsamer ab und die Ladespannung steigt bereits nach 5 Stunden nahezu auf den Volladungswert. Man ersieht aus dem Vergleich, daß die Regelung auf nachgiebige Spannung die folgenden wesentlichen Vorteile hat:

1. Sichere Volladung der Batterie;
2. Beschränkung des maximalen Ladestroms auf den für Maschine und Batterie zulässigen Höchstwert;
3. energische, rasche Aufladung der leeren Batterie mit hohem Ladestrom über einen großen Bereich der Ladezeit.

Wegen dieser überragenden Vorteile wird heute von allen spannungsregelnden Systemen nur noch die Regelung auf nachgiebige Spannung ausgeführt.

Zum Schlusse sei noch erwähnt, daß man versucht hat, Lichtmaschinen zu bauen, die ohne jeden Regler, lediglich durch die Anordnung von Magnetfeldern und Ankerwicklungen bei veränderlicher Drehzahl gleichbleibende Spannung erzeugen. Wenn diese Maschinen auch infolge ihrer teueren Bauweise keine größere Verbreitung gefunden haben, so soll doch der Vollständigkeit halber ihr sinnreicher Aufbau kurz skizziert werden. Er beruht auf folgender Überlegung:*)

Die Klemmenspannung an der Nebenschlußmaschine ist proportional der Drehzahl und dem Erregerfluß. Sie kann also gleich gehalten werden, wenn der Erregerfluß sich umgekehrt proportional zur Drehzahl verändert. Dazu müßte die Abhängigkeit des Kraftflusses von

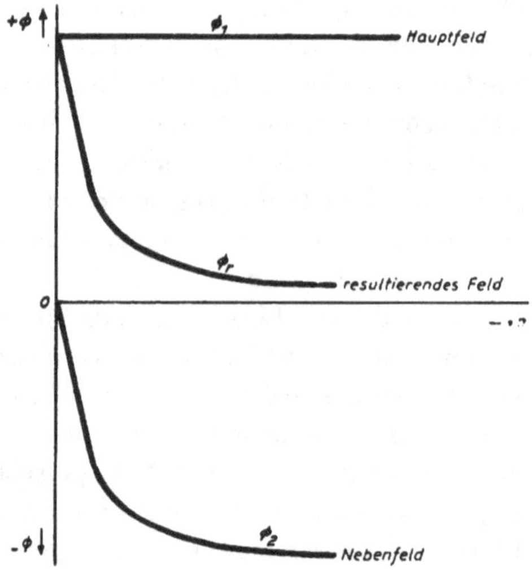

Bild 253. Erzeugung eines der Drehzahl umgekehrt proportionalen Feldes zur Spannungsregelung in einer Maschine nach Bild 254

der Drehzahl möglichst durch eine gleichseitige Hyperbel dargestellt werden. Bei der vorliegenden Maschine wird ein solcher Kraftfluß nach Bild 253 erzeugt durch das Zusammenwirken eines annähernd gleichbleibenden Hauptkraftflusses Φ_1 und eines umgekehrt gerichteten, mit der Drehzahl veränderlichen Nebenkraftflusses Φ_2. Dabei sind die magnetischen Verhältnisse des Erregerfeldes so zu wählen, daß der Hauptfluß Φ_1 mit der Drehzahl konstant bleibt, der dagegen wirkende Nebenfluß Φ_2 aber infolge Sättigung seines Eisenwegs nicht linear mit der Drehzahl, sondern nach einer Magnetisierungslinie verläuft. Dann entsteht ein resultierender Fluß Φ_r, dessen Abhängigkeit von der Drehzahl ungefähr die Hyperbelform aufweist.

*) D. R. P. 302212.

Die Bauart der Maschine ist folgende: Ein Anker mit 2 Wicklungen bewegt sich in den beiden verschiedenen Feldern. Auf die Hauptankerwicklung wirken die Kraftlinien beider Felder, d. h. das der Drehzahl umgekehrt proportionale resultierende Feld Φ_r, und erzeugen in ihr die mit veränderlicher Drehzahl gleichbleibende Netzspannung. An diese konstante Spannung wird die Erregerwicklung des auf diese Weise gleichbleibenden Hauptfeldes Φ_1 angeschlossen. Die Hilfsankerwicklung dreht sich dagegen nur im konstanten Hauptfeld und liefert so die zur Erregung des Nebenfeldes nötige, der Drehzahl proportionale Spannung. Das Nebenfeld verläuft auf diese Weise nach der Magneti-

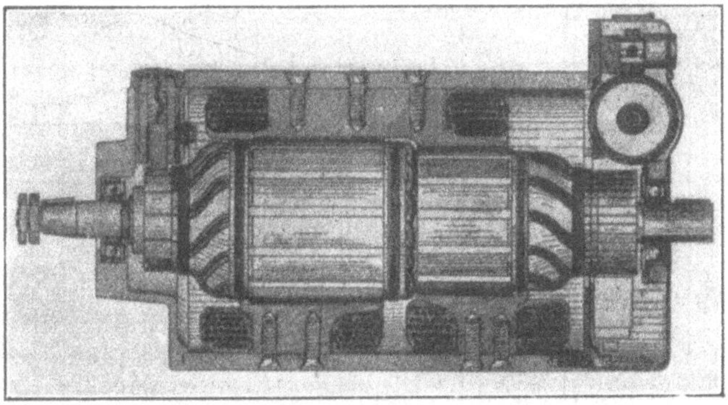

Bild 254. Lichtmaschine mit Spannungsregelung durch Anker- und Feldhilfswicklung nach Bild 253

sierungslinie Φ_2, wirkt dem Hauptfeld Φ_1 entgegen und ergibt so die gesuchte Form des resultierenden Feldes.

In den Bildern 254 und 255*) bringen wir den Schnitt durch eine Maschine dieser Art sowie einige Schaulinien über ihr elektrisches Verhalten. Bild 255 zeigt, daß die Spannung bei beträchtlichen Drehzahländerungen in engen Grenzen gleich bleibt und daher mit und ohne Batterie die Beleuchtung des Wagens gesichert ist. Die Höchstleistung der Maschine liegt im Bereich der häufigsten Fahrgeschwindigkeiten, so daß eine ausreichende Aufladung der Batterie auch bei starker Inanspruchnahme gewährleistet wird. Als Nachteil muß der aus der Schnittzeichnung ersichtliche verwickelte Bau der Maschine genannt werden: 2 Magnetkreise, 2 Feldwicklungen, 2 Ankerwicklungen und 2 Kollektoren machen die Herstellung der Maschine teuer. Die

*) Bild 254 aus „Das Auto" vom 15. 9. 21, Nr. 18, Seite 638, Bild 255 aus „Automobilwelt-Flugwelt" vom 23. 9. 23, Nr. 38, Seite 5.

Betriebssicherheit der Maschine übertrifft infolge ihres verwickelten Aufbaus die anderer Systeme nicht.

Der Gedanke, lediglich durch Anordnung eigenartiger Erregersysteme eine Spannungsregelung zu erzielen, hat auch in der Charlet-Maschine*) eine besondere Lösung gefunden. Diese Maschine ist aus der Rosenberg'schen Querfeldmaschine hervorgegangen, hat aber im Kraftfahrzeugbetrieb mit Rücksicht auf Preis und Raum keinen Eingang gefunden.

Eine andere Lösung der Aufgabe, die Spannung ohne Anwendung eines besonderen Schnellreglers gleich zu halten, ist bei der Maschine

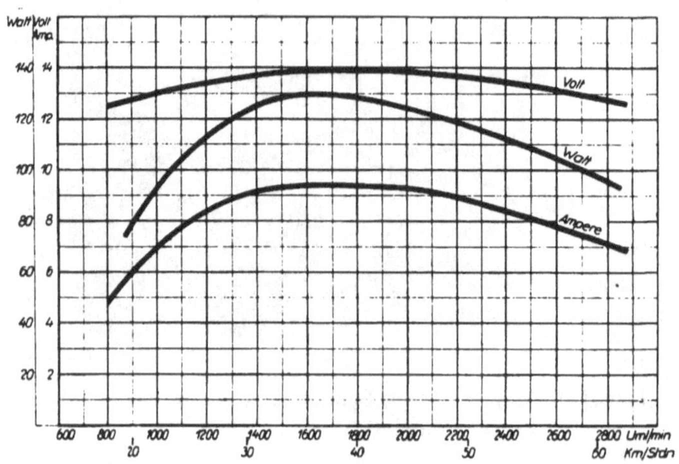

Bild 255. Spannung, Strom und Leistung einer Maschine nach Bild 254 in Abhängigkeit von der Drehzahl

nach Bild 256**) versucht worden. Die an sich normale Nebenschlußmaschine erhält einen magnetischen Nebenschluß zum Anker. Mit zunehmendem Erregerfeld, also zunehmender Maschinenspannung, nähert sich das eiserne Nebenschlußstück B den Feldpolen und führt einen entsprechenden, zunehmenden Teil des Erregerfeldes durch den Streuweg. Das den Anker durchsetzende Feld geht infolgedessen zurück und ein unzulässiger Anstieg der Spannung wird verhindert.

Der Schnellregler ist bisher die einzige brauchbare Lösung für die Regelung der Lichtmaschine auf konstante oder nachgiebige Spannung geblieben.

*) Charlet-Maschine beschrieben in ETZ 1923, Heft 20, Seite 453.

**) The Automobile, Band 28, Nr. 6, vom 6. 2. 13, Seite 424.

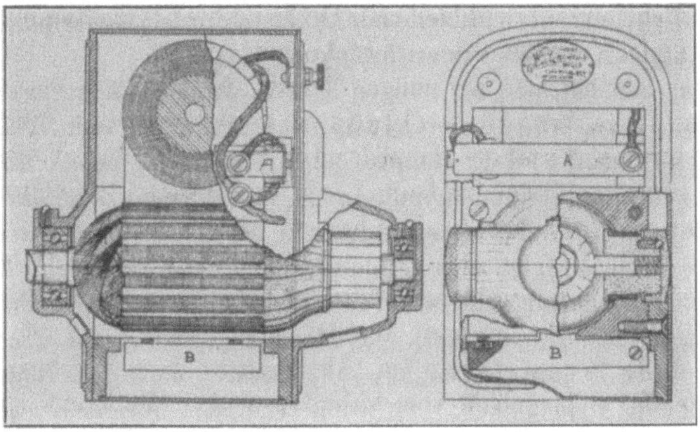

Bild 256. Lichtmaschine mit Regelung durch magnetischen Nebenschluß zum Anker
A selbsttätiger Schalter, *B* magnetischer Nebenschluß

2. Stromregelung

Der Schnellregler erfordert in Entwurf und Herstellung eine gewisse Sorgfalt. Man hat daher frühzeitig versucht, eine einfachere und billigere Lösung für die Regelung der Lichtmaschine zu finden. Dabei mußte man allerdings auf die vorzügliche Anpassung an die Betriebsverhältnisse des Kraftfahrzeugs, wie sie die mit Schnellregler ausgestattete Lichtmaschine besitzt, verzichten. Eine Regelung auf Spannung war dabei nicht möglich, vielmehr wurde der Batterie die Aufgabe zugewiesen, die Netzspannung in gewissen Grenzen zu halten, und durch Regelung des von der Maschine abgegebenen Stromes lediglich noch annehmbare Ladebedingungen für die Batterie geschaffen.

Auch diese Regelung beruht auf der Veränderung des Erregerflusses. Dieser wird jedoch nicht von der Maschinenspannung, sondern von dem von der Maschine abgegebenen Strom beeinflußt.

Zu dieser Art der Regelung gehört in erster Linie die Anordnung besonderer vom Maschinenstrom durchflossener Wicklungen auf den Erregerpolen. Die übliche Doppelschlußwicklung, bei der das Feld durch eine mit der Nebenschlußwicklung gleichsinnig wirkende Hauptstromwicklung entsprechend der Zunahme des der Maschine entnommenen Stromes verstärkt wird, kommt für die Regelung bei Drehzahlschwankungen nicht in Frage, denn sie würde sogar eine Verstärkung des Einflusses dieser Schwankungen herbeiführen. Man hat diese Wicklungsart aber zum Beispiel als Ergänzung zu der besprochenen Regelung auf gleichbleibende Drehzahl durch Schleifkupplungen zum Ausgleich der Belastungsschwankungen benutzt.

Dagegen hat man bei einigen älteren, ausländischen Maschinen die Hauptstromgegenwicklung mit Erfolg angewandt (Bild 257). Bei dieser Bauart wird der Hauptstrom in einer der Nebenschlußwicklung L_2 entgegenwirkenden Spule L_7 um die Feldmagnete geführt. Infolgedessen wird das Feld geschwächt, wenn der von der Maschine abgegebene Strom ansteigt, also z. B. auch dann, wenn die Drehzahl bei gegebenem Belastungswiderstand zunimmt. Der Strom kann nicht über eine gewisse Stärke wachsen, die Maschine arbeitet auf gleichbleibende Stromstärke hin. Allerdings ist diese Regelung, wie die aller in Abhängigkeit vom Strom regelnden Maschinen, an die dauernde Entnahme gewisser Stromstärken gebunden. Kann die vorgesehene Stromstärke unter der Normalspannung nicht abgegeben

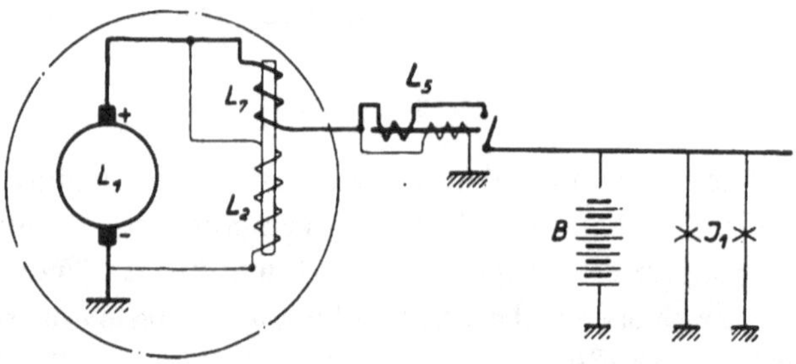

Bild 257. Schaltbild einer Lichtmaschine mit Regelung durch Hauptstromgegenwicklung

werden, etwa bei abgeschalteter Batterie, so steigt die Spannung mit wachsender Drehzahl unter Umständen über den zulässigen Wert; ein Betrieb ohne Batterie ist also nicht möglich.

Außerdem wird bei diesen auf konstanten Strom regelnden Anlagen die Batterie ohne Rücksicht auf ihren Ladezustand bei abgeschalteten Stromverbrauchern mit hohem Strom geladen, der zu starker, schädlicher Überladung der Batterie führen kann. Dieser Übelstand kann nicht durch eine allgemeine Herabsetzung des Lichtmaschinenstromes gemildert werden, denn die Maschine muß bei eingeschalteten Stromverbrauchern außer dem zur Speisung der Stromverbraucher (Lampen, Horn usw.) nötigen Strom auch noch einen gewissen, wenn auch kleinen Ladestrom aufbringen können. Man hat aber mehrfach dadurch Abhilfe zu schaffen gesucht, daß man Maschinen mit zwei Leistungsstufen baute.

Bei der eben besprochenen Maschine mit Hauptstromgegenwicklung legte man z. B. zu dieser Gegenwicklung einen Eisendrahtwiderstand parallel. Dieser Nebenschluß blieb geöffnet, solange keine Scheinwerfer eingeschaltet waren (Bild 258). Der in voller Stärke durch die Gegenwicklung fließende Hauptstrom bewirkte dann eine der Aufnahmefähigkeit der Batterie Rechnung tragende Herabsetzung der Maschinenleistung. Wurde mit den Scheinwerfern der Nebenschluß eingeschaltet, so wurde der durch die Gegenwicklung fließende Strom zunächst stark vermindert und die Leistung der Maschine dem Mehrverbrauch entsprechend erhöht, denn der Nebenschlußwiderstand war in kaltem Zustande erheblich kleiner als der Widerstand der Hauptstromwicklung. Die gute Regelfähigkeit der Maschine durch die Wirkung der Gegenwicklung blieb trotz des Nebenschlusses erhalten, weil der Eisen-

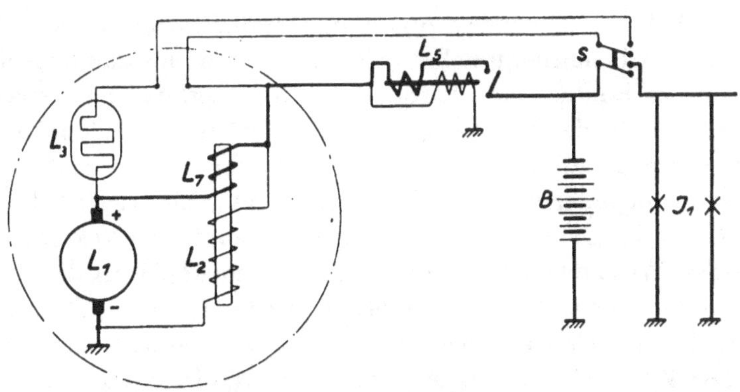

Bild 258. Schaltbild einer Lichtmaschine mit Regelung durch Hauptstromgegenwicklung und dazu parallel geschalteten Eisendrahtwiderstand L_3

widerstand die besondere Eigenschaft hat, nach Erreichen einer bestimmten Temperatur seinen Widerstand in steilem Anstieg beträchtlich zu erhöhen. Wurde durch Anwachsen des von der Maschine gelieferten Stromes der Nebenschlußwiderstand bis an den kritischen Punkt erwärmt, so wuchs der auf die Gegenwicklung entfallende Strom und mit ihm deren Wirkung. Es wurde daher auch bei eingeschaltetem Eisendrahtwiderstand auf der höheren Stromstufe eine gute Regelung erreicht. Die Nebenschlußfeldwicklung dieser Maschine wurde übrigens zumeist nicht unmittelbar an die Bürsten der Maschine, sondern so angeschlossen, daß sie stets an der nur in geringen Grenzen schwankenden Batteriespannung und nicht an der unter Umständen (gestörte Leitungen!) beträchtlich steigenden Bürstenspannung lag. Eine größere praktische Bedeutung hat diese Bauart ebenso wie die Maschine mit einfacher Gegenwicklung nicht erreichen können, vor allem wohl deshalb, weil die Gegenwicklung und der Eisendrahtwiderstand Größe, Gewicht und Preis der Maschine ungünstig beeinflussen.

Dagegen hat sich die **Stromregelung durch „dritte Bürste"**, die wahrscheinlich zuerst von Edison angegeben wurde, in die Praxis eingeführt. Sie ist trotz der Nachteile, die allen stromregelnden Systemen anhaften, zu großer Bedeutung gelangt und beherrscht in A m e r i k a fast ausschließlich das Feld. Wir wollen im folgenden ihre Wirkungsweise eingehend besprechen.

Bei der unbelasteten normalen Nebenschlußmaschine verläuft das von der Erregerwicklung erzeugte Hauptfeld nach den ausgezogenen Linien des Bildes 175. Wird dem Anker Strom entnommen, so sucht sich außerdem quer zum Hauptfeld ein Ankerfeld auszubilden, dessen Verlauf bei rechtslaufendem Anker in dem Bild durch die gestrichelt gezeichneten Linien dargestellt ist. Es ergibt sich daraus, daß das Ankerfeld an der Kante A des Nordpoles dem Hauptfeld entgegenwirkt, während es an der Kante B gleichsinnig verläuft. Am Südpol erhält man entsprechend an der Kante A_1 eine schwächende und an der Kante B_1 eine unterstützende Wirkung des Ankerfeldes auf das Hauptfeld. Unter der gleichzeitigen Wirkung von Haupt- und Ankerfeld bildet sich in Wirklichkeit ein einziges, resultierendes Feld aus, das gegenüber dem ursprünglichen Hauptfeld in der Drehrichtung des Ankers verschoben ist. Dadurch entsteht ein Kraftlinienbild nach Bild 176.

Die V e r t e i l u n g d e r m a g n e t i s c h e n F l ü s s e a m A n k e r u m f a n g u n d d e r e l e k t r i s c h e n S p a n n u n g e n a m K o l l e k t o r u m f a n g ist in Bild 259 dargestellt. Wir haben hier im oberen Teilbild die auch den Bildern 175 und 176 zugrunde gelegte zweipolige Maschine aufgeschnitten und abgerollt. In unbelastetem Zustande ergibt sich dann eine Feldverteilung nach Linie F_0 des mittleren Teilbildes. Wird die Maschine belastet, so sucht sich außerdem ein Ankerquerfeld auszubilden, dessen Größe für eine bestimmte Last etwa nach Linie Q verlaufen mag. In Wirklichkeit entsteht ein resultierendes Feld nach Linie F_1, die deutlich die Merkmale des verzerrten Feldes zeigt. Wie leicht zu überblicken ist, ergibt sich ein um so steilerer Verlauf der Linie Q, je größer der Belastungsstrom ist, und damit eine um so stärkere Verzerrung des resultierenden Feldes.

Mit der Feldverzerrung geht natürlich auch eine Änderung der Spannungsverteilung am Kollektor vor sich, die im unteren Teilbild durch drei Potentiallinien dargestellt ist. Derartige Schaulinien werden dadurch aufgenommen, daß man für verschiedene Stellungen einer

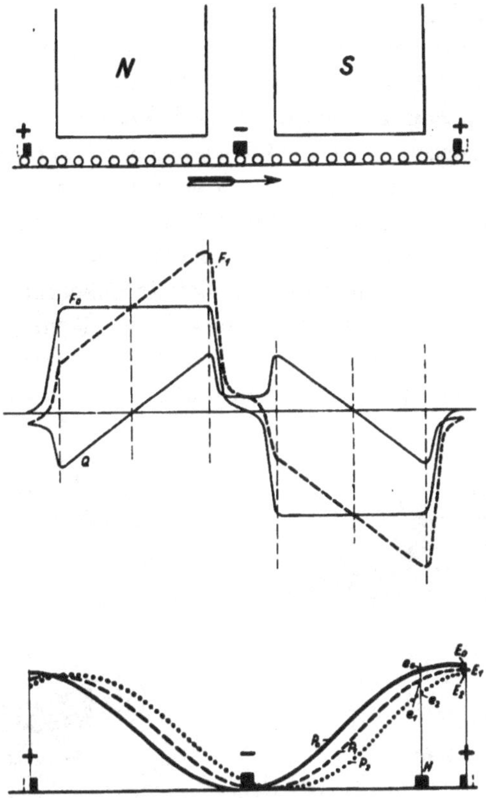

Bild 259. Erläuterung der Arbeitsweise einer Dreibürstenmaschine
Oberes Bild: Schema einer aufgeschnittenen und abgerollten zweipoligen Maschine
Mittleres Bild: Ausbildung der verschiedenen Felder; F_0 = Erregerfeld, Q = Ankerquerfeld, F_1 = resultierendes Feld
Unteres Bild: Potentialkurven am Kollektor, P_0 für Leerlauf, P_1 und P_2 für zwei verschiedene Belastungen. H = dritte (Hilfs-)Bürste

auf dem Kollektor verstellbaren Hilfsbürste die Spannung zwischen dieser Hilfsbürste und beispielsweise der negativen Bürste mißt. P_0 zeigt den Potentialverlauf für die leerlaufende Maschine und entspricht der Feldlinie F_0. Der verzerrten Feldlinie F_1 entspricht die verschobene Potentiallinie P_1 und schließlich ist für eine weitere, im mittleren Bild aus Gründen der Übersichtlichkeit nicht mehr eingezeichnete stärkere Feldverzerrung noch die Potentiallinie P_2 angegeben.

Aus dieser in Abhängigkeit vom Ankerstrom erfolgenden Feldverzerrung und der dadurch entstehenden Verschiebung der Spannungsverteilung am Kollektor erwächst die Möglichkeit der „Regelung durch dritte Bürste". Setzt man nämlich zwischen den beiden Hauptbürsten noch die Hilfsbürste H auf den Kollektor (siehe unteres Teilbild) und schließt die Feldwicklung zwischen negativer Bürste und Hilfsbürste an, so steht bei Leerlauf der Maschine die Feldwicklung unter der Spannung e_0. Verschiebt sich jetzt bei Belastung der Maschine mit der Feldverzerrung die Potentialkurve am Kollektor, so sinkt die Spannung zwischen negativer und dritter Bürste, in dem hier gezeichneten Beispiel auf die Werte e_1 bzw. e_2. Damit fällt natürlich auch der Erregerstrom und die Stärke des Erregerfeldes, so daß ein unbegrenztes Anwachsen des Ankerstromes verhindert wird und sich von einem gewissen Punkte ab ein Gleichgewichtszustand einstellt. Streng genommen bleibt für die Dreibürstenschaltung das Bild nicht gültig, denn wir können die Feld-

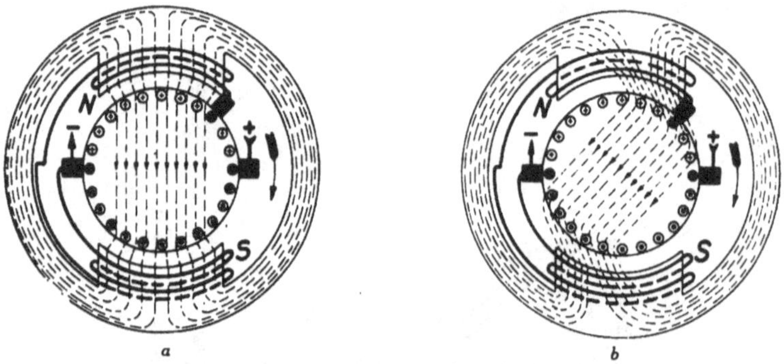

Bild 260. Schematische Darstellung der Dreibürstenmaschine

linie F_1 dann nicht mehr aus der Leerlauflinie F_0 und der Querfeldlinie Q zusammensetzen, sondern müssen statt F_0 eine niedriger liegende Schaulinie entsprechend der geringeren Erregerspannung e_1 annehmen. Dadurch ergibt sich aber nur eine Verkleinerung der Ordinaten von F_1, die den Charakter der Kurve nicht ändert. Eine schematische Darstellung des Aufbaues und der Wirkungsweise der Dreibürstenmaschine ist noch besonders in den Bildern 260a und b gegeben. In Bild 260b ist der Verlauf der Kraftlinien rein schematisch aufzufassen; in Wirklichkeit verlaufen die Kraftlinien im Luftspalt natürlich anders. (Vgl. Bild 176.)

Um den Einfluß der Feldverzerrung auf die Spannungsverteilung am Umfang des Kollektors zu zeigen, werde eine zweipolige Maschine von einer fremden Stromquelle gleichbleibend erregt und an die Hauptbürsten eine 6-Volt-Batterie gelegt. Die Hilfsbürste dient dann nur dazu, die Spannung gegenüber der Hauptbürste messen zu können. Die Veränderung dieser Spannung mit zunehmender Belastung geht aus der Schaulinie b in Bild 261*) hervor. Sie sinkt auf etwa $^1/_6$ ihres größten Wertes.

Die Wirkungsweise der Dreibürstenmaschine ermöglicht eine Einstellung der Leistung der Maschine durch einfaches Verdrehen der dritten Bürste, und zwar eine Steigerung oder Verminderung, je nachdem die dritte Bürste in der Drehrichtung, d. h. nach der Seite des Flußmaximums oder entgegengesetzt verschoben wird. Diese Einstellung ist aber ziemlich empfindlich, hauptsächlich bei großer Polzahl, bei der eine kleine räumliche Bürstenverschiebung schon einen großen Betrag in der abgegriffenen Spannung ausmacht. Ungenauigkeit kann

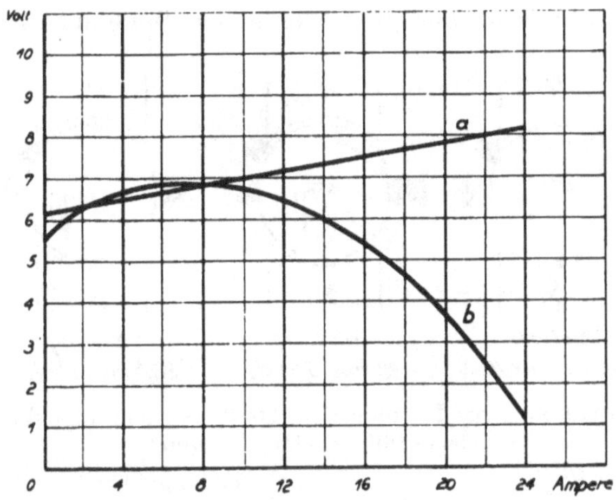

Bild 261. Einfluß der Ankerstromstärke auf die Spannung zwischen Hauptbürste und dritter Bürste

a Spannung zwischen den Hauptbürsten, *b* Spannung zwischen einer Haupt- und der dritten Bürste. Die Maschine wird gleichbleibend fremd erregt, an den Hauptbürsten liegt eine 6-Volt-Batterie

leicht zu Überlastung der Maschine führen. Eine Veränderung der Leistung kann außer durch Verdrehen der dritten Bürste auch durch Verdrehen der Hauptbürsten herbeigeführt werden. Darauf macht Knowles in einem Aufsatz „Die Regelung von Lichtmaschinen durch dritte Bürste"**) aufmerksam. Eine solche unbeabsichtigte Verdrehung kann z. B. durch schlechtes Aufliegen der Bürsten, etwa nach dem

*) J. F. Fitzsimmons, The Theory and Practice of Regulating the Generator Output, Automotive Industries, Bd. XLII, Nr. 24, vom 10. 6. 20. S. 1358.

**) T. R. Knowles, The Third Brush Regulation in Automobile Generators, Automotive Industries, Bd. XLII, Nr. 24, vom 10. 6. 20, S. 1300.

Einsetzen neuer Bürsten entstehen. Das Querfeld steht nur dann auf dem Hauptfeld senkrecht, wenn die Hauptbürsten genau in der neutralen Zone stehen. Liegt nun nach Bild 262 bei den Bürsten nur die ablaufende Kante auf, so kommt das einer Verdrehung gleich und eine Komponente des Querfeldes a wirkt dem Hauptfeld entgegen. Dadurch verringert sich nach dem von Knowles gewählten Beispiel die Leistung von 18 A bei 7,5 V, wie sie nach dem mittleren Bilde bei richtiger Bürstenstellung erreicht wird, auf 15 A bei gleicher Spannung. Liegen die auflaufenden Kanten der Bürsten auf, so tritt die entgegengesetzte Wirkung ein. Das Querfeld unterstützt mit einer Komponente das Feld F und die Leistung steigt auf 22 A bei 7,5 V. Es sind daher bei etwaigem Bürstenersatz nur gut eingeschliffene Bürsten zu verwenden.

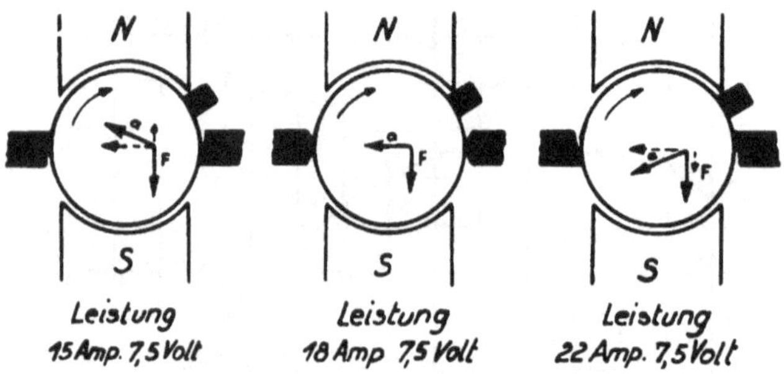

Bild 262. Veränderung der Leistung einer Dreibürstenmaschine durch schlecht eingeschliffene Hauptbürsten

Über die Theorie der Dreibürstenmaschine liegen zwei Arbeiten von Iglésis und Bethenod*) vor. Iglésis hat in seiner Arbeit die Wirkungsweise der Maschine in Abhängigkeit von dem Winkel der Feldverschiebung bei verschiedener Stromabgabe und verschiedener Drehzahl dargestellt. Bethenod hat eine andere Darstellung gewählt, die die Verhältnisse klarer erkennen läßt, und kommt auf einen Ausdruck, der die Abhängigkeit des von der Maschine gelieferten Stromes von verschiedenen Veränderlichen, vor allem von der Winkelgeschwindigkeit des Ankers angibt. Wir geben im folgenden an Hand von Bild 263 diese Ableitungen in etwas vereinfachter, übersichtlicherer Form.**) Dabei wählen wir die folgenden Bezeichnungen:

*) Iglésis, Dynamos à trois balais, Bulletin de la Société française des électriciens. Bd. I (4. Serie), Nr. 2, Febr. 1921, S. 31.

Bethenod, im gleichen Bulletin, Bd. II (4. Serie), Nr. 14, April 1922, S. 175, Auszug davon in The Electrician Nr. 2340 vom 23. 3. 23, S. 309.

**) Bearbeitet von E. Klaiber und Fr. Trautmann.

E = elektromotorische Kraft der Batterie,
J = Gesamtstrom der Lichtmaschine,
J_1 = Teilstrom durch den Belastungszweig R_1,
J_2 = Teilstrom durch die Batterie,
R_1 = Widerstand des Belastungszweigs (Stromverbraucher),
R_2 = Widerstand des Batteriezweigs,
$B = \frac{1}{R_1}$ = Leitfähigkeit des Belastungszweigs R_1,
i = Erregerstrom,
r = Erregerwiderstand,
n = Drehzahl der Lichtmaschine.

Wir machen die Voraussetzung, daß das vom magnetischen Fluß durchsetzte Eisen der Maschine wenig gesättigt, der Kraftfluß also proportional dem Erregerstrom ist. Das ist insbesondere deshalb zulässig,

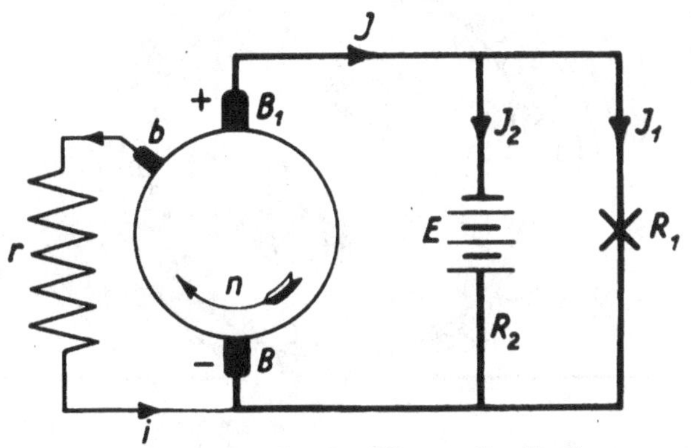

Bild 263. Schaltbild zur Ableitung der Theorie der Dreibürstenmaschine

weil der Erregerstrom mit wachsender Drehzahl abnimmt. Dann ist die von der Lichtmaschine erzeugte elektromotorische Kraft an den in der neutralen Zone stehenden Hauptbürsten B_1B proportional $n \cdot i$, d. h.

$$\text{EMK } B_1B = k_1 n i.$$

Das Verhältnis der zwischen den Hauptbürsten B_1B auftretenden elektromotorischen Kraft zu der zwischen der Hilfsbürste b und der Hauptbürste B wirkenden elektromotorischen Kraft wird bestimmt durch die Bürstenverschiebung. Wir setzen für die Rechnung

$$\frac{\text{EMK } B_1B}{\text{EMK } b\,B} = V = \text{Maß für die Bürstenverschiebung.}$$

Um den Einfluß des Ankerstromes zu zeigen, kann der folgende Versuch vorgenommen werden:

Man sendet nach Bild 264 bei abgeschalteter Erregerwicklung von einer fremden Stromquelle aus durch den Anker einer Lichtmaschine einen Strom J in der Richtung ihres normalen Belastungsstromes, dessen Verlauf in den einzelnen Ankerdrähten durch Kreuz und Punkt in dem jeweils durch einen Kreis angedeuteten Drahtquerschnitt dargestellt ist. Es entsteht dann in bekannter Weise ein Ankerfeld. Drehen wir den Anker mit der Drehzahl n in der Drehrichtung der Lichtmaschine, so werden durch das Ankerfeld in den Ankerdrähten elektromotorische Kräfte induziert, deren Richtung für die einzelnen Ankerdrähte durch Kreuz und Punkt neben den betreffenden Drähten angedeutet ist. Zwischen den Bürsten $B_1 B$ ist jedoch, abgesehen von dem Ohmschen Spannungsabfall im Anker, keine Spannung zu messen, da sich die in

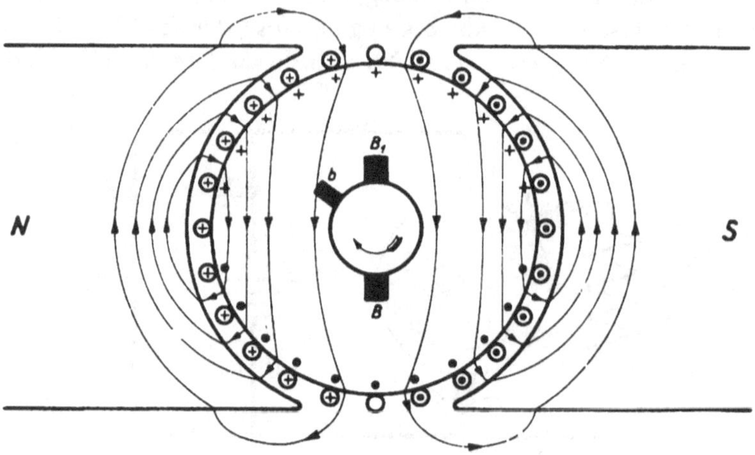

Bild 264. Die durch das Ankerfeld in den Ankerdrähten induzierten elektromotorischen Kräfte

den zwischen diesen Bürsten laufenden Drähten entstehenden elektromotorischen Kräfte aufheben. Erst wenn die Bürsten verschoben werden oder wenn eine Hilfsbürste b von B_1 auf dem Kollektor fortbewegt wird, ist eine Spannung zwischen den Bürsten mit einem Voltmeter meßbar. Steht also die Hilfsbürste bei B oder B_1, so ist die Spannung $bB = 0$; dazwischen erreicht sie ein Maximum.

Wir betrachten nun noch an Hand von Bild 265 den Fall, daß das Hauptfeld allein wirkt, in den Ankerdrähten also kein Strom fließt. Hier werden in allen zwischen den Bürsten bB liegenden Ankerdrähten durch das Hauptfeld nach rückwärts gerichtete elektromotorische Kräfte induziert, während in Bild 264 die Richtung der durch das Ankerfeld in diesen Drähten induzierten elektromotorischen Kräfte nicht in allen Drähten dieselbe ist. Es überwiegt vielmehr die Zahl der Drähte, in denen die elektromotorischen Kräfte nach vorn gerichtet sind. Die nach Bild 264 gemessene Spannung b B hat daher gegenüber der Spannung b B nach Bild 265 eine entgegengesetzte Richtung. Dies kommt in der folgenden rechnerischen Behandlung durch ein negatives Vorzeichen zum Ausdruck.

Die vom Ankerfeld erzeugte elektromotorische Kraft b B ist außer von der Verschiebung der Bürste b vom Ankerstrom J und von der Drehzahl n abhängig und daher auszudrücken durch

$$EMK_J = k_2\, n\, J.$$

Dabei ist zu beachten, daß k_2 im Gegensatz zu k_1 von der Bürstenverschiebung abhängig ist.

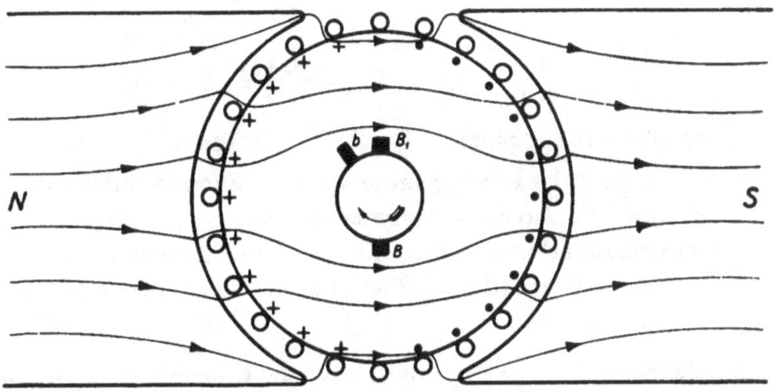

Bild 265. Die durch das Erregerfeld in den Ankerdrähten induzierten elektromotorischen Kräfte

In unserer Rechnung vernachlässigen wir den Widerstand der Ankerwicklung zwischen den Bürsten b und B gegenüber dem Widerstand r der Erregerwicklung und außerdem den Ohmschen Spannungsverlust im Anker gegen die vom Anker erzeugte EMK $B_1B = k_1\, n\, i$, betrachten also den Anker als widerstandslos.

Unter diesen Voraussetzungen wird nach Bild 263:

$$R_1 J_1 = k_1\, n\, i \qquad (1)$$

$$r\, i = \frac{k_1 n\, i}{V} - k_2 n\, J \qquad (2)$$

$$R_1 J_1 = R_2 J_2 + E \qquad (3)$$

$$J_2 = J - J_1 \qquad (4)$$

Wir setzen nach (4) den Wert von J_2 in (3) ein:

$$R_1 J_1 + R_2 J_1 = R_2 J + E$$

oder

$$R_1 J_1 \left(1 + \frac{R_2}{R_1}\right) = R_2 J + E$$

$$R_1 J_1 (1 + R_2 B) = R_2 J + E$$

$$R_1 J_1 = \frac{R_2}{1 + R_2 B} \cdot J + \frac{1}{1 + R_2 B} \cdot E = k_1 n \cdot i. \qquad (5)$$

Aus (2) folgt: $$i = \frac{k_2 n V J}{k_1 n - r V}.$$

Dieser Ausdruck wird in (5) eingesetzt:

$$\frac{R_2}{1 + R_2 B} \cdot J + \frac{1}{1 + R_2 B} \cdot E = \frac{k_1 k_2 n^2 V}{k_1 n - r V} \cdot J$$

$$J \left(\frac{k_1 k_2 n^2 V}{k_1 n - r V} - \frac{R_2}{1 + R_2 B} \right) = \frac{1}{1 + R_2 B} E$$

$$J = \frac{E}{\dfrac{k_1 k_2 n^2 V}{k_1 n - r V} + R_2 \left(B \dfrac{k_1 k_2 n^2 V}{k_1 n - r V} - 1 \right)}. \qquad (6)$$

Diese Gleichung besagt:

1. Der Strom J der Lichtmaschine steigt mit zunehmender Batteriespannung E, also mit zunehmender Ladung der Batterie.
2. Der Strom J der Lichtmaschine sinkt mit zunehmender Belastung B.
3. Der Strom J der Lichtmaschine sinkt mit zunehmender Bürstenverschiebung V.
4. Solange $B < \frac{k_1 n - r V}{k_1 k_2 n^2 V}$ und damit die Klammer in (6) negativ bleibt, steigt der Strom J der Lichtmaschine mit zunehmendem Widerstand R_2 im Batteriekreis und kann bei hohen Werten von R_2 (schlechter Kontakt im Batteriekreis) außerordentlich hohe Werte annehmen. Rechnerisch ergibt sich aus Gleichung (6) $J = \infty$ für den endlichen Wert

$$R_2 = \frac{k_1 k_2 n^2 V}{k_1 n - r V - k_1 k_2 n^2 V B}$$

oder $$\frac{1}{R_2} = \frac{k_1 n - r V}{k_1 k_2 n^2 V} - B,$$

doch ist für hohe Werte von J unsere Rechnung nicht mehr zulässig, weil die zu Anfang gemachten Voraussetzungen hinsichtlich Eisensättigung dann nicht mehr gelten.

5. Für $B = \frac{k_1 n - r V}{k_1 k_2 n^2 V}$ wird

$$J = \frac{E}{\dfrac{k_1 k_2 n^2 V}{k_1 n - r V}} = E \cdot B = \frac{E}{R_1} = J_1,$$

d. h. von R_2 unabhängig. Wie die Gleichung zeigt, kann dabei der Belastungszweig allein den Lichtmaschinenstrom unter der durch die Batterie gegebenen Spannung aufnehmen. Der Batteriezweig ist stromlos, und damit spielt sein Widerstand natürlich keine Rolle mehr (S. a. Folgerung 8).

6. Für $B > \frac{k_1 n - r V}{k_1 k_2 n^2 V}$, d. h. beim Einschalten großer Stromverbraucher, sinkt J mit wachsendem R_2.

Wir betrachten weiter nach Gleichung (6) die Veränderung von J mit wechselnder Drehzahl n:

$n = 0$: $J = -\frac{E}{R_2}$, d. h. es fließt bei stillstehender Maschine und vernachlässigtem Maschinenwiderstand ein der Batteriespannung und dem Widerstand im Batteriekreis entsprechender Rückstrom, der sogenannte Kurzschlußstrom, von der Batterie durch die Maschine.

Ein weiterer beachtenswerter Punkt der Stromkurve ist der Punkt, an dem $J = 0$ wird. Das tritt ein für

$$k_1 n_0 - r V = 0$$

oder

$$n_0 = \frac{r V}{k_1}.$$

Schließlich wird für $n = \infty$

$$J = 0.$$

Wir müssen danach annehmen, daß J zwischen $n = n_0$ und $n = \infty$ einen positiven Höchstwert erreicht. Um diesen zu ermitteln, setzen wir in bekannter Weise den Differentialquotienten $\frac{dJ}{dn} = 0$ und erhalten

$$\frac{dJ}{dn} = E k_1 k_2 V \frac{n(k_1 n - 2 r V)}{[k_1 k_2 n^2 V - R_2 (k_1 n - r V)]^2} = 0,$$

das heißt

$$n(k_1 n - 2 r V) = 0.$$

$$1.\ n = 0$$

$$2.\ n = \frac{2 r V}{k_1}.$$

Wie die Nachprüfung zeigt, ergibt sich für $n = 0$ ein Minimum. Ein Weiterverfolgen der theoretischen Stromkurve nach dieser Seite bietet aber für uns nichts Interessantes, da negative Drehzahlen für uns keinen Sinn haben. Für $n = \frac{2 r V}{k_1}$ ergibt sich ein Maximum

$$J_M = \frac{E}{\frac{4 k_2 r V^2}{k_1} + R_2 \left(B \frac{4 k_2 r V^2}{k_1} - 1\right)}.$$

Wir kommen damit zu der Folgerung:

7. Der Strom J der Lichtmaschine steigt mit wachsender Drehzahl von dem (negativen) Kurzschlußstrom $J_{n=0} = -\frac{E}{R_2}$ über den Wert $J_{n=n_0} = 0$ für $n_0 = \frac{rV}{k_1}$ zu dem oben angegebenen Maximum für $n_M = \frac{2rV}{k_1}$ und nähert sich dann wieder dem Werte $J_{n=\infty} = 0$. Bei den vorliegenden Vernachlässigungen wird also das Maximum bei der doppelten „Einschaltdrehzahl" ($2n_0$) erreicht. Tatsächlich liegt es jedoch zumeist bei höherer Drehzahl, und zwar ungefähr bei $n_M = 2n_0$ bis $3n_0$.

Unsere bisherigen Folgerungen legen nahe, den Widerstand R_2 im Batteriekreis möglichst klein zu halten. Wir machen daher für unsere weiteren Betrachtungen die

Vernachlässigung $R_2 = 0$.

Dann wird nach Gleichung (6)

$$J_{(R_2=0)} = E \cdot \frac{k_1 n - rV}{k_1 k_2 n^2 V}, \tag{6a}$$

ferner nach Gleichung (3)

$$J_1^{(R_2=0)} = \frac{E}{R_1} = E \cdot B$$

und damit nach Gleichung (4)

$$J_{(R_2=0)} - J_1^{(R_2=0)} = J_2^{(R_2=0)} = E\left(\frac{k_1 n - rV}{k_1 k_2 n^2 V} - B\right). \tag{6b}$$

Wir kommen dadurch zu den Folgerungen

8. Der Gesamtstrom der Lichtmaschine ist bei geringem Widerstand des Batteriekreises nahezu unabhängig von der Belastung B der Maschine durch Stromverbraucher. Werden solche eingeschaltet, so wird der von ihnen aufgenommene Strom $J_1 = E \cdot B$ im wesentlichen dem Batterieladestrom J_2 entzogen. Je größer die Belastung, desto geringer die Batterieladung (S. a. Folgerung 5).
9. Sowohl bei genügend geringer als auch bei genügend hoher Drehzahl der Maschine kann in Gleichung (6b) der Wert B größer werden als der Bruch. Es wird also J_2 negativ, d. h. der Batterie wird Strom entnommen.

Zu beachten ist endlich noch die oben aufgestellte Gleichung (3)

$$R_1 J_1 = R_2 J_2 + E.$$

Aus ihr folgt

10. Die Spannung an den Stromabnehmern (Glühlampen) ist abhängig von der Batteriespannung und vom Widerstand im

Batterieladekreis. Wird die Batterie aufgeladen (J_2 positiv), so steigt die Spannung $R_1 J_1$ um so mehr, je größer der Widerstand R_2 im Batteriezweig und je stärker die Aufladung ist; wird die Batterie dagegen entladen (J_2 negativ, Folgerung 9), so sinkt die Spannung $R_1 J_1$ an den Stromverbrauchern um so mehr, je größer der Widerstand im Batteriezweig und je stärker der Entladestrom ist.

Bei sehr hohen Drehzahlen können wir in Gleichung (6a) noch $r \cdot V$ gegen $k_1 n$ vernachlässigen und erhalten dann

$$J = \frac{E}{k_2 n V}. \qquad (6c)$$

Diese Gleichung besagt:

11. Der Strom der Lichtmaschine ist bei geringem Widerstand im Batteriezweig und hoher Drehzahl der Bürstenverschiebung und der Drehzahl umgekehrt proportional.

Bei unseren Ableitungen ist noch nicht berücksichtigt, daß sowohl von den Hauptbürsten als auch von der Hilfsbürste stets eine Reihe von Ankerspulen kurzgeschlossen werden. Dadurch entstehen in den Spulen unter den Hauptbürsten bei hoher Belastung und entsprechender Feldverschiebung und hauptsächlich in den Spulen unter der Hilfsbürste stets Kurzschlußströme, deren Stärke mit der Drehzahl zunimmt. Diese Ströme erzeugen ein Feld, das dem Erregerfeld entgegenwirkt und also den nach Folgerung 7 schon an sich eintretenden Rückgang des von der Maschine gelieferten Stroms bei hoher Drehzahl noch wesentlich beschleunigt. Die Wirkung der unter der Hilfsbürste entstehenden Kurzschlußströme ist so stark, daß man schon durch einfaches Auflegen einer Hilfsbürste auf den Kollektor einer Nebenschlußmaschine eine gewisse Strombegrenzung erreichen kann, ohne daß die Feldwicklung an die Hilfsbürste angeschlossen ist.

Abgesehen von anderen Nachteilen bringen die Kurzschlußströme starke Funkenbildung an der dritten Bürste mit sich, die nur durch besonders gute Eigenschaften der Bürsten bekämpft werden kann. Sie muß bekämpft werden, weil sie leicht zu rascher Abnutzung der Bürsten und zu erheblichen Beschädigungen des Kollektors führen kann.

Die Midgley Car Lighting Comp., Ltd., London sucht bei ihrer Lichtmaschine das Übel dadurch zu mildern, daß sie durch ihre Bauart nach Bild 266 dafür sorgt, daß die unter der Bürste durchgehende Spule in einem schwachen Feld läuft. Die Maschine ist im Grunde zweipolig gebaut, doch ist jeder Pol in zwei Teile gespalten. Die beiden in der Drehrichtung zurückliegenden Teilpole der beiden Polpaare sind als Hauptpole anzusprechen. Sie werden hintereinander von einer an den Hauptbürsten liegenden Nebenschlußwicklung erregt. Die Hauptbürsten sind genau mitten zwischen die Polpaare gelegt. Die in der Drehrichtung vorn liegenden Teilpole sind Hilfspole und werden je für sich von einer Wicklung erregt, die zwischen die vorhergehende Hauptbürste und eine zwischen die Teilpole gelegte Hilfs-

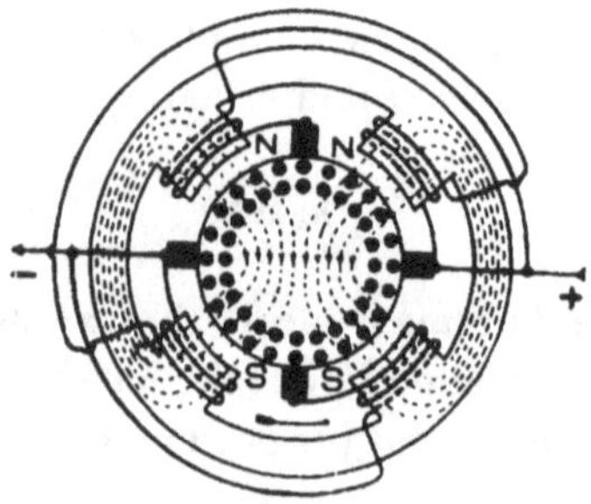

Bild 266. Schema einer Lichtmaschine der Midgley Car Lighting Comp.

bürste geschaltet ist. Eine so klare Ausbildung des Erregerfeldes, wie sie in Bild 266 gezeichnet ist, wird sich allerdings nicht für alle Betriebszustände erreichen lassen, sondern man muß damit rechnen, daß die unter den Bürsten durchlaufenden Spulen sich auch noch in einem schwachen Felde bewegen. Eine Verbesserung wird gegenüber der üblichen Dreibürstenmaschine aber erreicht, allerdings auf Kosten der einfachen Konstruktion, des Gewichtes und des Preises. Das Verhalten der Maschine beim Arbeiten auf eine Batterie zeigt Bild 267.

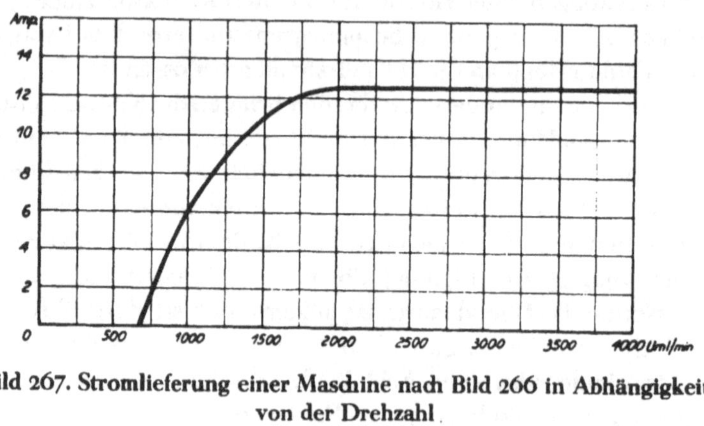

Bild 267. Stromlieferung einer Maschine nach Bild 266 in Abhängigkeit von der Drehzahl

3. Nachteile der Stromregelung

Die Dreibürstenmaschine hat den unbestreitbaren Vorzug weitgehender Einfachheit ihrer Regeleinrichtung. Das Anbringen der dritten Bürste, über das bereits in Abschnitt II gesprochen wurde, ist einfach; die Maschine unterscheidet sich baulich kaum von einer normalen Nebenschlußmaschine. Über diesen Vorteilen der Dreibürstenmaschine darf man aber die grundlegenden Nachteile, die allen stromregelnden Maschinen anhaften, nicht vergessen. Diese Nachteile treten bereits in der rechnerischen Darstellung der Dreibürstenmaschine und ihren Folgerungen klar zutage und werden vielleicht noch deutlicher, wenn einige der Rechnungsergebnisse durch im praktischen Versuch ermittelte Schaulinien erörtert werden.

In Bild 268 ist z. B. der von einer Dreibürstenmaschine gelieferte Hauptstrom in Abhängigkeit von der Fahrgeschwindigkeit, also der Lichtmaschinendrehzahl, für verschiedene Bürstenstellungen aufgetragen.*) Interesseshalber ist auch der Erregerstrom eingezeichnet. Die zweipolige Maschine arbeitete bei dem hier ausgewerteten Versuch auf eine 6-Volt-Batterie. Schaulinie a zeigt den Stromverlauf, der eintritt, wenn die Feldwicklung statt an die dritte Bürste an die zweite Hauptbürste gelegt wird. Es ist die Charakteristik der gewöhnlichen, nicht geregelten Nebenschlußmaschine. Die Linien b, c, d stellen den Hauptstrom bei Anschluß der Erregerwicklung an die dritte Bürste, und zwar bei verschiedenen Bürstenstellungen dar. Die Linien a′, b′, c′, d′ geben den zu a, b, c, d gehörigen Feldstrom an. Die Schaulinien zeigen deutlich die Richtigkeit der im Vorhergehenden gezogenen Folgerungen 3 und 7. Insbesondere zeigen sie, daß der Ladestrom mit wachsender Drehzahl ansteigt, nach Erreichung eines bestimmten Maximums aber wieder beträchtlich abnimmt. Dies ist eine kennzeichnende Eigenschaft der besprochenen Regelungsart, die mit der Bezeichnung „Regelung auf unveränderlichen Strom" nicht im Einklang steht. Die Dreibürstenmaschine führt in Wirklichkeit nur zu einer Strombegrenzung.

Das Abfallen der Leistung der Dreibürstenmaschine bei hoher Drehzahl wird oft als eine günstige Eigenschaft angesprochen; denn Fahrzeuge, die die in Frage stehenden Drehzahlen häufig erreichen, durchfahren oft lange Strecken, so daß die Abnahme des Stromes bei der langen Betriebszeit mit Rücksicht auf die an sich bei

*) Nach J. T. Fitzsimmons, The Theory and Practice of Regulating the Generator Output. Automotive Indutries, Bd. XLII, Nr. 24, 10. 6. 20, S. 1357.

der Dreibürstenmaschine zumeist unzulässig große Überladung der Batterie sehr erwünscht ist. Andererseits kann aber die Abnahme des Stroms so weit gehen (Bild 275 und 276 schraffierte Fläche n, h, f), daß bei rascher Fahrt und eingeschalteten Stromverbrauchern (Scheinwerfer) die Batterie in Anspruch genommen und also statt geladen

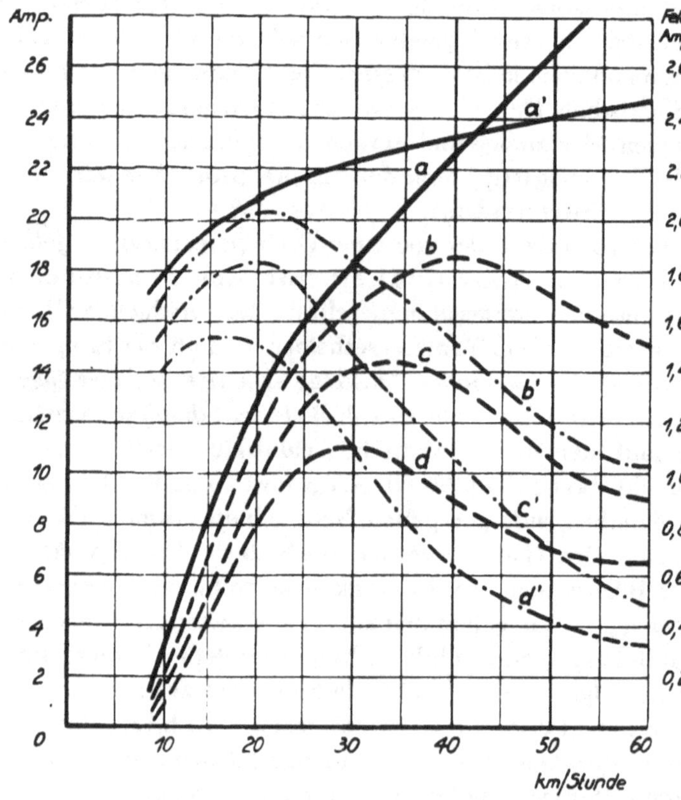

Bild 268. Ankerstrom und Feldstrom einer Dreibürstenmaschine bei verschiedener Einstellung der dritten Bürste
a, b, c, d = Ankerströme, *a', b', c', d'* = Feldströme

sogar entladen wird, was in Folgerung 9 bereits gezeigt wurde. Dieser Zustand tritt um so eher ein, je schlechter der Ladezustand der Batterie ist, so daß mit der Gefahr einer vollständigen Entladung der Batterie gerechnet werden muß. Eine solche Entladung kann bei der Batteriezündung zu einem Versagen der Zündung führen. Außerdem ergibt sich dabei eine niedrige Spannung an den Glühlampen und damit schlechte Beleuchtung der Fahrstraße, d. h. also gerade dann, wenn angesichts der hohen Fahrgeschwindigkeit die größten Anforderungen hinsichtlich guter Beleuchtung zu stellen sind.

In Bild 269 ist nun der Ladestrom dargestellt, den eine Maschine von 60 W Nennleistung in eine 6-Volt-Batterie von ungefähr 60 Ah Kapazität schickt, und zwar bei leerer, halbvoller und voller Batterie. Man sieht, daß gerade die volle Batterie einen wesentlich höheren Strom erhält als die leere, d. h. es tritt entsprechend der Folgerung 1, Seite 130 gerade das Gegenteil von den erwünschten Verhältnissen ein, die wir im ersten Abschnitt bei Besprechung der Betriebsbedingungen erläutert haben. Diese Erscheinung ist schon ohne

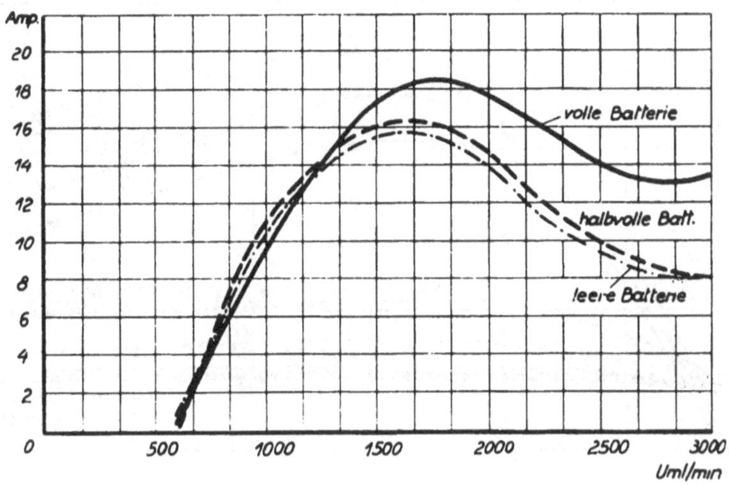

Bild 269. Ladestrom aus einer Dreibürstenmaschine in Abhängigkeit von der Drehzahl bei voller, halbvoller und leerer Batterie

Berechnung im Anschluß an Bild 259 leicht zu erklären: Die Klemmenspannung der Maschine, von der je nach der Einstellung der dritten Bürste und je nach der Feldverzerrung ein bestimmter Teil als Erregerspannung abgegriffen wird, wird durch die Spannung der Batterie bestimmt. Die Klemmenspannung ist also um so höher, je höher die Spannung der Batterie, d. h. je besser diese aufgeladen ist. Damit liegt dann aber die Erregerwicklung auch an einer höheren Spannung und erzeugt durch den damit gegebenen stärkeren Erregerstrom ein stärkeres Hauptfeld, das zu einer Leistungserhöhung, also zu höherem Ankerstrom führt, der seinerseits eine nochmalige, weitere Steigerung der Batteriespannung zur Folge hat. Ebenso wie die Erhöhung der Batteriespannung wirkt eine Steigerung des im Batteriekreis liegenden

Widerstandes, denn auch dieser bedingt eine Spannungssteigerung an der Maschine. Dies haben Gleichung (6) und Folgerung 4 gezeigt. Folgerung 4 und 5 erklären mit Gleichung (6) zugleich die Unmöglichkeit eines Betriebes ohne Batterie und die Wichtigkeit eines möglichst widerstandsfreien Anschlusses der Batterie an die Maschine. Im Falle der Folgerung 5 wäre gerade ein Betrieb ohne Batterie ($R_2 = \infty$) möglich. Für $R_2 = \infty$ braucht aber in Gleichung (6) B nur sehr wenig kleiner zu werden als $\frac{k_1 n - r V}{k_1 k_2 n^2 V}$ (ein Fall, der durch eine geringe Drehzahlsteigerung eintreten kann), um J sofort stark hochschnellen zu lassen.

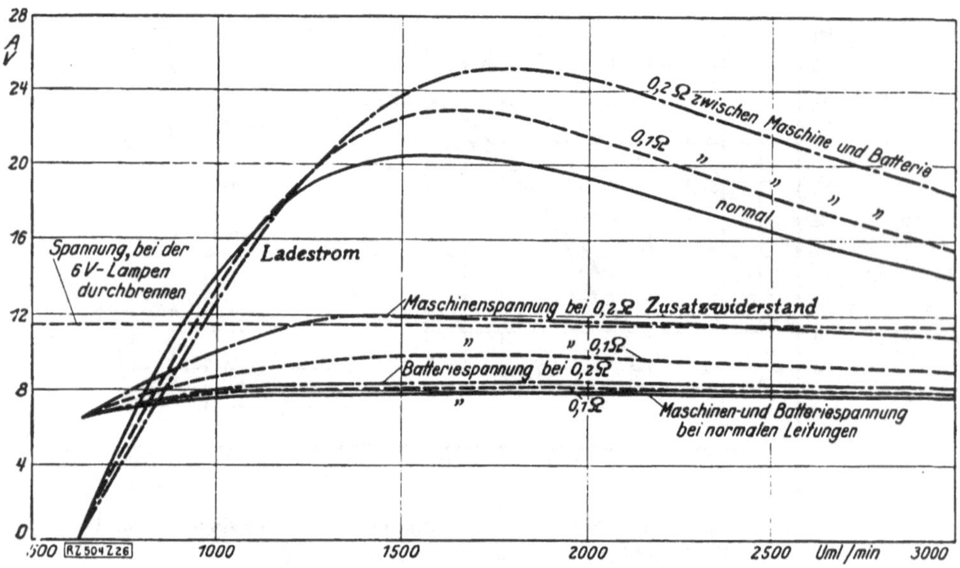

Bild 270. Einwirkung eines Zusatzwiderstandes im Batteriestromkreis einer Dreibürstenmaschine auf Ladestrom und Maschinenspannung

Die zuverlässige Regelwirkung ist in erster Linie von der eindeutig bestimmten Klemmenspannung abhängig. Bild 270 gibt den gefährlichen Einfluß solcher Widerstandserhöhungen im Stromkreis Maschine-Batterie bei der Dreibürstenregelung wieder. Man sieht, wie bei mittlerer und hoher Drehzahl der Strom bei der kleinen Widerstandserhöhung von 0,2 Ohm schon ganz beträchtlich zunimmt. Dabei ist die Batterie schon voll geladen, und der erhöhte Ladestrom bewirkt also lediglich eine Verstärkung der an sich bei der Dreibürstenmaschine schon auftretenden schädlichen Gasentwicklung und Auflockerung der aktiven Masse der Batterie. Zu beachten ist auch, daß die im Bild 270 ebenfalls eingezeichnete hohe Maschinenspannung die Glühlampen sowie die Wicklungen der Maschinen gefährdet.

Manchmal wird die Eigenschaft der Dreibürstenmaschine, bei hohem Widerstand im Batteriekreis einen größeren Strom zu liefern, als Vorteil ihrer Wirkungsweise hingestellt und darauf hingewiesen, daß die stromregelnde Maschine infolge dieser Eigenart eine etwa sulfatierte Batterie rascher wieder in Ordnung bringe als die spannungsregelnde Maschine. Demgegenüber ist jedoch auf die Tatsache hinzuweisen, daß die Akkumulatorenfabriken für die Auffrischung sulfatierter Batterien allgemein die Anwendung kleiner Ladeströme verlangen. Dies ist auch ohne weiteres einleuchtend, denn die sulfatierte Batterie ist ja gar nicht in der Lage, einen großen Strom aufzunehmen. Ein sehr großer Teil dieses Stromes wird daher zu starker Gasentwicklung verbraucht, die eine Auflockerung der aktiven Masse und ein Absprengen sulfatierter Teile zur Folge hat. Wichtig ist an dieser Stelle auch, daß eine Sulfatierung infolge ungenügender Aufladung bei Dreibürstenregelung viel leichter eintritt als bei Spannungsregelung, da bei der ersteren bei eingeschalteten Scheinwerfern und leerer Batterie die Stromabgabe in erheblichem Maße zurückgeht und, wie wir oben bereits sahen, bei hohen Drehzahlen sogar noch mit weiterer Entladung der Batterie zu rechnen ist. Dazu tritt noch die Gefahr, daß infolge häufiger Überladung der vollen Batterie der Elektrolyt stark vermindert wird und bei nicht aufmerksamer Wartung die aus dem Elektrolyten herausragenden Plattenteile sulfatieren.

Um die grundsätzliche Verschiedenheit im Arbeiten der stromregelnden und der spannungsregelnden Maschine klar herauszuschälen, vergleichen wir in den folgenden Bildern den Maschinenstrom und die Ladeverhältnisse, die beim Betrieb einer neuzeitlichen stromregelnden Maschine und bei demselben Betrieb einer gleichwertigen spannungsregelnden Maschine auftreten.

Bild 271 zeigt den Strom in Abhängigkeit von der Maschinendrehzahl bei Stromregelung (Schaulinie II) und bei Spannungsregelung (Schaulinie I), und zwar für volle Batterie und nicht eingeschaltete Stromverbraucher. Man sieht, wie die volle Batterie von der spannungsregelnden Maschine mit geringer Stromstärke weitergeladen wird, die gerade recht ist, um die Batterie dauernd „lebendig" zu erhalten, d. h. auch die letzten Reste des bei der Entladung gebildeten Sulfats wieder zurückzubilden. Die Maschine mit Stromregelung dagegen schickt einen sehr großen Überladestrom in die Batterie. Die schraffierte Fläche d, e, f zwischen den Linien I und II stellt diese überschüssige Stromlieferung dar, die lediglich der lästigen Gasentwicklung mit ihrem zerstörenden Einfluß auf die wirksame Masse der Batterie dient.

Bild 272 zeigt die Abhängigkeit des Stroms von der Drehzahl bei Strom- und Spannungsregelung für leere Batterie und nicht eingeschaltete Stromverbraucher. Da bei der stromregelnden Maschine, wie

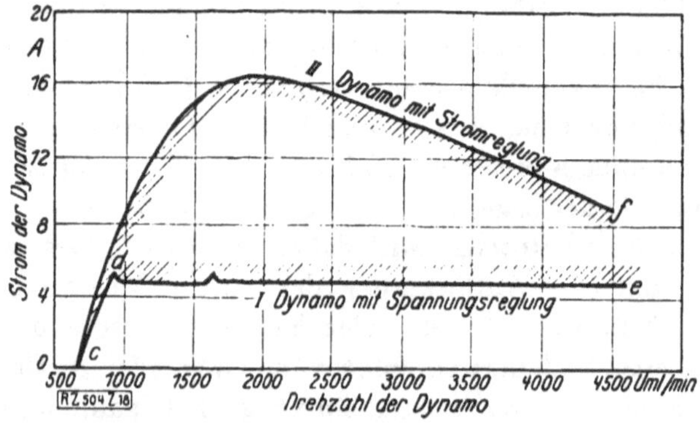

Bild 271. Stromlieferung einer Lichtmaschine mit Spannungsregelung und einer Lichtmaschine mit Stromregelung bei Fahrt ohne Lampen mit voller Batterie Fläche *def* = schädlicher Stromüberschuß der Maschine mit Stromregelung

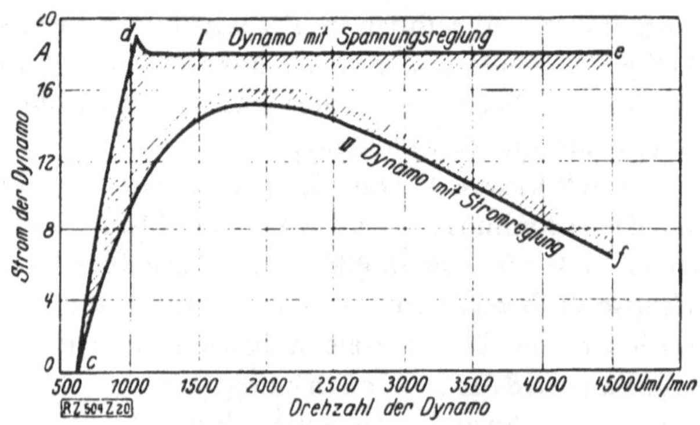

Bild 272. Stromlieferung einer Lichtmaschine mit Spannungsregelung und einer Lichtmaschine mit Stromregelung bei Fahrt ohne Lampen mit leerer Batterie Fläche *cdef* = Mehrladung durch die Maschine mit Spannungsregelung

wir bereits sahen, der Ladestrom mit fortschreitender Ladung zunimmt, ist man in der Einstellung des in die l e e r e Batterie gehenden Stroms beschränkt, damit die Überladung der vollen Batterie in einigermaßen erträglichen Grenzen bleibt. Eine solche Beschränkung des Ladestroms auf die leere Batterie besteht für die spannungsregelnde Maschine nicht. Der Anfangsladestrom ist hier lediglich durch die Erwärmung der Maschine und die Größe der Batterie bestimmt und kann daher größer gewählt werden als bei der stromregelnden Maschine gleicher Größe. Bild 272 zeigt ferner, daß dieser hohe Ladestrom bei der spannungsregelnden Maschine über den ganzen Drehzahlbereich vorhanden ist, während bei der stromregelnden Maschine der Ladestrom bei höheren Drehzahlen stark zurückgeht. Die spannungsregelnde Maschine ergibt daher eine wesentlich raschere Aufladung der leeren Batterie. Diese Mehrleistung kommt durch die schraffierte Fläche c, d, e, f zwischen den Schaulinien I und II zum Ausdruck.

Bild 273 zeigt für eine 6-Volt-Batterie von 60 Ah den Ladestrom in Abhängigkeit von der Ladezeit. Die Mehrladungdurch die spannungsregelnde Maschine ist vor allem bei stark entladener

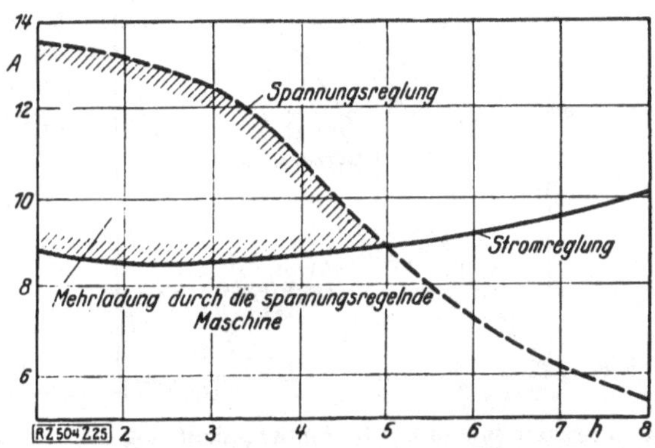

Bild 273. Stromaufnahme einer 6-Volt-Batterie von 60 Ah Kapazität in Abhängigkeit von der Ladezeit bei Ladung durch spannungsregelnde und durch stromregelnde Maschine

Batterie, also in den ersten 4 Stunden der Ladung, beträchtlich, während mit fortschreitender Ladung das Verhältnis der Ladeströme entsprechend der Anpassung der spannungsregelnden Maschine an den Ladezustand der Batterie sich umkehrt. Weiter wird noch in Bild 274 die Abhängigkeit der gesamten in die Batterie geladenen Elektrizitätsmenge von der Ladezeit gezeigt. Hier kommt der wesentlich raschere Anstieg der Aufladung durch die spannungsregelnde Maschine besonders zum Ausdruck.

Bild 275 läßt für beide Systeme einen Vergleich des Stroms in Abhängigkeit von der Drehzahl bei voller Batterie und voller Lampenlast, d. h. eingeschalteten Scheinwerfern zu. Der Lampenstrom von 11 Ampere ist ebenfalls eingezeichnet. Das Bild zeigt, wie die spannungsregelnde Maschine über den ganzen Drehzahlbereich noch einen über den notwendigen Lampenstrom hinausgehenden geringen Ladestrom an die Batterie abgibt, während die stromregelnde Maschine nur in dem durch die Fläche l, m. n gegebenen Gebiet Ladestrom liefert und in dem durch die Fläche f, n, h gegebenen Gebiet sogar nicht einmal zur Speisung der Scheinwerferlampen ausreicht. Bei hoher Drehzahl muß also, wie bereits früher gesagt wurde, die Batterie zur Speisung der Lampen herangezogen werden.

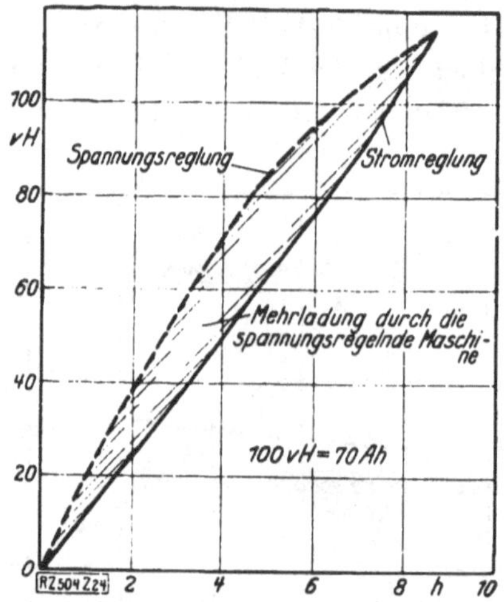

Bild 274. Ladungszunahme in vH in Abhängigkeit von der Zeit bei leerer 6-Volt-Batterie von 60 Ah Kapazität

Endlich zeigt Bild 276 den entsprechenden Vergleich des strom- und spannungsregelnden Systems für Fahrt mit leerer Batterie und eingeschalteten Scheinwerfern. Die spannungsregelnde Maschine liefert über den Lampenstrom hinaus einen ziemlich hohen Ladestrom, während der Strom der stromregelnden Maschine gegenüber Bild 275 noch weiter zurückgeht, so daß die Ladung der Batterie Fläche l, m, n) ganz ungenügend und der Bereich der Entladung der Batterie (Fläche f, n, h) verhältnismäßig groß wird.

Die verschiedenen und schwerwiegenden, grundsätzlichen Nach-(teile der Dreibürstenregelung, die sich durch die vorstehende Besprechung ergeben, lassen sich zwar nicht beheben, aber durch verschiedene Maßnahmen wenigstens mildern. Hierher gehört in erster Linie die Wahl einer besonders großen Batterie, deren Kapazität auch bei der langsamen Wiederaufladung länger dauernde starke Entladungen ermöglicht, ohne den Fahrzeugbetrieb und den Batteriezustand zu gefährden, und deren Kapazität andererseits länger dauernde Überladung mit starken Strömen zuläßt. In Amerika, dem Lande der Dreibürstenregelung, findet man durchweg mit Rücksicht auf die Dreibürstenregelung sehr große Batterien. Die Wahl solch großer Batterien bedeutet aber eine Verteuerung der Gesamtanlage,

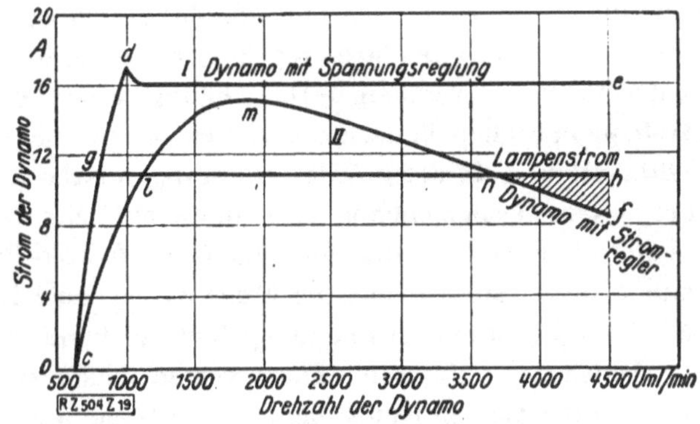

Bild 275. Stromlieferung einer Lichtmaschine mit Spannungsregelung und einer Lichtmaschine mit Stromregelung bei Fahrt mit Lampen und voller Batterie
Fläche nhf = Entladung der Batterie bei hoher Drehzahl infolge ungenügender Leistung der Maschine mit Stromregelung
Fläche $gdeh$ = Ladestrom der Maschine mit Spannungsregelung
Fläche fmn = Ladestrom der Maschine mit Stromregelung

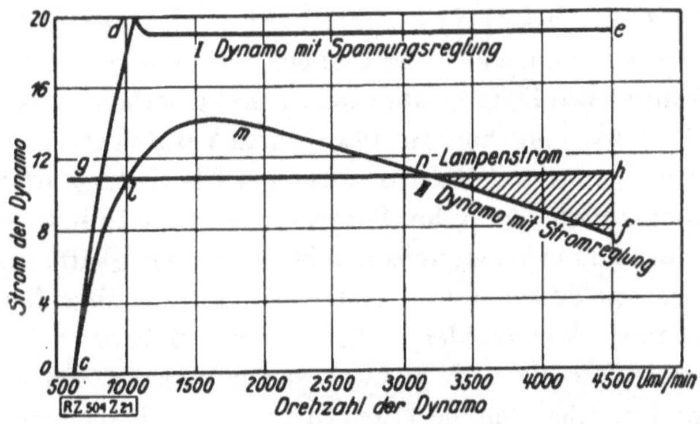

Bild 276. Stromlieferung einer Lichtmaschine mit Spannungsregelung und einer Lichtmaschine mit Stromregelung bei Fahrt mit Lampen und leerer Batterie
Fläche nhf = Entladung der Batterie bei hoher Drehzahl infolge ungenügender Leistung der Maschine mit Stromregelung
Fläche $gdeh$ = Ladestrom der Maschine mit Spannungsregelung
Fläche fmn = Ladestrom der Maschine mit Stromregelung

die meist den Mehrpreis der spannungsregelnden Maschine übersteigt. Man darf deshalb bei Preisvergleichen nie den Preis der einzelnen Teile der elektrischen Ausrüstung gegeneinander abwägen, sondern muß der Beurteilung den Preis der gesamten Anlage zugrunde legen, denn dieser ist praktisch allein maßgebend. Beim spannungsregelnden System ist, wie schon in Abschnitt I erwähnt, die Größe der Batterie im wesentlichen durch das Anlassen bedingt. In Fällen, wo 40–60 Ah mit Rücksicht auf das Anlassen als genügende Batteriekapazität angesehen werden könnte, wäre bei Stromregelung mit einer frühzeitigen Zerstörung der Batterie zu rechnen, weshalb häufig Firmen, die stromregelnde Systeme herstellen, Batteriekapazitäten von 90 und mehr Ah ohne Rücksicht auf die geforderte Anlasserleistung vorschreiben. Wir verweisen in diesem Zusammenhang auch auf die auf Seite 10 wiedergegebene Tafel über die Kapazität amerikanischer 6-Volt-Batterien, aus der man ersieht, daß die meisten Wagentypen eine Kapazität von 110–120 Ah bei 20stündiger Entladung (entsprechend 90 Ah bei 10stündiger Entladung) aufweisen. Diese Wagen entsprechen einer Wagengröße, für die man in Deutschland bei Verwendung des spannungsregelnden Systems Batterien von ungefähr 60 Ah verwenden würde.*)

Da jedoch trotz Verwendung von Batterien mit verhältnismäßig großer Kapazität die starke Überladung der Batterie bei geringem Stromverbrauch, wie sie aus Bild 271 hervorgeht, ein recht unangenehmer Übelstand ist, hat sich in Amerika vielfach die Gewohnheit eingebürgert, auch bei Tage mit eingeschalteten Scheinwerfern zu fahren. Dadurch werden die Verhältnisse von Bild 271 in die Verhältnisse von Bild 275 abgeändert und Überladung verhindert.

Der Gedanke, die Batterie etwa durch Verkleinerung der Maschinenleistung vor den Folgen unzulässiger Überladung schützen zu wollen, kommt nach dem bisher Besprochenen nicht in Betracht, denn die Maschine muß ja mindestens den Strom für alle gleichzeitig brennenden Lampen decken und darüber hinaus noch über den ganzen Drehzahlenbereich einen kleinen Ladeüberschuß liefern können.

In der Anordnung nach Bild 277 ist der Versuch gemacht, durch eine besondere Schaltung die Überladung der Batterie zu be-

---

*) Zu diesen Fragen ist ein Aufsatz von Rassbach zu beachten, der in der Zeitschrift des Vereins Deutscher Ingenieure, Nr. 49 und 50, Band 71, 1927, Seiten 1703–1709, 1756 und 1757 erschienen ist. Diesem Aufsatz sind die Bilder 270–276 entnommen.

schränken. Bei der dargestellten Dreibürstenmaschine ist außer der Nebenschlußwicklung noch eine Hauptstromgegenwicklung auf dem Feld angeordnet, die jedoch nur von dem Batteriestrom und nicht von dem Lampenstrom durchflossen wird. Fließt nun der größte Teil des Maschinenstroms zu den Lampen, so wird das wirksame Feld durch den geringen, die Gegenwicklung durchfließenden Ladestrom kaum geschwächt. Arbeitet die Maschine aber bei abgeschalteten Lampen nur auf die Batterie, so wird eine merkliche Herabsetzung des Stromes erzielt. Diese genügt aber bei voller Batterie noch nicht und beeinträchtigt wiederum die rasche Wiederaufladung der leeren Batterie wesentlich.

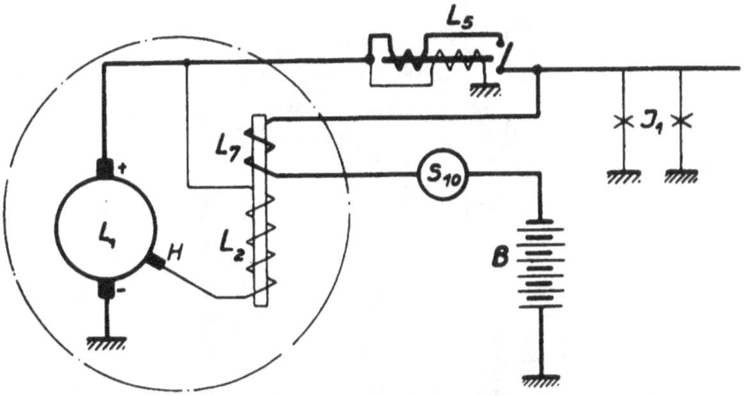

Bild 277. Schaltbild einer Dreibürstenmaschine mit Hauptstromgegenwicklung im Ladestromkreis. S_{10} = Amperemeter

Vielfach ist auch versucht worden, die unzulässige Überladung der Batterie bei der stromregelnden Maschine durch Einbau eines Spannungsbegrenzers zu vermeiden. Dieser ist nach Art eines Schalters gebaut (Bild 278) und begrenzt nach Erreichen einer gewissen Spannung den Erregerstrom durch Vorschalten eines Widerstandes so, daß eine weitere Steigerung nicht mehr möglich ist und der Ladestrom auf einen unschädlichen Wert herabgesetzt wird. Der Spannungsbegrenzer spricht zwar auch beim Betrieb ohne Batterie an, wenn bei genügender Erhöhung der Maschinendrehzahl die entsprechende Spannung erreicht wird. Seine Hauptaufgabe, die Beschränkung des Ladestromes bei voller Batterie auf einen unschädlichen Wert, bedingt aber einen gewissen Mindestwert des Vorschaltwiderstandes, der einen einwandfreien Betrieb ohne Batterie nicht mehr gestattet. Der als einfacher Schalter gebaute Spannungsbegrenzer schaltet dann nämlich dauernd in langsamem Takt aus und ein, wodurch die Spannung in einem ganz unzulässig weiten Bereich von mehreren Volt auf und ab geht. Ein solcher Spannungsbegrenzer erfüllt erst dann seine Aufgabe, wenn er wie ein Schnellregler mit hoher Frequenz arbeiten kann; aber dann ist man zu einem Schnellregler für Spannungsregelung neben dritter Bürste gelangt und der angestrebte Zweck einer Verbilligung ist nicht erreicht.

Neben der Schädigung der Batterie muß aber auch die **Gefährdung der Lichtmaschine** selbst bei der Dreibürstenregelung wohl im Auge behalten werden. Wir haben gesehen, daß die Dreibürstenmaschine schon durch verhältnismäßig geringe Erhöhung des

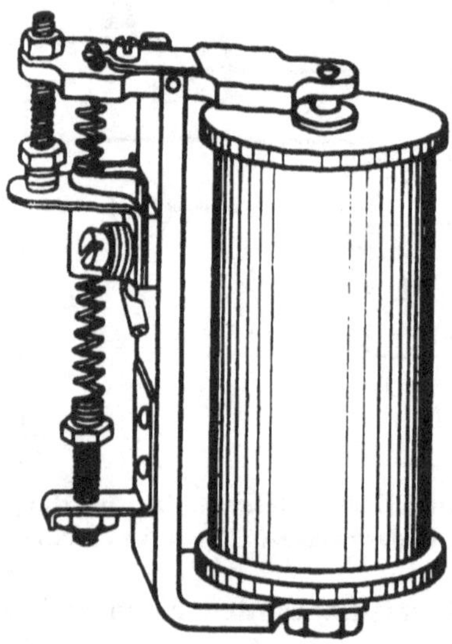

Bild 278. Spannungsbegrenzer amerikanischer Bauart

Widerstandes im Batteriestromkreis viel zu hoch beansprucht werden kann, denn die dabei herbeigeführte Steigerung des Ankerstromes und vor allem die beträchtliche Steigerung des Erregerstromes führt zu außerordentlicher Erwärmung der Maschine und zur Zerstörung der Isolation. Auch längeres Arbeiten auf eine gut geladene Batterie und die dadurch bewirkte Stromsteigerung kann unter Umständen schon zu einer Gefährdung der Maschine führen. Da der Einbau eines Spannungsbegrenzers, der eine Beschädigung der Maschine verhüten könnte, heute in den meisten Fällen nicht mehr in Betracht kommt, baut man oft **Abschmelzsicherungen oder Thermostaten** in den Erregerstromkreis ein, die bei übermäßiger Steigerung des Erregerstromes oder der Maschinentemperatur entweder den Erregerstrom durch Abschmelzen unterbrechen oder durch Vorschalten eines Widerstands entsprechend drosseln. Die Sicherung, die wohl den Vorzug der Einfachheit und Billigkeit hat, wird nur in Gefahrfällen wirksam und setzt die Maschine außer Betrieb, bis der das Durchbrennen verursachende Fehler in der Anlage beseitigt und eine neue Sicherung eingesetzt ist. Der Thermostat dagegen schaltet nur so lange, als die Maschine über eine gewisse Temperatur erwärmt ist, einen Widerstand vor die Erregerwicklung und vermindert dadurch den abgegebenen Strom. Bild 279 zeigt die Schaltung einer Dreibürstenmaschine mit Thermostat. Das den einen Kontakt tragende Schaltelement T besteht aus einem Bimetallstreifen, d. h. aus zwei fest aufeinander gewalzten Metallstreifen von verschiedenen Ausdehnungskoeffizienten, so daß bei der Erwärmung infolge der verschiedenen Ausdehnung ein

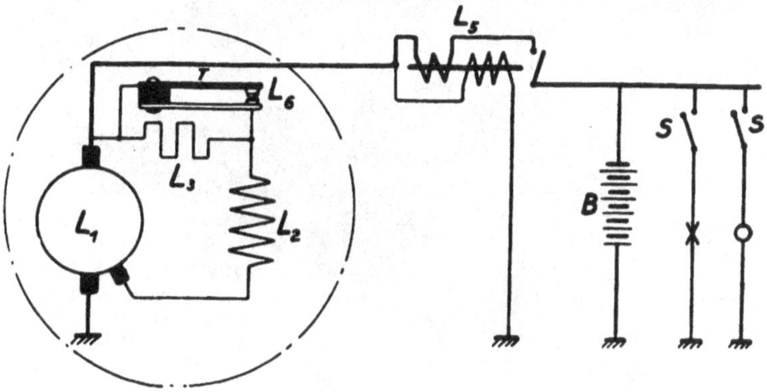

Bild 279. Schaltbild einer Dreibürstenmaschine mit Leistungsbegrenzung durch Thermostat L_6

Abbiegen des Schaltelements T und dadurch eine Trennung der Kontakte erfolgt. L_2 stellt die Erregerwicklung, L_3 den Vorschaltwiderstand dar. Der Thermostat tritt also nicht nur in Fällen unmittelbarer Gefährdung der Maschine infolge einer Störung im Batteriestromkreis in Tätigkeit, sondern auch dann, wenn die Maschine etwa längere Zeit auf eine gut geladene Batterie arbeitet und dadurch stark erwärmt wird. Er mildert dann durch Verminderung des Erreger- und damit des Ladestromes die Gefahr der Überladung.

Die Wirkungsweise des Thermostats ist aber durchaus ungenügend, da es nicht möglich ist, eine allen Betriebsverhältnissen entsprechende Einstellung zu wählen. Eingehende Versuche haben ergeben, daß bei voller Batterie und kurzen Fahrzeiten bis zu etwa einer Stunde der Thermostat geschlossen bleibt, also mit einer dauernden Überladung zu rechnen ist. Bei längeren Fahrten öffnet sich der Thermostat zwar nach gewisser Zeit; wegen der dann eintretenden Abkühlung der Maschine schließt er später aber wieder, öffnet dann nach einiger Zeit wieder usw. Damit bleibt dann die Überladung noch über etwa 50 % der Betriebszeit bestehen. Der Thermo-

Bild 280. Thermostat an einer Dreibürstenmaschine. Einbau und Ansicht von oben sowie Ansicht von unten

stat verhindert also die Überladung der Batterie zeitlich nur in beschränktem Maße. Auch ist die Verminderung des Ladestromes durch Öffnen der Thermostatkontakte beim Fahren mit voller Batterie ohne Glühlampen als ungenügend zu bezeichnen. Es ist nämlich nicht möglich, einerseits der Forderung möglichst kurzzeitiger Überladung und genügender Beschränkung des Ladestromes beim Fahren mit voller Batterie ohne Lampen gerecht zu werden und andererseits bei eingeschalteten Glühlampen ein Öffnen der Thermostatkontakte zu vermeiden, wie dies mit Rücksicht auf die sonst fast über den ganzen Drehzahlbereich erfolgende Entladung der Batterie erwünscht ist. Neben den für die Massenherstellung erforderlichen Toleranzen machen sich dabei noch die verschiedenartigen äußeren Umstände unangenehm bemerkbar. Die äußere Temperatur, die Art des Motors, die Fahrverhältnisse bringen ganz verschiedene Temperaturen der Lichtmaschine mit sich, und ein befriedigendes Arbeiten des Thermostats ist unter derartig verschiedenartigen Verhältnissen praktisch nicht möglich. Bild 280 zeigt einen eingebauten Thermostaten sowie eine Ansicht von unten.

V. Aufbau von Regler und Schalter

1. Der elektromagnetische Schnellregler

Im vorhergehenden Abschnitt haben wir gesehen, daß von den verschiedenen Regelungsverfahren, die im Laufe der Zeit in Lichtanlagen für Kraftfahrzeuge zur Verwendung kamen, sich nur zwei Arten auf die Dauer halten konnten: die Stromregelung durch dritte Bürste und die Spannungsregelung durch Schnellregler. Während die Maschine mit dritter Bürste nur äußerst einfacher und früher bereits besprochener Konstruktionselemente zur Regelung bedarf, muß Entwurf und Herstellung der Schnellregler eingehender betrachtet werden.

Die Forderungen, die an einen guten Regler gestellt werden, sind sehr mannigfaltig, und es müssen beim Entwurf die verschiedensten, einander oft widersprechenden Gesichtspunkte berücksichtigt und gegeneinander abgewogen werden. Einige dieser Gesichtspunkte sind: hohe Lebensdauer bei im Laufe des Betriebs gleichbleibender Regelung; Unempfindlichkeit gegenüber Fahr- und Motorerschütterungen sowie gegenüber Temperaturschwankungen; geringe Kontaktabnutzung; dauernd gute Kontaktoberfläche und damit guter Kontakt; Schutz gegenüber fremden magnetischen Feldern; geringer Wattverbrauch zur Vermeidung unnötiger Verluste sowie starker Erwärmung des Reglers; leichte Einstellbarkeit, gedrängte raumsparende Bauart, geringster Preis.

Zur Erfüllung dieser Forderungen sind folgende Entwurfsgrundsätze aufzustellen: kleine schwingende Masse des beweglichen Systems; große magnetische und Richtkräfte; Anker nur in Richtung der Kontaktöffnung beweglich; gut geschlossener magnetischer Kreis; Wahl besonders geeigneten Werkstoffes für die Kontakte bei gleichzeitigem Schutz vor festen oder gasförmigen Verunreinigungen sowie vor zu hohen Temperaturen; Abgleichung der Wicklungen durch Draht von geringer Temperaturempfindlichkeit, wie z. B. Nickelin.

Wie auf vielen anderen Gebieten der Technik, so ist man auch beim Spannungsregler für Kraftfahrzeug-Lichtmaschinen erst durch angestrengte Arbeit und Sammeln von Erfahrungen von umständlichen zu einfachen Bauarten gekommen. Wer die Schwierigkeiten, die die

Erfüllung der oben skizzierten Forderungen bereitet, nicht kennt, wird z. B. überrascht sein, daß man den Regler nicht von vornherein in der von elektromagnetischen Schaltern und Relais, z. B. der Fernsprechtechnik, längst bekannten Flachankerbauart ausgeführt hat, von der man erwarten kann, daß sie für die Herstellung erheblich billiger ist als die bisher fast ausschließlich benützte zylindrisch-konzentrische Anordnung. Tatsächlich sind schon früher ernsthafte Versuche mit solchen Formen gemacht und sogar in beschränktem Umfange praktisch verwendet worden. Als Beispiel bringen wir in Bild 281 in vereinfachter Darstellung den Regler der amerikanischen Firma Leece-Neville, wie ihn diese in ihren Omnibusanlagen verwendet. Es sind: A der Anker,

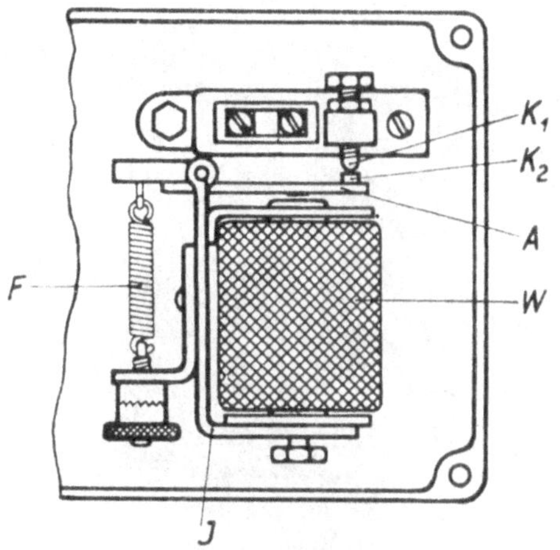

Bild 281. Elektromagnetischer Spannungsregler, Flachankerbauart (Leece-Neville)

W die Wicklung, J das den magnetischen Kreis vervollständigende Joch, K_1 und K_2 die Kontakte, die in geschlossenem Zustande in üblicher Weise einen im Erregerstromkreis der Lichtmaschine liegenden Widerstand kurzschließen, F die die Richtkraft für den Anker liefernde Feder mit ihrer Einstellvorrichtung.

Bei derartigen Bauarten erwächst die besondere Aufgabe, Störungen des Ankerspiels und Veränderungen der Einstellung durch die beim Fahren oder vom Motor her auftretenden Erschütterungen sowie ungewollte magnetische Einflüsse fernzuhalten. Die Schwierigkeit, diesen Forderungen mit einfachen, billigen Mitteln gerecht zu werden, hat die Verbreitung der Stromregelung durch dritte Bürste in Amerika wesentlich begünstigt. In Fällen, wo sich die Beibehaltung der Spannungsregelung als notwendig erwiesen hat, wie bei den Omnibusanlagen, hat man durch räumliche Trennung des Reglers von der Lichtmaschine brauchbare Arbeitsbedingungen zu schaffen gesucht. Diese Trennung führt aber leicht zu neuen Anständen. Bei uns haben die angegebenen Schwierigkeiten zur Entwicklung der bekannten zylindrischen Reglerbauart mit Anbau an die Lichtmaschine geführt, und erst neuerdings ist es gelungen, eine brauchbare Lösung der Flachankerform – wie wir

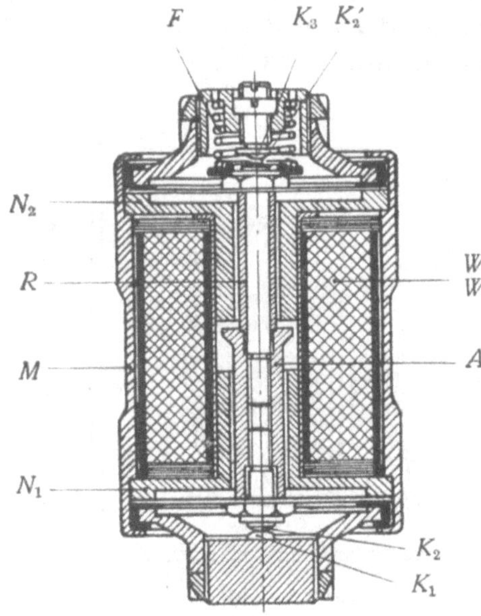

Bild 282. Elektromagnetischer Spannungsregler, zylindrische Bauart (Robert Bosch A.-G.)

unten sehen werden, sogar in engem Zusammenbau mit dem elektromagnetischen Schalter – zu finden, die einen Anbau an die Lichtmaschine gestattet.

Wir betrachten in Bild 282 einen Regler der bisher fast ausschließlich üblichen zylindrischen Bauart. Dieser Regler gehört zu einer spannungsregelnden Lichtmaschine der Firma Robert Bosch A.-G. Die Bezeichnungen des Bildes entsprechen denen des Schaltplans des Schnellreglers in Bild 248, so daß sich die Reglerteile schnell erkennen lassen. Die Grundform des Reglers ist durch eine zylindrische Spule mit den im Bild nicht unterschiedenen Wicklungen W_1 und W_2 gegeben. Die innen liegende Wicklung W_2 enthält mehrere Windungen starken Kupferdrahts und führt den gesamten Maschinenstrom. Die andere, außenliegende, dünndrähtige Wicklung W_1 liegt an der Klemmenspannung der Maschine. Beide Wicklungen sind zu einer einzigen, gut isolierten Spule vereinigt. Der magnetische Kreis dieser Spule wird gebildet durch den die Spule umhüllenden Mantel M, zwei Eisenflansche N_1 und N_2, die mit rohrförmigen Verlängerungen in das Spuleninnere ragen und den Anker A. Dieser Anker besteht aus einem eisernen Zylinder, der mit geringem Luftspalt in dem Rohr des Flansches N_1 längs beweglich angeordnet ist und mit seinem verbreiterten Kopf der rohrförmigen Verlängerung des Flansches N_2 gegenübersteht. Der

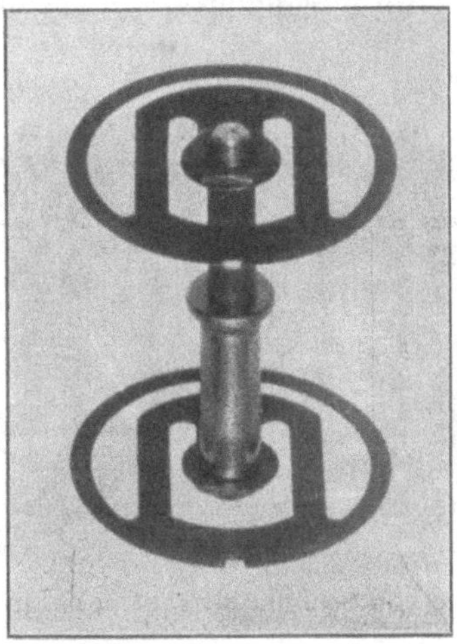

Bild 283. Anker mit Aufhängefedern von einem Regler nach Bild 282

Anker ist unter Zwischenfügung eines aus Leichtmetall bestehenden Rohres R mittels zweier Messingschrauben oben und unten zwischen zwei Blattfedern nach Bild 283 aufgehängt. Diese Anordnung des magnetischen Kreises ist in ihrer Geschlossenheit besonders geeignet, den Regleranker vor den Einflüssen fremder Felder zu schützen; beim Anbau des Reglers an die Lichtmaschine spielt dies eine wichtige Rolle. Die Aufhängung zwischen den beiden Federn ermöglicht eine besonders gute Parallelführung des Ankers. Die aus dem Bild 283 ersichtliche Ausbildung der Federn gibt bei nur geringer zusätzlicher Richtkraft in der Achsrichtung des Reglers große Steifheit in radialer Richtung. Man sieht, daß diese Bauart eine denkbar günstige, von den Stößen des Fahrzeugbetriebes wenig beeinflußte Aufhängung des beweglichen Systems ermöglicht. Auf den Köpfen der beiden Messingschrauben des Ankers sitzen die Kontakte K_2 und K_2', denen jeweils ein feststehender Kontakt K_1 und K_3 gegenübersteht. Da die Kontakte K_2 und K_2' durch den Anker leitend miteinander verbunden sind, sind sie im Schaltbild (Bild 248) zu einem Kontakt K_2 zusammengezogen. Um das obere Kontaktpaar liegt die Schraubenfeder F, die das bewegliche System nach abwärts drückt und das untere Kontaktpaar zu schließen, das obere Kontaktpaar zu öffnen sucht. Nach oben und unten ist der Regler durch isoliert eingebördelte Deckel gut verschlossen. In dem unteren Deckel sitzt eine verstellbare Schraube, die den Kontakt K_1 trägt, in dem oberen Deckel eine ebenfalls einstellbare haubenförmige Schraube, in der die Schraubenfeder F sich abstützt und eine weitere

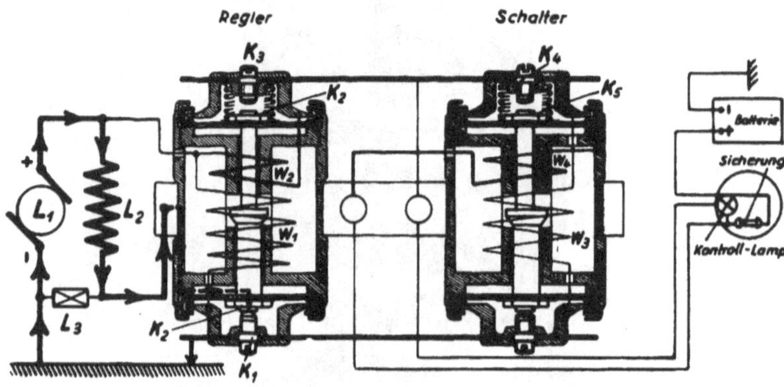

Bild 284. Schaltbild von Spannungsregler und selbsttätigem Schalter

kleine, den Kontakt K_3 tragende Schraube verstellbar befestigt ist. Diese Schrauben dienen zur Einstellung des Reglers. Sie sind gegen selbsttätiges Lösen gesichert.

Bild 284 zeigt auf der linken Seite die Schaltung der Kontakte und Wicklungen. Die Spannungs- und Stromwicklung W_1 und W_2 stehen an ihrem einen Ende miteinander in Verbindung. Dieses Ende wird isoliert durch das Reglergehäuse hindurchgeführt und mit Hilfe eines Kabelschuhes mit der positiven Bürste der Lichtmaschine verbunden. Das andere Ende der Spannungswicklung liegt am unteren Reglerdeckel, der mit Masse verbunden ist. Der zylindrische Eisenteil des Gehäuses, und über die Aufhängefedern damit auch die beweglichen Kontakte K_2 und K_2', wird mit dem an dem Vorschaltwiderstand L_3 liegenden Ende der Erregerwicklung L_2 verbunden. An den oberen

Deckel des Reglers und damit an den Reglerkontakt K_2 ist das Ende der Stromspule des Reglers angeschlossen. Von diesem Deckel wird der Maschinenstrom weitergeführt.

Sobald die Spule genügend erregt wird, wird der Anker gegen den Druck der Schraubenfeder hochgezogen und die Kontakte K_1 und K_2 werden geöffnet. Es beginnt das schon im vorhergehenden Abschnitt besprochene Reglerspiel zunächst zwischen den Kontakten K_1 und K_2 und bei weiterer Drehzahlsteigerung zwischen den Kontakten K_2' und K_3.

Neuerdings haben die Firmen Bosch und Scintilla zylindrische Regler auf den Markt gebracht, die mit dem selbsttätigen Schalter vereinigt sind. Diese Lösungen sollen nach Besprechung des Schalters besonders betrachtet werden.

2. Der elektromagnetische Schalter

Bei der Betrachtung der Arbeitsweise der Lichtmaschine wird man immer wieder auf ihr Zusammenarbeiten mit der Batterie geführt, die ein unentbehrlicher Bestandteil der zeitgemäßen Kraftfahrzeugausrüstung ist. Wie aus den Bildern 248, 257 usw. ersichtlich ist, liegt die Batterie parallel mit den stromverbrauchenden Apparaten an den Klemmen der stromliefernden Maschine. Wäre diese Verbindung der Maschine mit der Batterie dauernd, so würde, wenn durch Verringerung der Drehzahl die Maschinenspannung unter die Batteriespannung sinkt, ein Rückstrom von der Batterie durch die Maschine einsetzen. Dieser würde bei starkem Abfallen der Maschinenspannung, z. B. beim Stillsetzen der Maschine, so hoch werden, daß die Batterie schnell entladen und die Maschine durch Überhitzung zerstört würde. Man kann selbstverständlich nicht damit rechnen, daß der Fahrer zur rechten Zeit von Hand die Verbindung zwischen Batterie und Maschine löst und wiederherstellt und muß daher selbsttätige Schutzvorrichtungen schaffen. Der Rückstrom aus der Batterie versucht, die Lichtmaschine als Motor anzutreiben. Würde die Lichtmaschine als Motor frei laufen können, so würde der Rückstrom infolge der gegenelektromotorischen Kraft des Ankers in solchen Grenzen bleiben, daß eine Gefährdung der Maschine nicht vorhanden wäre. Dies ist jedoch im allgemeinen nicht möglich, da die Lichtmaschine mit dem Verbrennungsmotor gekuppelt ist. Früher versuchte man allerdings diese Lösung durch Einbau eines Freilaufs zwischen Verbrennungsmotor und Lichtmaschine. Die Maschine konnte dann als Motor im Leerlauf mit verhältnismäßig geringem Stromverbrauch ohne Schaden zu nehmen umlaufen, bis der Fahrer sie von Hand vom Netz abschaltete. Ein längerer Leerlauf der Maschine mußte selbstverständlich auch vermieden werden, denn der Stromverbrauch betrug immerhin etwa 3 bis 5 A, beanspruchte also die Batterie stark. Den Freilauf machte man mit Vorliebe etwas geräuschvoll, damit der Fahrer an das Ausschalten erinnert wurde.

Eine andere mechanische Lösung der Aufgabe wurde durch Fliehkraftschalter versucht. Bei der Fahrzeuglichtmaschine ist die Drehzahl der in erster Linie für die Spannung und Leistung maßgebende Faktor, und es liegt daher nahe, das Einschalten in Abhängigkeit von der Drehzahl vorzunehmen. Ausschlaggebend für den richtigen Einschaltzeitpunkt ist aber stets die Spannung an der Lichtmaschine. Zum Beispiel liegt die Möglichkeit vor, daß die Lichtmaschine infolge irgendeines Fehlers trotz genügender Drehzahl keine Spannung gibt. Der Fliehkraftschalter würde trotzdem einschalten, und die Batterie könnte sich in einem starken Rückstrom über die Maschine entladen und diese womöglich erheblich beschädigen. Da der Fliehkraftschalter außerdem konstruktiv nicht einfacher zu lösen war als der von der Spannung abhängige elektromagnetische Schalter, so ist jener nicht über Versuchsausführungen hinausgekommen.

In zeitgemäßen Anlagen findet man nur noch elektromagnetische Schalter, die nach Erreichen einer genügend hohen Maschinenspannung die Verbindung zwischen Maschine und Batterie bzw. dem gesamten Netz herstellen und nach Unterschreiten dieser Spannung die Verbindung wieder unterbrechen. Wie Bild 248 zeigt, entspricht ein solcher Schalter in seinen Grundzügen ganz dem bereits besprochenen elektromagnetischen Spannungsregler.

Das Schließen oder Öffnen der Verbindung erfolgt durch ein Kontaktpaar K_4 und K_5. K_4 ist fest angebracht, während K_5 mit dem Anker eines Elektromagneten beweglich ist und im Ruhezustand durch die Feder F von K_4 abgezogen wird. Der Elektromagnet wird von den Spulen W_3 und W_4 erregt. W_3 liegt an den Klemmen der Maschine und steht also unter dem Einfluß der Maschinenspannung. Ist die Maschinenspannung groß genug geworden, so wird der Anker angezogen und schließt die Kontakte K_4 und K_5. Die Maschine schickt Strom ins Netz. Dieser Strom durchfließt und verstärkt die Wirkung des Elektromagneten, sobald die Spannungsspule den Schluß der Kontakte bewirkt hat.

Die Hauptaufgabe der Wicklung W_4 ist aber eine andere. Fällt nämlich die Maschinenleistung ab, solange der Schalter geschlossen ist, so bleibt durch die Batterie die Spannung an den Enden der Spule W_3 nach Stärke und Richtung gleich, auch dann, wenn infolge geringer Maschinenleistung nicht Strom von der Maschine zum Netz sondern Rückstrom vom Netz in die Maschine fließt. Der Schalter würde bei Fehlen der Stromspule W_4 erst öffnen, wenn die Batteriespannung selbst durch etwa entnommenen Nutzstrom und den Rückstrom durch die Maschine unter die Schließspannung des Schalters abgefallen wäre, denn zum Festhalten des angezogenen Ankers genügt eine geringere Amperewindungszahl als zum Heranziehen aus der Ruhestellung. Der durch W_4 fließende Rückstrom erzeugt Amperewindungen, die den in der Spannungsspule erzeugten entgegenwirken und die Zugkraft des Magnets bei genügend starkem Rückstrom soweit schwächen, daß die Schalterfeder den Anker wieder abreißen kann. Die Stärke des Rückstromes, bei dem der Schalter öffnet, ist je nach Bauart und Einstellung verschieden. Sie darf nicht zu hoch sein, um übermäßige Entladung der Batterie und Beschädigung der Kontakte zu vermeiden, sie muß aber andererseits so hoch sein, daß zur Vermeidung von Übergangswiderständen etwa an den Kontakten vorhandene Niederschläge von aus den Isolierstoffen freiwerdenden Dämpfen durch den Öffnungsfunken vollständig und ohne Rückstandbildung verbrannt werden. Im Mittel kann man etwa mit 2 bis 4 A Rückstrom rechnen.

Für das Arbeiten gelten im allgemeinen die beim Regler bereits besprochenen Forderungen, nur ist die Genauigkeit des Zeitpunktes für Öffnen und Schließen der Kontakte nicht von so ausschlaggebender Bedeutung wie beim Regler. Wichtig ist, daß die Kontakte unter genügendem Kontaktdruck stets gut schließen und Einschalt- und Ausschaltdrehzahl genügend weit auseinanderliegen. Würden beide Schaltvorgänge bei derselben Drehzahl erfolgen, so würde der Schalter in schneller Folge öffnen und schließen, wenn der Motor zufällig längere Zeit mit der kritischen Drehzahl liefe. Dadurch würden die Kontakte sehr rasch abgenützt.

Bei Zusammenarbeiten von Lichtmaschine und Batterie läßt sich der zum Öffnen nötige Rückstrom stets so bemessen, daß die Drehzahl, bei der der Schalter ausschaltet, auf jeden Fall erheblich unter der Einschaltdrehzahl liegt.

Wie wir schon oben bemerkten, gleichen die elektromagnetischen Schalter ihrem grundsätzlichen Aufbau nach fast völlig den besprochenen Spannungsreglern. Ihre Hauptteile sind wieder: der Elektromagnet mit den Wicklungen und der Anker mit Federn und Kontakten. Nach der Ausbildung dieser Teile unterscheidet man auch hier zwei Bauarten: 1. Schalter mit Flachanker, der vor dem Spulenkern in einem Gelenk oder an einer Blattfeder aufgehängt ist, und 2. Schalter mit zylindrischem Anker, der wie bei dem besprochenen Spannungsregler an zwei Blattfedern im Innern der Spule hängt.

Die Flachanker-Bauart ist billig, denn sie kann fast ausschließlich mit gestanzten und gebogenen Teilen ausgeführt werden. Sie ist beim Schalter im Gegensatz zum Regler leicht auszuführen, weil an die Arbeitsweise des Schalters nicht so hohe Anforderungen zu stellen sind wie beim Regler. Ein Musterbeispiel billiger, einfacher Her-

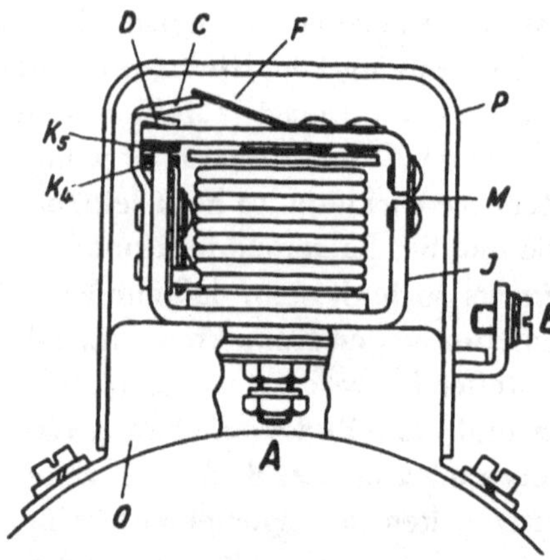

Bild 285. Selbsttätiger Schalter der Flachankerbauart

stellungsart zeigt der Schalter Bild 285. Dieser Schalter wird auf der Lichtmaschine befestigt. Die Klemme A wird mit der isolierten Hauptbürste verbunden. Von A aus geht der Strom über das eiserne, vom Lichtmaschinenkörper isolierte Joch J zum Anker, der durch eine angenietete Blattfeder M mit dem Joch verbunden ist. Am Anker sitzt der bewegliche Kontakt K_5. Dieser legt sich bei angezogenem Anker an den festen Kontakt K_4, der auf einem Blech sitzt, das wiederum isoliert an das Joch genietet ist. An dieses Blech ist ein Ende der Stromspule des Elektromagneten gelötet. Das andere Ende ist an einen isoliert am Joch sitzenden Winkel gelötet, der an dem nach außen ragenden Schenkel die Klemme B zum Anschluß des zur Batterie führenden Kabels trägt. Die unter der Stromspule liegende Spannungsspule liegt zwischen der Klemme A und Masse. Im Gegensatz zu der bei uns meist üblichen Wicklungsart liegt bei den amerikanischen Schaltern die Stromwicklung fast stets über der Spannungswicklung, was vermutlich in der Herstellung begründet ist.

Der Einschaltpunkt des Schalters wird durch die Spannung der Feder F bestimmt, die den Anker vom Elektromagneten abzieht. Die Einstellung der Federspannung erfolgt in sehr einfacher Weise durch Biegen des Lappens C an einem mit dem Joch vernieteten unmagnetischen Blech. Weiter ist für den Einschaltpunkt aber auch der Ankerabstand wesentlich, der durch den ebenfalls durch Verbiegen einstell-

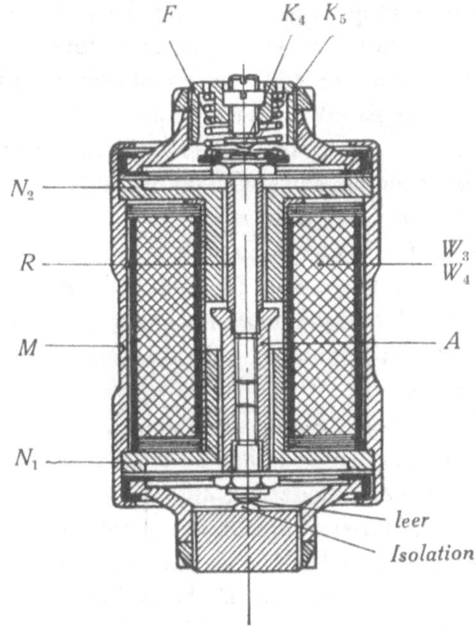

Bild 286. Selbsttätiger Schalter der zylindrischen Bauart

baren Lappen D bestimmt wird. Als Kontaktmaterial wird meist Silber verwendet.

Diese einfachste Ausführung der Flachankerschalter wird vielfach durch die verschiedensten Abänderungen vervollkommnet. Zum Beispiel verbessert man die Einstellmöglichkeiten durch Verwendung von Schrauben statt der genieteten verbiegbaren Bleche. Auch findet man häufig andere Konstruktionen der Rückholfeder für den Anker.

In Anlagen, die mit elektromagnetischen Spannungsreglern zylindrischer Form nach dem Tirrillsystem arbeiten, hat man bisher meist auch **Schalter der zylindrischen Bauart** benutzt. Diese unterscheiden sich ihrem Aufbau nach kaum vom elektromagnetischen

Regler (Bild 282). Nur die beiden Wicklungen werden anders bemessen, entsprechend den anderen Aufgaben, die der Schalter zu erfüllen hat, und zumeist wird nur das obere Kontaktpaar verwendet, das entsprechend der Stärke der aus- und einzuschaltenden Ströme besonders zu bemessen ist. Bild 286 zeigt einen derartigen Schalter. Bei manchen Bauarten verwendet man das untere Kontaktpaar auch beim Schalter, und zwar zum Ein- und Ausschalten der Ladekontrollampe und bei elektromagnetisch geschaltetem Anlasser zur Sicherung gegen fehlerhaftes Einschalten des Anlassers bei laufendem Verbrennungsmotor. Erreicht die Lichtmaschine die Einschaltdrehzahl, so schließen die oberen und öffnen die unteren Kontakte. Die Kontrollampe erlischt; versehentliches Einschalten des Anlassers ist durch Unterbrechen der Leitung zum elektromagnetischen Anlaßschalter unterbunden, solange der Verbrennungsmotor die Lichtmaschine mit höherer als der Einschaltdrehzahl antreibt. Die Anlaßsicherung ist also nur beschränkt.

Die Frage der Unterbringung des Schalters haben wir bereits auf Seite 47 gestreift. Der Flachankerschalter wird ausschließlich bei stromregelnden Maschinen verwendet und meist in einfachster Weise auf die Maschine gesetzt, teils aber auch am Kollektorlagerschild untergebracht.

Bei der Maschine mit Spannungsregelung ergibt der Einbau am Kollektorlagerschild ein vorteilhaftes Zusammenfassen von Regler und Schalter, etwa nach der Schilderung auf Seite 47 und Bild 191. Regler und Schalter werden dabei mittels Bolzen durch einen Bügel auf eine isoliert am Lagerschild befestigte Brücke gezogen. Der Schalter ist außerdem noch gegen Bügel und Brücke isoliert. Auf dem Bügel sind die Anschlußklemmen für den Anschluß zur Batterie und zur Ladekontrollampe angebracht. Damit ergibt sich ein Stromverlauf und eine Arbeitsweise nach Bild 284.

Von der positiven Klemme der Maschine geht eine Leitung für den von der Lichtmaschine gelieferten Strom isoliert durch den Mantel des Reglers zur Stromspule und von dieser zum Deckel des Reglers, in dem der Kontakt K_3 sitzt. Von hier fließt der Strom durch eine Brücke weiter zum Deckel des Schalters und damit zum Schalterkontakt K_4. Die Spannungsspule liegt im Schalter zwischen den beiden Deckeln des Gehäuses, d. h. zwischen der von der Stromspule des Reglers kommenden und der zum Maschinenkörper und damit zur negativen Bürste führenden Leitung. Sobald die Zugkraft der Spannungsspule den Widerstand der Schraubenfeder überwindet, fließt der von der Maschine kommende Nutzstrom vom Kontakt K_4 über K_5 und die Ankerblattfeder zur Stromspule des Schalters und durch diese zur Maschinenklemme und weiter zur Batterie. In Bild 287 geben wir Regler und Schalter nochmals in einbaufertigem Zustand sowie aufgeschnitten wieder.

Alle Anschlüsse erfolgen durch Verschrauben, damit sie bei den starken Erschütterungen im Fahrzeug stets sicheren Kontakt geben.

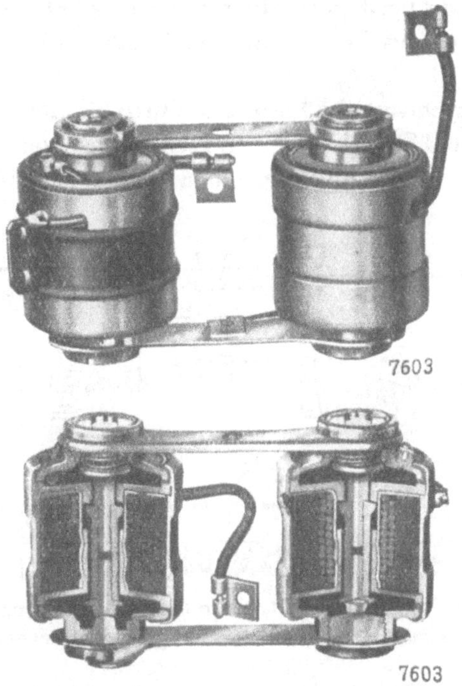

Bild 287. Bosch-Regler und -Schalter, einbaufertig und aufgeschnitten

Regler und Schalter sind in sich fest geschlossene Einheiten. Bei einem jetzt nicht mehr hergestellten Erzeugnis werden Regler und Schalter vermittels einer Bajonettfassung eingesetzt, wobei die Verbindungen durch federnde Kontakte hergestellt werden. Bei Störungen kann dann ein im Fahrzeug mitgeführter Ersatzteil leicht eingesetzt werden. Bei der Seltenheit, mit der Störungen an gut gebauten Reglern und Schaltern auftreten, erscheint diese Fürsorge aber unnötig. Zudem geben gerade die unsicheren Kontakte in der Bajonettfassung leicht zu Anständen Anlaß.

3. Vereinigung von Regler und Schalter

Aus unserer Darstellung ergibt sich, daß Regler und Schalter in ihren Grundzügen in vieler Beziehung übereinstimmen. Es ist daher auch schon häufig der Versuch gemacht worden, beide in einem Apparat zu vereinigen. Dabei geht man meist darauf aus, den Elektromagneten für beide Zwecke auszunützen. Es liegt dann ein Aufbau nach Bild 288 nahe, bei dem je ein Ende des Elektromagnets für die Beeinflussung des Regler- und des Schalterankers ausgenutzt wird.

Eine weiter entwickelte Lösung ist durch Bild 289 dargestellt. Hier ist für Regler und Schalter nur ein Elektromagnetanker vorgesehen. Dieser öffnet durch den überwiegenden Zug der Feder F im Ruhestand

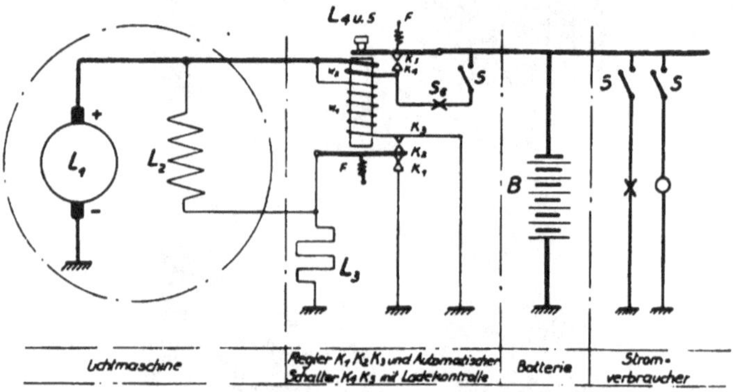

Bild 288. Schaltbild einer elektrischen Lichtanlage. Spannungsregler und selbsttätiger Schalter vereinigt. Zweiankerbauart

oder bei geringen Maschinenspannungen das Schalterkontaktpaar K_4 und K_5 gegen die Kraft der Feder, an der K_4 befestigt ist. Wird der Elektromagnet durch die Spannungsspule W_1 in ausreichendem Maße erregt, so gibt der angezogene Anker den Kontakt K_4 frei, der nun durch Berühren des Kontakts K_5 die Verbindung zwischen Lichtmaschine und Batterie herstellt. Bei weiter steigender Spannung wird der Anker an den beweglichen Reglerkontakt K_2 herangezogen, und es beginnt dann in der früher geschilderten Weise das Spiel der Reglerkontakte K_2, K_1 und bei weiterer Spannungssteigerung das Spiel der Reglerkontakte K_2, K_3. Beim Zurückgehen der Lichtmaschinenleistung hält die an der Batteriespannung liegende Wicklung W_1 den Anker solange fest, bis der Rückstrom in W_2 den Schaltermagneten so sehr schwächt, daß die Feder F die Kontakte K_4, K_5 zu öffnen vermag.

Nun begegnet die Vereinigung von Regler und Schalter in einer Vorrichtung mit demselben Kraftlinienweg und denselben Spannungs- und Stromwicklungen in der Praxis ganz wesentlichen Schwierigkeiten. Nicht nur der Kraftlinienweg, sondern vor allem die Bemessung der Spannungs- und insbesondere der Stromwicklung stellen dem Entwurf schwer zu lösende Aufgaben. Hauptsächlich ist die günstigste Bemessung der Stromwicklung für Schalter und Regler durchaus nicht dieselbe. Es gilt vielmehr einen möglichst brauchbaren Mittelwert zu finden, wodurch beim Schalter kein zu großer Rückstrom, beim Regler eine brauchbare Regelung ermöglicht wird.

Die angegebenen grundsätzlichen Lösungen sind in einer größeren Zahl von Patenten des In- und Auslandes weiter ausgebaut worden.

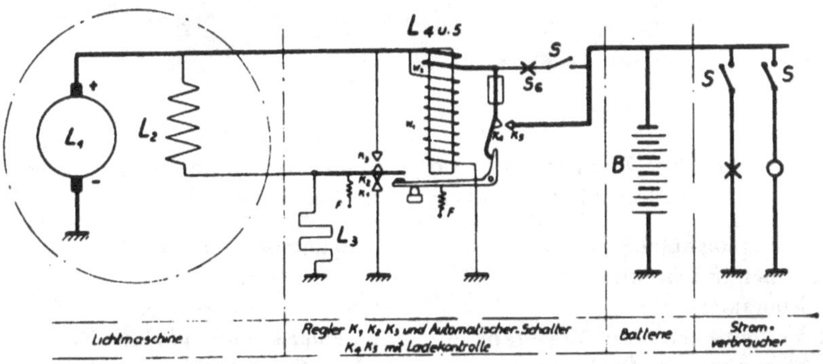

Bild 289. Schaltbild einer elektrischen Lichtanlage, Spannungsregler und selbsttätiger Schalter vereinigt. Einankerbauart

In Amerika sind früher auch praktische Ausführungen auf den Markt gekommen, doch hat der Reglerschalter lange Zeit weder im Auslande noch bei uns Boden gefaßt. Erst in neuester Zeit scheinen die auf diesem Gebiete durchgeführten Arbeiten von Erfolg gekrönt zu sein.

Wir zeigen im Folgenden zunächst zwei Beispiele von vereinigten Reglerschaltern der zylindrischen Bauart in den Ausführungsformen der Firmen Scintilla und Robert Bosch A.-G.

Bild 290 gibt einen Schnitt durch den Scintilla-Reglerschalter wieder. Der Apparat ist auf zwei im wesentlichen getrennten magnetischen Kreisen aufgebaut; eine Vereinigung liegt nur insofern vor, als für beide Kreise an den inneren Stirnflächen der Spulen ein gemeinsamer Kraftlinienweg benutzt wird. Die Kontaktsysteme von Regler und Schalter aber und ihre Schaltbewegungen sind unabhängig voneinander.

Das Bild dürfte an Hand der beigefügten Erläuterungen ohne weiteres verständlich sein. Es geht daraus hervor, daß der Regler mit einem Kontaktpaar und einem nach der Beschreibung auf Seite 109 als Entmagnetisierungsspule gewickelten Vorschaltwiderstand arbeitet.

Weiter als die Firma Scintilla geht die Firma Bosch in der Vereinigung bei ihrem Reglerschalter nach den Bildern 193, 291 und 292. Wie Bild 291 zeigt, hat der Apparat nur e i n e n magnetischen Kreis

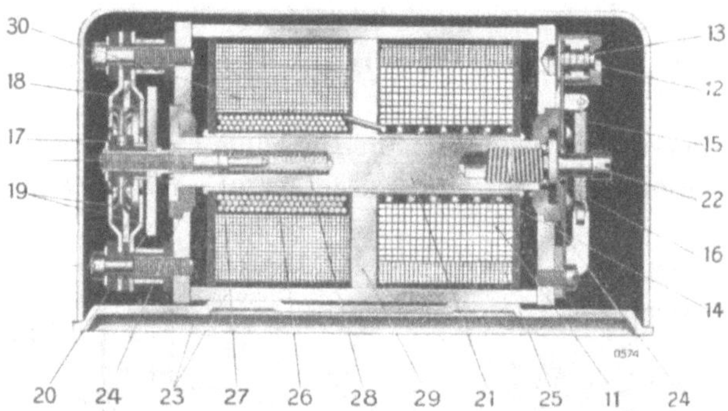

Bild 290. Zusammenbau von Spannungsregler und Schalter.
Zwei Wicklungssysteme, zwei Anker. (Scintilla)

11. Spannungsspule des Reglers
12. Isolierter Vibreurkontakt auf Kontaktträger
13. Vibreurkontakt auf Membrane
14. Stromspule des Reglers
15. Vibreurmembrane
16. Vibreurfeder
17. Kontaktbürste des Ein- und Ausschalters
18. Kontaktplatte mit Dynamoanschluß
19. Kontaktplatten für Batterieanschluß
20. Magnetische Schalterplatte
21. Spulenkern
22. Befestigungsschraube des Vibreurs
23. Gehäuse und Sockel des Reglers
24. Messingscheibe für Kraftlinienunterbrechung
25. Entmagnetisierspule
26. Stromspule des Ein- u. Ausschalters
27. Reguliersschraube des Schalters
28. Druckfeder des Ein- u. Ausschalters
29. Trennungswand in der Hülse
30. Spannungsspule des Ein- und Ausschalters

und nur e i n e aus Stromspule (W_2) und Spannungsspule (W_1) bestehende Wicklung. In dieser Wicklung ist ähnlich wie bei den getrennten Reglern und Schaltern derselben Firma ein zusammengesetzter Anker mit den Flanschen N_1 und N_3 an den Blattfedern P_1 und P_2 beweglich aufgehängt. Der Anker besteht wie beim früher beschriebenen Regler nur zum Teil aus magnetischem Werkstoff. In ihm wird bei Erregung der Spulen ein Magnetfluß erzeugt, der über den Flansch N_2 vom Ende des magnetischen Teiles des Ankers zum Flansch N_4 des Gehäuses D und durch dieses zurück zum linken Ankerende geht. Die zwischen N_2 und N_4 wirkende Anziehungskraft verschiebt den Anker und betätigt dadurch die mit K_1 bis K_5 bezeichnete Mehrfachkontaktvorrichtung.

Diese bildet mit dem Kontakt K_2 und den in einem gehäuseartigen Gebilde H zusammengefaßten Kontakten K_1 und K_3, die Reglerkontakte, mit K_4 und K_5 die Schalterkontakte. H ist an der Blattfeder P_5

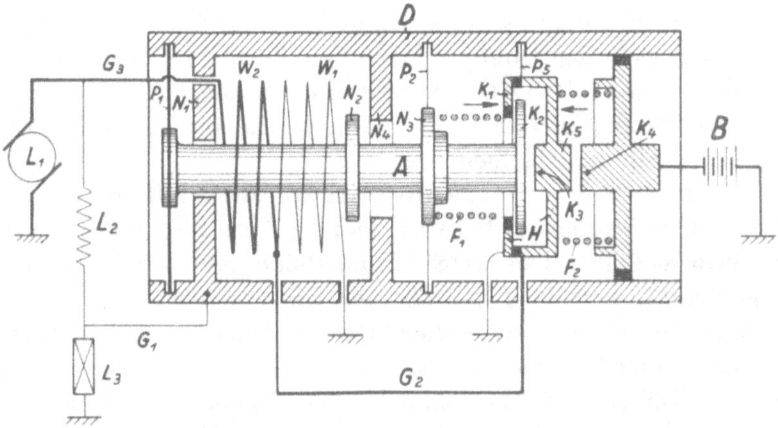

Bild 291. Vereinigung von Spannungsregler und Schalter. Zylindrische Einanker-Bauart mit einem Wicklungssystem. (Robert Bosch A.-G.)

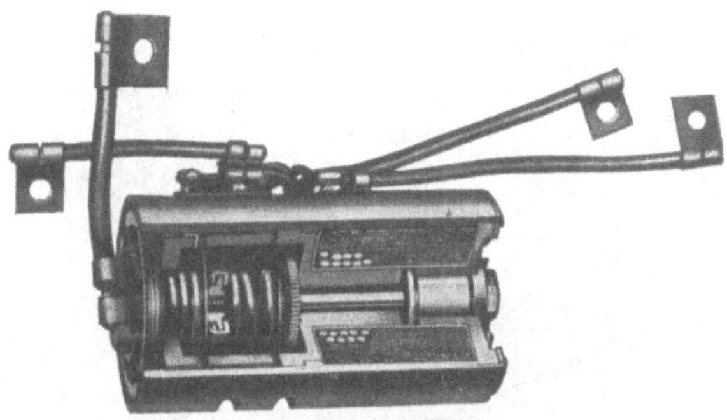

Bild 292. Vereinigung von Spannungsregler und Schalter nach Bild 291

aufgehängt und in der Längsrichtung des Reglerschalters parallel zur Ruhestellung verschiebbar. K_1 und K_2 sind in der Ruhelage unter dem Druck der Feder F_1 geschlossen, K_4 und K_5 unter dem Druck von F_2 geöffnet. Die Federkraft von F_1 ist wesentlich größer als die von F_2. Daher wird, sobald W_1 in genügendem Maße erregt wird, d. h. sobald die Lichtmaschine (L_1 Anker, L_2 Erregerwicklung, L_3 Regelwiderstand) eine zum Laden der Batterie B ausreichende Spannung liefert, der Anker A mit dem Kontaktgehäuse H bei geschlossenen Kontakten K_1 und K_2 gegen den Druck von F_2 auf K_4 zu bewegt, bis K_5 und K_4 geschlossen sind. Steigt jetzt die Spannung weiter, so beginnt in der vom einfachen Regler her bekannten Weise gegen den Druck der Feder F_1 das Reglerspiel zwischen den Kontakten K_2 und K_1 oder K_2 und K_3. Dabei wird auf der ersten Regelstufe der Widerstand L_3 auf dem Wege G_1-D-P_1-A-K_2-K_1-Masse abwechselnd kurzgeschlossen und eingeschaltet und auf der zweiten Regelstufe die Erregerwicklung L_2 auf dem Wege G_2-W_2-G_2-K_3-K_2-A-P_1-D-G_1 abwechselnd eingeschaltet und kurzgeschlossen. Wichtig ist, daß bei diesem Reglerspiel die Schalterkontakte K_4, K_5 völlig in Ruhe bleiben.

Einen besonders bemerkenswerten Fortschritt auf dem Gebiete des Lichtmaschinenbaues hat schließlich die Firma Robert Bosch A.-G. mit dem in Bild 293 an einer Lichtmaschine gezeigten Flachanker-Reglerschalter erreicht. Die Bedeutung dieses Erfolges liegt in erster Linie auf dem Gebiete der Preisbildung. Wie leicht einzusehen ist, läßt sich ein solcher Reglerschalter fast vollständig aus gestanzten und gedrückten Teilen herstellen, während bei den runden Apparaten dieser Art viel teure Dreharbeit geleistet werden muß. Die Arbeitsweise des Reglerschalters ist an Hand des Schemas Bild 289 ohne weiteres zu überblicken.

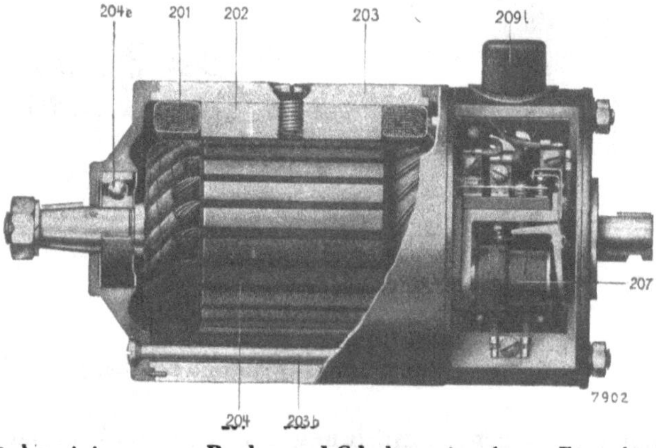

Bild 253. Vereinigung von Regler und Schalter, eingebaut. Einankerbauart mit Flachanker, ein Wicklungssystem. (Robert Bosch A.-G.)

201. Feldwicklung
202. Pol
203. Polgehäuse
203b. Durchgehender Bolzen zum Zusammenhalten von Lagerschilden und Polgehäuse
204. Anker
204e. Kugellager
207. Reglerschalter
209l. Anschlußklemmen

VI. Einbau und Wartung

1. Einbau und Antrieb der Lichtmaschine

Der Einbau der Lichtmaschine ins Fahrzeug und die Art des Antriebes sind eng miteinander verknüpft. Vor allem sind zwei Fälle zu unterscheiden:

1. Die Lichtmaschine ist in ein bereits fertiggestelltes Fahrzeug nachträglich einzubauen.
2. Der Einbau wird schon bei der Konstruktion des Fahrzeuges vorgesehen.

Der erste Fall, daß eine Lichtmaschine nachträglich in ein fertiges Fahrzeug eingebaut werden soll, kommt bei Personenkraftwagen heute nur noch in Ausnahmefällen vor. Es kann sich dabei nur um veraltete Fahrzeuge handeln, denn schon seit Jahren kommt kein Personenwagen ohne elektrische Lichtanlage mehr aus der Fabrik. Bei Lastkraftwagen wird man häufiger vor diese Aufgabe gestellt, obwohl auch diese jetzt wenigstens in Deutschland fast ausschließlich mit elektrischer Ausrüstung geliefert werden. In Amerika und vor allem in England gibt es dagegen nach „Automotive Industries"*) noch eine ganze Reihe von Fabriken, die ihre Lastkraftwagen nur auf besonderen Wunsch mit Lichtmaschinen ausrüsten.

Am häufigsten aber fehlt die Lichtmaschine noch am Motorrad. Hier ist der Preis der elektrischen Anlage im Verhältnis zum Preis des Rades in der Regel ziemlich hoch, so daß der Hersteller des Rades dieses oft ohne Lichtanlage oder mit der veralteten Azetylenausrüstung anbietet. Vielfach ist dann leider auch der nachträgliche Einbau einer Lichtmaschine bei der Konstruktion des Rades nicht berücksichtigt worden, so daß sich später nur schwer eine den Betriebsverhältnissen angemessene Unterbringung der Lichtmaschine finden läßt.

Wesentliche, beim Einbau der Lichtmaschine zu beachtende Gesichtspunkte sind: Schaffung von günstigen Antriebsbedingungen; gute Zugänglichkeit, damit Bürsten und Kollektor gelegentlich leicht geprüft werden können; günstige Bedingungen

*) Automotive Industries, Bd 58, Nr. 7, 18. 2. 1928.

für die Abfuhr der in der Maschine erzeugten Wärme; Schutz gegen Wärmezufuhr vom Fahrzeugmotor. Die beiden letzten Punkte müssen der Aufmerksamkeit des Motorenkonstrukteurs ganz besonders empfohlen werden. Die Eigenart des Kraftfahrzeugs verlangt nämlich bei den elektrischen Hilfsmaschinen die Erzielung verhältnismäßig hoher Leistungen bei kleinen Abmessungen, so daß es unmöglich ist, die Wirkungsgrade zu erzielen, die man sonst von elektrischen Maschinen verlangt. Die in Wärme umgesetzten verhältnismäßig großen elektrischen und magnetischen Verluste (vgl. Seiten 14, 26, 31) sind also in kleinen Werkstoffmengen konzentriert und müssen zu Überhitzung, d. h. in vielen Fällen zur Zerstörung der Isolationen der Wicklungen, des Kollektors und der Regel- und Schalteinrichtungen führen, wenn nicht für ausreichende Kühlung durch den vom Kühler her am Motor entlangstreichenden Kühlwind gesorgt wird. Die Lichtmaschine darf also nicht durch Motor- oder sonstige Wagenteile, z. B. Vergaser, Ansaug- und Auspuffrohre, Lenkgehäuse usw. gegen den Kühlwind abgedeckt werden. Dieser soll weiter nicht nur den oberen Teil der Lichtmaschine bestreichen, sondern auch seitlich und soweit als möglich nach unten an ihr entlang geführt werden. Deshalb soll die Maschine nicht zu eng an das Kurbelgehäuse oder sogar in eine Einbuchtung in dessen Wandung gelegt werden. In hohem Maße wird die richtige Windführung auch durch die dem Kühlwind gebotenen Abflußöffnungen beeinflußt.

Besonders schädlich ist es natürlich, wenn durch ungünstige Unterbringung der Lichtmaschine nahe den Motorzylindern und vor allem dem Auspuffrohr statt Wärmeabfuhr sogar noch Wärmezufuhr erfolgt. Wir werden darauf gleich an Hand von Beispielen zurückkommen. Als Maßstab kann dienen, daß die Temperatur am Maschinengehäuse im Betriebe nicht höher als etwa 65° steigen und die Kühlwindgeschwindigkeit bei 20 bis 30 km/h Fahrgeschwindigkeit wenigstens 2 m/s betragen sollte. Bei höheren Temperaturen tritt zunächst die Gefahr auf, daß das Lot, mit dem die Ankerdrähte in die Kollektorfahnen eingelötet sind, weich wird und die Drähte durch die beträchtliche Zentrifugalkraft, denen die Teile des schnell umlaufenden Ankers ausgesetzt sind, von den Fahnen getrennt werden. Dazu kommt die Gefahr der Zerstörung der Isolationen.

Gegen mechanische Beschädigungen, Verschmutzung und Witterungseinflüsse ist die stets völlig gekapselte Lichtmaschine an sich genügend geschützt; immerhin soll aber der Einbau nicht ohne jede Rücksicht auf diese Gesichtspunkte erfolgen.

Der Motorenkonstrukteur ist entgegen den bisher gegebenen Gesichtspunkten geneigt, die Frage des Antriebs der Lichtmaschine stark in den Vordergrund zu schieben, und zwar in dem Bemühen, eine billige Bauart zu finden, bei der die Lichtmaschine noch möglichst verborgen liegt und die erstrebten glatten Linien des Motors nicht stört. Demgegenüber sollte beachtet werden, daß nach der richtigen Lage der Lichtmaschine zum Motor die Zuverlässigkeit des Antriebs von großer Wichtigkeit ist. Deshalb ist ein Antrieb über Zahnräder anzustreben. Einem solchen gleichzusetzen ist der bei Kraftwagen vielverwendete Antrieb durch eine im Steuerrädergehäuse laufende Kette, denn bei der hier möglichen guten Schmierung erreicht die Kette

Bild 294. Antrieb der Lichtmaschine durch die Zahnkette im Steuerräderkasten

die für einen zuverlässigen Antrieb zu fordernde lange Lebensdauer (Bild 294). Eine frei laufende Kette ist dagegen starker Abnutzung ausgesetzt und daher nicht erwünscht. Bei dem Einbau nach Bild 294 wird die Lichtmaschinenwelle manchmal durch eine einfache Federpaketkupplung mit dem für den Antrieb der Lichtmaschine vorgesehenen Ritzel verbunden und dieses in einem Flansch gelagert, der durch dieselben Schrauben am Steuerrädergehäuse befestigt wird, wie die gleichfalls mit einem Flansch versehene Lichtmaschine. Hier besteht die Gefahr, daß bei etwa nötig werdendem Ausbau der Lichtmaschine das Antriebsritzel sich verschiebt und damit die über Kurbelwellenrad, Nockenwellenrad und Lichtmaschinenritzel laufende Kette lose wird.

Daraus erwächst dann die Möglichkeit, daß das richtige Verhältnis zwischen Kurbelwelle und Nockenwelle gestört wird. Es empfiehlt sich also, das Lichtmaschinenritzel für sich festzulegen, damit die Antriebskette auch bei Entfernen der Lichtmaschine stets straff gespannt und die zwangläufige Verbindung zwischen Kurbel- und Nockenwelle gesichert ist.

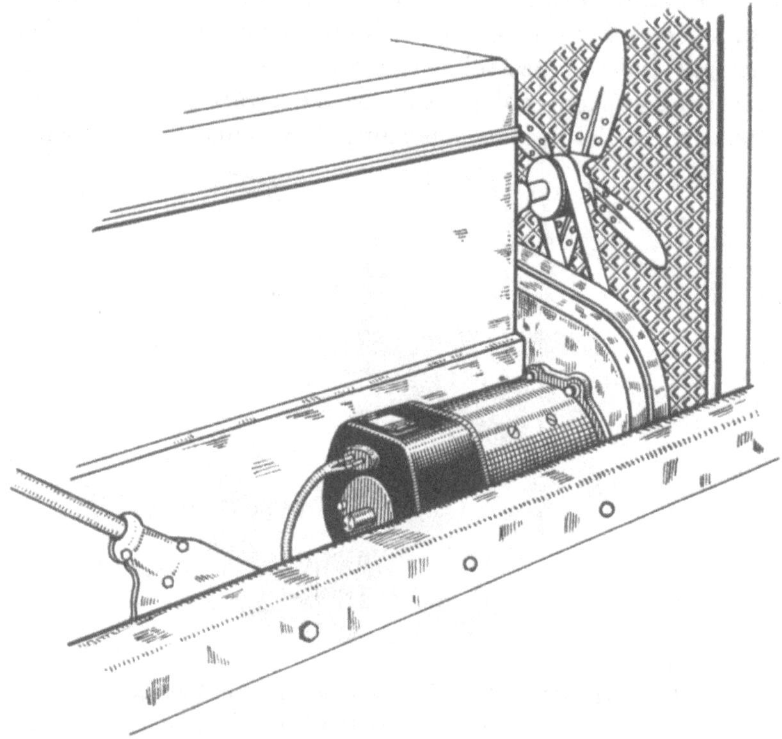

Bild 295. Ungünstiger Einbau der Lichtmaschine.
Diese ist gegen den Kühlwind abgedeckt

Ein Antrieb der Lichtmaschine durch Flachriemen, wie er früher häufig verwendet wurde, ist grundsätzlich abzulehnen, denn dabei ist stets mit Gleiten des Riemens und daher ungenügender Leistung der Lichtmaschine zu rechnen. Ein guter Keilriemen erscheint dagegen zulässig, doch ist hierbei regelmäßige Überwachung auf genügende Spannung des Riemens unumgänglich. Der Antrieb durch Zahnräder oder Kette bleibt daher auf jeden Fall empfehlenswert. Immerhin ist ein genaues Geschwindigkeitsverhältnis zum Motor für die Lichtmaschine nicht von so grundlegender Bedeutung wie für den Zünder.

Das **Übersetzungsverhältnis** zwischen Lichtmaschine und Motor richtet sich nach der Motorhöchstdrehzahl und nach der für die Lichtmaschine erforderlichen Einschaltdrehzahl sowie ihrer zulässigen Höchstdrehzahl. Zur Erzielung einer ausreichenden Leistung soll es möglichst so gewählt werden, daß die Maschine bei etwa 20 km Fahrgeschwindigkeit des Wagens die Nennleistung liefert. Wird die Lichtmaschine zusammen mit dem Magnetzünder angetrieben, so richtet

Bild 296. Mustergültiger Einbau einer Lichtzündmaschine an einem älteren „Adler"-Motor

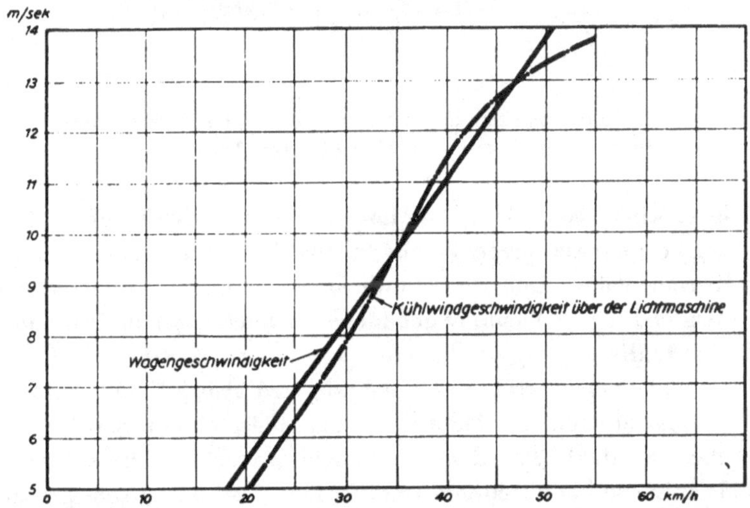

Bild 297. Kühlwindgeschwindigkeit über der Lichtmaschine in Abhängigkeit von der Wagengeschwindigkeit bei einem Einbau nach Bild 296

sich der Antrieb nach der für den Zünder erforderlichen Übersetzung. Man findet am häufigsten Übersetzungsverhältnisse von 1:1, 1:1,25, 1:1,5 (diese Werte hauptsächlich auch bei kombinierten Zündlichtmaschinen), selten auch höhere bis zu 1:2 und 1:3 oder alle möglichen dazwischenliegenden Werte.

Bei den meisten Wagenmotoren wird heute der Antrieb von den vorn liegenden Steuerrädern aus bewirkt. Daraus ergeben sich dann Einbauten nach den Bildern 295, 296, 298, 299 neben dem Kurbelgehäuse und den Zylinderblöcken. Zu Unzuträglichkeiten führt der zu enge Anbau an ein stark nach oben gezogenes Steuerrädergehäuse nach Bild 295, weil dabei die Maschine gegen den Kühlwind

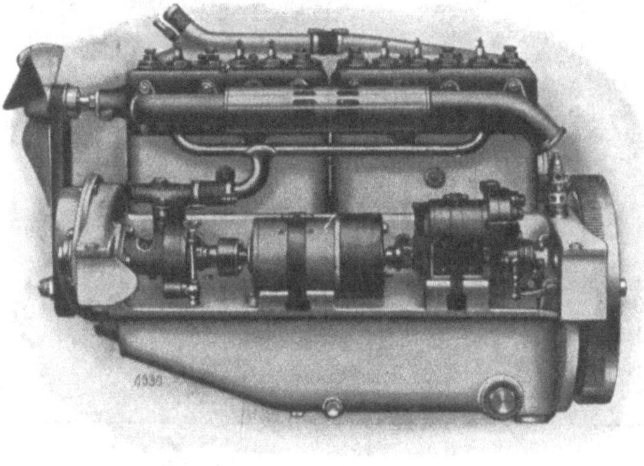

Bild 298. Gute Lage der Lichtmaschine vereinigt mit guter Ausnutzung des Antriebs an einem älteren Benz-Motor

abgedeckt wird. Wenn dann die Maschine noch reichlich tief liegt, so versinkt sie gewissermaßen in einem aus dem Steuerrädergehäuse, dem Kurbelgehäuse und der seitlich an den Fahrgestellrahmen anschließenden Blechverkleidung gebildeten engen Kasten, in dem kaum noch eine Luftbewegung stattfindet.

Im allgemeinen strebt man danach, den Antrieb für mehrere Zwecke auszunutzen. So sind z. B. bei dem Beispiel nach Bild 296 die Antriebe von Lichtzündmaschine und Ventilator vereinigt. Dieser Einbau darf als mustergültig bezeichnet werden. Die Maschine ist sehr gut zugänglich und wird, wie Bild 297 zeigt, voll vom Kühlwinde bestrichen. Die Kühlwindgeschwindigkeit wurde mit einem an der Lichtzündmaschine befestigten Windrad gemessen und steigt fast genau so wie die Wagengeschwindigkeit.

Besonders übersichtlich ist die Anordnung der Hilfsapparate nach Bild 298, bei der Wasserpumpe, Lichtmaschine und Magnetzünder hintereinander angetrieben werden. Dieser Einbau ist aber natürlich nur bei großer Länge des Motors möglich, die nur bei wenigen Wagen vorhanden ist. Bei kürzeren Motoren kann sich ein Einbau nach Bild 299 ergeben, bei dem der Lichtmaschine ein besonderer Antrieb zugestanden worden ist. Auch bei diesen Beispielen darf man sicher mit einer genügenden Wirkung des Kühlwindes rechnen.

Bild 299. Einzelantrieb von Lichtmaschine und Magnetzünder bei für Reihenantrieb nicht ausreichender Motorlänge

Die gezeigten Beispiele für den Antrieb von dem vorn liegenden Steuergetriebe aus haben den Nachteil, daß die Maschinen den in der Kurbelwelle auftretenden Drehschwingungen besonders ausgesetzt sind, denn diese sind an dem dem Schwungrad entgegengesetzten Ende am stärksten. Man mildert den schädlichen Einfluß der Drehschwingungen durch zwischen Antrieb und Lichtmaschinenwelle eingefügte elastische Kupplungen. Diese sind schon in Band I, S. 169 ff. beim Einbau des Zünders näher besprochen worden. Wir weisen hier nochmals auf die Federpaketkupplung, deren Federpaket z. B. in Bild 300 deutlich sichtbar ist, und auf die verschiedenen Gummikupplungen hin. Die

Forderung nach einer einstellbaren Kupplung fällt bei der Lichtmaschine im Gegensatz zum Zünder weg.

Wegen der Drehschwingungen wäre ein Einbau nach Bild 301 erwünscht, der auch in Bezug auf Kühlung und Zugänglichkeit voll befriedigt. Das Letztere gilt dagegen nicht beim Einbau nach Bild 302, bei dem die Maschine durch das Lenkgehäuse und den Vergaser stark gegen den Kühlwind abgedeckt wird. Der Raum zwischen Haube und Motor wird dadurch so stark eingeengt, daß sicher der weitaus größte Teil des Kühlwindes vor dem Hindernis durch die Haubenschlitze ent-

Bild 300. Spannbandbefestigung und Federpaketkupplung für eine Lichtmaschine

weicht und an der Lichtmaschine nur noch eine ganz unzureichende Luftbewegung stattfindet.

Noch eher muß dann ein Einbau nach Bild 303 zu Schwierigkeiten führen, bei dem der Raum hinter dem Lenkgehäuse noch durch das über der – übrigens in diesem Falle von vorn angetriebenen – Lichtmaschine liegende Auspuffrohr geheizt wird. Sogar der Einbau nach Bild 304 ist zu vermeiden. Hier liegt die Lichtmaschine an sich recht gut neben dem Motor; der Einfluß des vor ihr heruntergeführten Auspuffrohres ist aber durch teilweise Abschirmung und ganz besonders durch die Erhitzung des an ihm entlangstreichenden Kühlwindes so stark, daß die Maschinentemperatur über das zulässige Maß steigt.

In die Gruppe „Antrieb vom Schwungradende der Kurbelwelle" gehört auch der heute wohl nicht mehr vorkommende Einbau nach Bild 305, bei dem die Lichtmaschine ihren Antrieb zwischen Getriebe und Schwungrad erhält. Gegen diesen Einbau bestehen ernste Bedenken bezüglich der Zugänglichkeit und der Wärmeabfuhr.

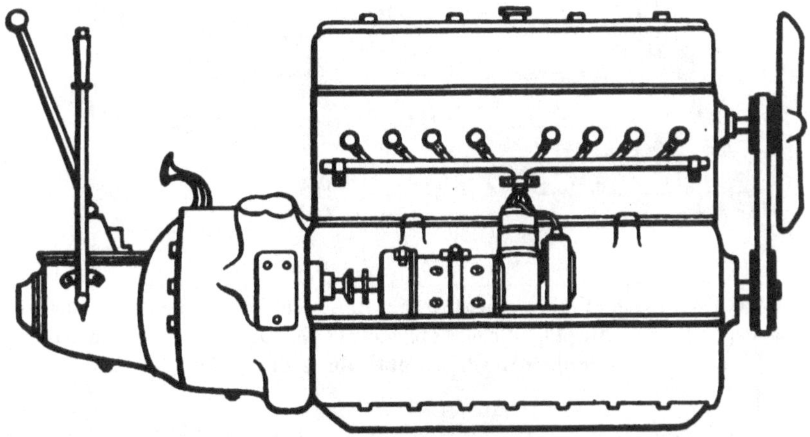

Bild 301. Guter Einbau einer Lichtzündmaschine. Antrieb frei von starken Drehschwingungen und freie Lage im Kühlwind

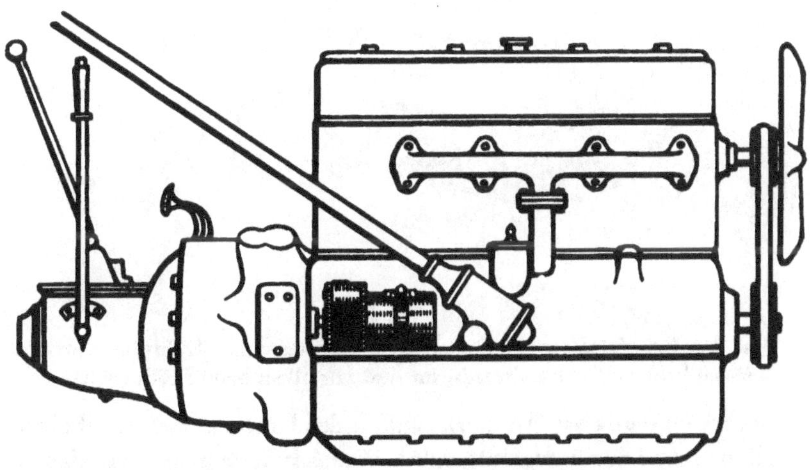

Bild 302. Ungünstiger Einbau einer Lichtmaschine. Antrieb gut, aber Abdeckung gegen den Kühlwind durch das Lenkgehäuse

Bemerkenswert sind noch die Beispiele nach Bild 306 und 307. Der Einbau hinter dem Ventilator bringt natürlich vorzügliche Kühlverhältnisse und gute Zugänglichkeit. Der Keilriemenantrieb erfordert

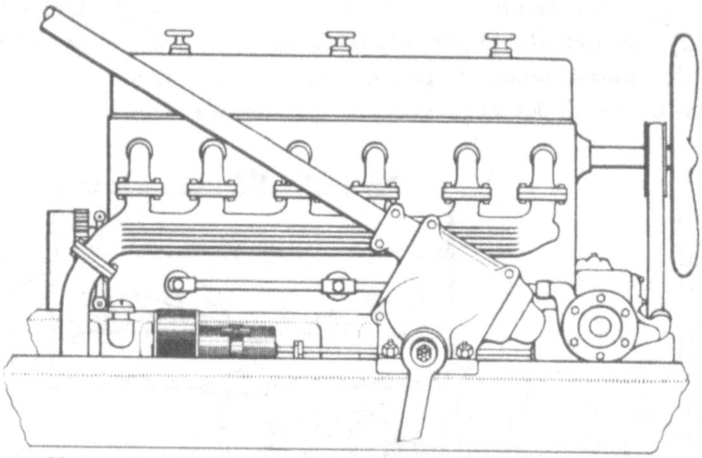

Bild 303. Ungünstiger Einbau einer Lichtmaschine. Kühlwind durch Lenkgehäuse, Wasserpumpe und Auspuffrohr fast vollständig abgeschirmt und Lichtmaschine außerdem durch Auspuffrohr noch geheizt

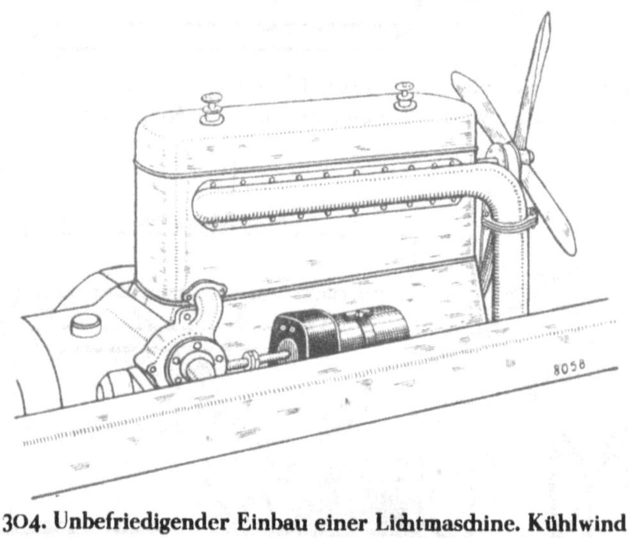

Bild 304. Unbefriedigender Einbau einer Lichtmaschine. Kühlwind durch Auspuffrohr teilweise abgeschirmt und vor allem beträchtlich erhitzt

allerdings eine gewisse Aufmerksamkeit des Fahrers, weil der Riemen sich längen und damit ungenügende Lichtmaschinenleistung veranlassen kann. Zu beachten ist auch, daß der Riemenantrieb das Lager der Ankerwelle stark belastet, so daß dieses besonders kräftig ausgeführt sein muß

Bild 305. Schlechter Einbau einer Lichtmaschine in einem Einsteckläger am Getriebekasten

Bild 306. Gute Kühlung der Lichtmaschine durch Einbau hinter dem Ventilator. (Citroën)

Die Bauart nach Bild 307, bei der die Lichtmaschine unmittelbar an das vordere Ende der Kurbelwelle gefügt ist, hat für den Motorenkonstrukteur viel Anziehendes. Wie weit sie den Bedürfnissen der Lichtmaschine entspricht, hängt völlig von der Bauart des Fahrgestells ab. Sitzt z. B. der Kühler dicht am Motor, so ist die Lichtmaschine fast völlig abgedeckt; liegt sie dagegen frei zwischen Motor und Kühler, so ist anzunehmen, daß bei Verwendung eines Ventilators noch soviel Luft nach unten gedrückt wird, daß auch die tiefer als der Kühler liegende Lichtmaschine noch ausreichend gekühlt ist. Fehlt dagegen der Ventilator, so ergibt sich leicht die völlig unzureichende Luftbewegung nach Bild 308, die wahrscheinlich sogar noch ein zu günstiges Bild gibt, weil das auf die Maschine gesetzte Windrad noch in den durch den Kühler

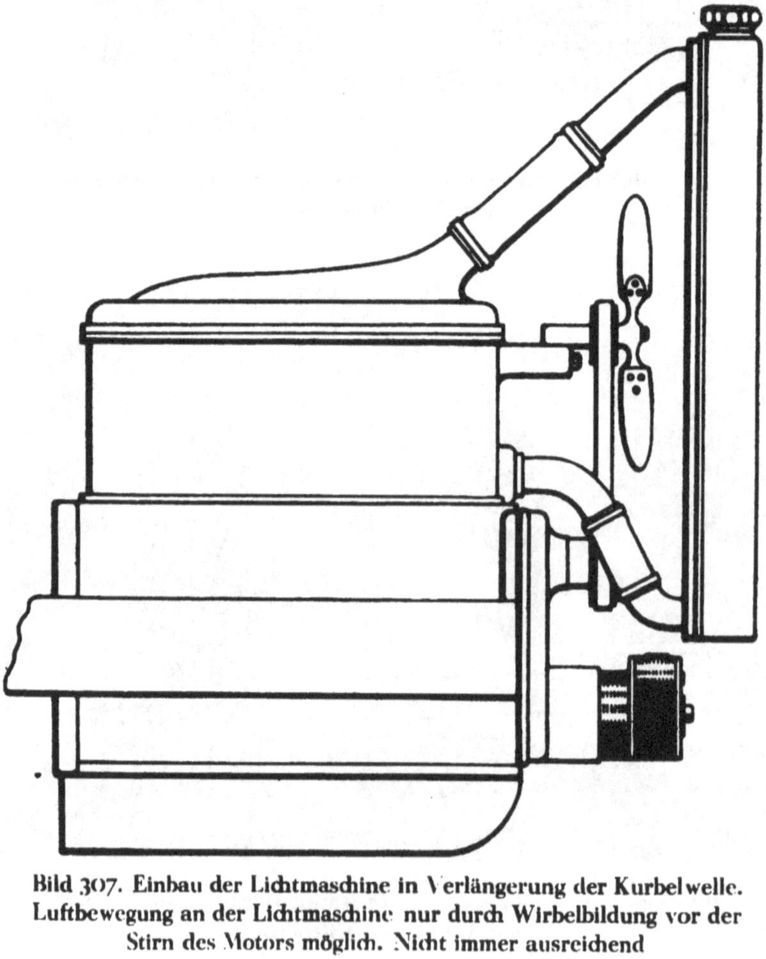

Bild 307. Einbau der Lichtmaschine in Verlängerung der Kurbelwelle. Luftbewegung an der Lichtmaschine nur durch Wirbelbildung vor der Stirn des Motors möglich. Nicht immer ausreichend

streichenden Fahrwind hineinragte. Zu beachten ist, daß bei diesem Einbau bei Versagen des elektrischen Anlassers die Andrehkurbel an der Lichtmaschinenwelle angesetzt wird und diese dann eine ziemlich große Belastung erfährt. Auf jeden Fall muß dabei die Kurbel selbst noch besonders gelagert werden.

Die Befestigung der Lichtmaschine erfolgt an Wagen bei uns in Deutschland noch vielfach mit Spannbändern. Diese sind an einer Grundplatte befestigt, die ein der Lichtmaschinenform angepaßtes Bett bildet und durch Schrauben am Motor befestigt wird. Einzelheiten zeigt insbesondere Bild 300. Wir haben aber schon weiter oben

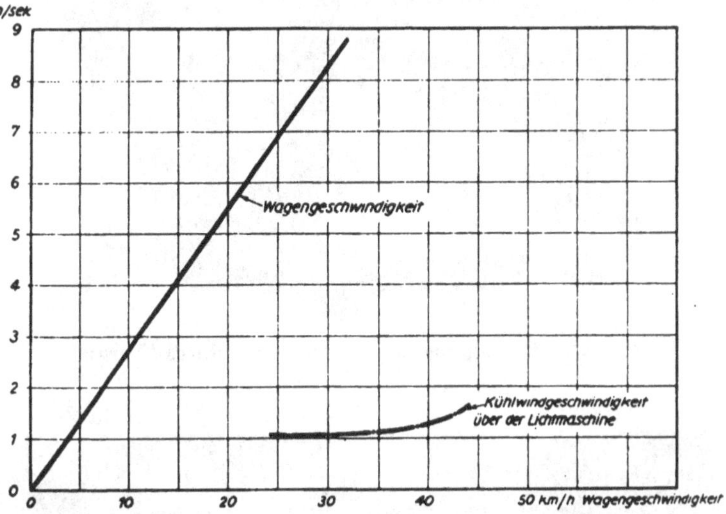

Bild 308. Veränderung der Kühlwindgeschwindigkeit mit der Wagengeschwindigkeit bei einem Einbau nach Bild 307

darauf hingewiesen, daß sich bei uns jetzt neben der Spannbandbefestigung unter dem Einfluß Amerikas auch die Befestigung durch Flansch einführt. Als Beispiel einer Flanschbefestigung bringen wir Bild 309. Als dritte Hauptbefestigungsart ist dann noch die nach Bild 305 zu nennen, das Einstecken in ein „Hals-" oder „Einsteck-lager". Ein solches Lager kann, wie leicht ersichtlich, auch am Steuerrädergehäuse verwendet werden. Es bietet gegenüber den oben erwähnten Bauarten vor allem den Nachteil, daß der Lichtmaschinendurchmesser mit geringen Toleranzen eingehalten werden muß und somit das Gehäuse einer genauen Bearbeitung bedarf.

Bei Krafträdern sind für Einbau und Antrieb im Grunde dieselben Forderungen zu stellen wie bei Kraftwagen. Meist muß man sich aber heute noch mit Riemen- oder Kettenübertragung begnügen, weil dadurch die Unterbringung der Lichtmaschine wesentlich erleichtert wird. Zwar ist gerade beim Motorrad der Riemen- oder Kettenantrieb, wenn er nicht sehr sorgfältig gekapselt wird, besonders den Einflüssen der Witterung ausgesetzt, andererseits liegt er aber auch

Bild 309. Befestigung der Lichtmaschine durch Flansch („Adler"-Motor)

Bild 310. Antrieb der Lichtmaschine an einem Motorrad durch Reibrad von der Schwungscheibe aus

Bild 311. Einbau der Lichtmaschine am Motorrad

Bild 312. Einbau der Lichtmaschine am Motorrad

frei vor den Blicken des Fahrers und genießt daher eine bessere Überwachung, als sie beim Wagen zu erwarten ist. Daher kann man diesen Antrieb beim Motorrad zulassen.

Ein sehr einfacher Einbau wird durch den **Reibradantrieb** nach Bild 310 möglich. Hier wird das Antriebsrad der pendelnd aufgehängten Lichtmaschine durch eine Schraubenfeder gegen die Schwungscheibe des Radmotors gezogen. In der Praxis hat sich dieser einfache Einbau aber leider nicht bewährt.

Bild 313. Einbau der Lichtmaschine am Motorrad

Einen sicheren Antrieb und größere Freiheit bezüglich der Unterbringung der Lichtmaschine bietet auf alle Fälle der Antrieb durch Kette oder Riemen. Ein Kettenrad oder eine Riemenscheibe läßt sich fast stets noch leicht auf der Kurbelwelle, Kardanwelle oder einer Zwischenwelle anbringen. Verschiedene derartige Einbaumöglichkeiten werden in den Bildern 311, 312, 313, 314 gezeigt. Die ersten drei Bilder zeigen als Kraftübertragungsmittel eine Kette, doch soll hier ausdrücklich betont werden, daß Rund- oder Keilriemen sich wegen ihrer geringeren Empfindlichkeit im allgemeinen besser bewährt haben und daher neuerdings vorwiegend verwendet werden.

Ein Beispiel für einen vom Konstrukteur des Rades vorgesehenen guten Lichtmaschineneinbau gibt Bild 315. Hier ist von dem Hauptgetriebe des Rades ein kleines Getriebe für die Lichtmaschine abgezweigt, mit dem diese durch eine Kupplung verbunden wird. Ein derartiger Einbau entspricht natürlich allen Ansprüchen, ist aber leider teuer und daher für die meisten Räder nicht möglich.

Gerade beim Kraftrad, wo oft nicht einmal Platz und Antriebsmöglichkeit für nachträglichen Einbau der Lichtmaschine vorgesehen ist, ist die Kombination von Lichtmaschine und Zünder, die zumeist ohne weiteres an die Stelle des Magnetzünders gesetzt werden kann, besonders begehrt (s. Band I, Seite 158 ff.) Sie macht die Frage des Antriebs und der Unterbringung überflüssig, ist aber natür-

Bild 314. Einbau der Lichtmaschine am Motorrad

lich teurer als die einfache Lichtmaschine. Das fällt bei nachträglichem Einbau ins Gewicht, weil der überflüssig werdende Zünder zumeist nur mit Verlust verkauft werden kann. Die meisten dieser Lichtmagnetzünder werden in verschiedener Ausführung geliefert, je nachdem die Zünderseite und damit die ganze Maschine mit Kurbelwellen- oder mit Nockenwellengeschwindigkeit angetrieben wird. Es ist selbstverständlich, daß bei einer mit Nockenwellendrehzahl angetriebenen Maschine die Übersetzung zwischen Zünder- und Lichtmaschinenachse größer gewählt werden muß als bei Kurbelwellenantrieb, damit die Lichtmaschine bei Nockenwellenantrieb des Zünders auf genügend hohe, bei Kurbelwellenantrieb des Zünders nicht auf zu hohe Drehzahlen kommt. Die Übersetzung zwischen Zünder- und Lichtmaschinenachse erfolgt bei diesen Maschinen in der Regel durch Stirnräder und

Zwischenrad. Dabei ist zu beachten, daß diese Übersetzung dauernd gut geschmiert werden muß, entsprechend der der Maschine mitgegebenen Schmiervorschrift.

Die Befestigung der Lichtmaschinen erfolgt an Motorrädern wohl ausnahmslos durch Spannbänder. Sie ist an den wiedergegebenen Beispielen zu sehen.

Bei Motorbooten folgt der Einbau im allgemeinen denselben Grundsätzen, die wir bei Kraftwagen angegeben haben. Besondere Beachtung ist hier der Kühlung zu schenken. An Flugzeugen findet man vielfach Antrieb der Lichtmaschinen durch Luftschrauben. Die Maschinen werden dann an den Tragflächen angebracht. Neuerdings

Bild 315. Beachtenswerter Einbau einer Lichtmaschine am Motorrad

macht sich allerdings eine Neigung bemerkbar, die Lichtmaschinen vom Motor aus durch Kette oder Riemen anzutreiben. Damit käme man dann wieder zu den bei Wagen geltenden Einbaugrundsätzen.

2. Einbau der Batterie

Die Unterbringung der Batterie im Kraftfahrzeug erfordert besondere Beachtung. Man kann durch die Art des Einbaus wesentlich zur Schonung der Batterie und zur Betriebssicherheit der ganzen Anlage beitragen. Zuerst ist die Wahl des richtigen Ortes für die Unterbringung von Wichtigkeit. Die Batterie soll leicht zugänglich und gegen mechanische Beschädigungen und Witterungseinflüsse geschützt sein. Sie soll vor allem den schädlichen Einflüssen sehr hoher und niederer Temperaturen und starker Erschütterungen entzogen sein und endlich in der Nähe vom Stromerzeuger und vom Anlaßmotor liegen, damit das Kabel zwischen Lichtmaschine und Batterie und hauptsächlich das starke Kabel zwischen Batterie und Anlasser möglichst kurz wird.

Die neueren Bauarten der Batterie, deren Zellen in festen Blockgehäusen vereinigt sind, bedürfen, wie erwähnt, in der Regel keines besonderen Schutzgehäuses, sondern können mit Hilfe geeigneter Trag- und Befestigungsvorrichtungen unmittelbar in das Fahrzeug eingebaut werden. Allerdings ist darauf zu achten, daß solche Batterien nach den Bildern 228 und 229 mit einem gut schließenden Deckel versehen sind, damit unerwünschte Nebenschlüsse zwischen den Polköpfen vermieden werden.

Die Befestigung der Batterie muß so beschaffen sein, daß Eigenbewegungen völlig ausgeschlossen sind. Sie erfolgt zumeist durch Verschraubung oder durch Spannband. Beim Einbau der Batterie in einen geschlossenen Raum ist für genügende Lüftung dieses Raumes zu sorgen. Einmal werden dadurch die durch das Gasen der Batterie entstehenden stark explosiblen Gase abgeführt, dann aber wird auch eine Zerstörung der nicht aus Blei bestehenden Metallteile durch Säure vermieden. Wenn auch durch geeignete Stöpsel dafür gesorgt wird, daß Säure weder aus der Batterie herausspritzten noch von den entweichenden Gasen in flüssiger Form mitgerissen werden kann, so ist doch ein Entweichen von allerdings recht geringen Säuremengen in Nebelform nicht zu verhindern. Bei ungenügender Lüftung des Behälters schlagen sich diese Nebel nieder und bewirken, vor allem in Verbindung mit dem in stärkerem Maße verdampfenden Wasser, ein starkes Rosten aller Eisenteile. Dieser schädigende Einfluß wird schon durch geringe Entlüftung behoben, und zwar bringt man die Öffnung möglichst am Boden des Batterieraumes an, damit etwa eindringendes oder niedergeschlagenes Wasser abfließen kann. Auch sind die Säurenebel schwerer als Luft und sinken deshalb nach unten.

Beim Kraftwagen erfolgt der Einbau der Batterie, die ja zur Betriebsanlage des Kraftfahrzeugs gehört, am Fahrgestell. Die Kraftwagenbatterie ist zumeist so groß, daß eine Anbringung in der Nähe des Motors unter der Motorhaube nicht in Frage kommen kann. So muß ein Platz im Fahrzeug gefunden werden, an dem die Batterie, ohne zu weit vom Motor entfernt zu sein und ohne den äußeren Aufbau des Wagens oder die innere Bequemlichkeit zu stören, doch leicht zugänglich ist.

Den Vorzug besonders guter Zugänglichkeit hat der heute allerdings nur noch selten gewählte Einbau der Batterie auf dem Trittbrett des Kraftwagens. Die Batterie befindet sich dabei unmittelbar im Gesichtskreis des Fahrers, der dadurch eher an ihre Pflege erinnert wird, als wenn sie sich irgendwo unauffällig innerhalb der Verkleidung des ganzen Fahrzeugs befindet. Die nach Bild 224 und 226 in einen Blechkasten eingegossene Batterie kann zum Beipiel nach Bild 316 mit einem Spannband auf dem Trittbrett befestigt werden, während man für eine Holzkastenbatterie einen besonderen Blechkasten vor-

Bild 316. In einen Blechkasten eingegossene Batterie, einbaufertig

sehen muß. Auch die Blockbatterie wird man aus Schönheitsgründen meist nicht ohne Blechkastenverkleidung aufs Trittbrett setzen. Leider stört der auf dem Trittbrett angebrachte Kasten die einheitliche Linienführung im Aufbau des Wagens und ist auch oft hinderlich bei der Anordnung der Türen. Man ist deshalb von der Trittbrettaufstellung in neuerer Zeit vielfach wieder abgekommen.

Die genannten Mängel der Aufstellung auf dem Trittbrett werden bei Unterbringung zwischen Trittbrett und Fahrgestellrahmen nach Bild 317 vermieden, ohne daß die Zugänglichkeit besonders notleidet. Die Pflege wird bei einem Fahrer, der sich seines Fahrzeugs überhaupt in genügender Weise annimmt, auch bei Aufstellung der Batterie an dieser Stelle nicht fehlen, denn der Fahrer kann jederzeit ohne große Mühe die Batterie beobachten und untersuchen.

Die fast allgemein übliche Blechverkleidung zwischen Karosserie und Trittbrett deckt die Batterie zugleich nach oben ab und ist mit einer einfach zu öffnenden Klappe zu versehen, damit die leichte Zugänglichkeit erhalten bleibt. Diese Art der Unterbringung wird allen Anforderungen am besten gerecht. Mit Deckel versehene Blechkasten- oder Blockbatterien können ohne besondere Schutzeinbauten in geeignete Träger eingehängt werden. Batterien mit offenen Kasten, wie zum Beispiel die im Bild gezeigte Holzbatterie, bedürfen, um ein Verschmutzen zu vermeiden, noch besonderer Blechverkleidungen, so daß der Raum über der Batterie allseitig gegen außen abgeschlossen ist. Es

Bild 317. Einbau der Batterie zwischen Trittbrett und Fahrgestellrahmen

wurde bereits darauf hingewiesen, daß die Fernhaltung von allem Schmutz, hauptsächlich von der Batterieoberfläche, den Polköpfen und den Stöpseln, besonders wichtig ist, und daß andererseits der geschlossene Raum über der Batterie einer zweckmäßigen Entlüftungsvorrichtung bedarf.

Etwas schwer zugänglich wird die Batterie, wenn man sie nach der jetzt vorwiegend gebräuchlichen Einbauweise unter die Fußbretter der vorderen oder rückwärtigen Sitze in den Fahrgestellrahmen hängt. Man muß zur Untersuchung und Pflege der Batterie die Fußbretter wegnehmen, den Batteriekastendeckel öffnen und hat bei dem verhältnismäßig engen Raum vor den Sitzen oft eine mühevolle Arbeit. Auch besteht dabei die Gefahr, daß bei Arbeiten an der Batterie das

Wageninnere mit Säure beschmutzt wird. Die außerordentlich schädlichen Wirkungen von Schwefelsäure, sowohl auf die Baustoffe des Wagens wie auf die Kleidung der mit dem Wagen umgehenden Personen, sind genügend bekannt. Auch bei dieser Einbauart sind Batterien in offenen Kästen noch besonders gegen Verschmutzung allseitig abzuschirmen.

Gründliche Erwägungen über Ort und Art des Einbaues sind besonders auch bei Batterien für Krafträder anzustellen. Eine früher vielfach verwendete Einbauart, die sich aber nicht bewährt hat, ist die Aufhängung an einer rückwärtigen Verlängerung der Scheinwerferstützen. Die Batterie ist hier nicht nur zerstörenden Erschütte-

Bild 318. Guter Einbau einer Batterie am Motorrad

rungen ausgesetzt, sondern es wird auch austretende Säure leicht über die ganze Maschine und die Kleidung des Fahrers verbreitet. Eine Befestigung der Batterie am Rahmen ist daher unbedingt vorzuziehen. Den Platz muß man dabei je nach der Bauart des Rades auswählen. Wohl zu beachten ist, daß die Batterie der Motorwärme möglichst entzogen wird und der Fahrer oder empfindliche Maschinenteile vor etwa austretender Säure geschützt sind. Der richtige Platz der Batterie ist schließlich mit Rücksicht auf ihre Lebensdauer dort, wo die Fahrerschütterungen des Rades am geringsten sind, also möglichst nahe am Schwerpunkt.

Wird die Batterie unterhalb des Sattels angebracht, so lassen sich alle die aufgestellten Forderungen ziemlich weitgehend erfüllen. Wir bringen hier nochmals ein schon im ersten Band gezeigtes Bild als Musterbeispiel guten Batterieeinbaues (Bild 318). Die Batterie steht auf einem an dem senkrechten Rahmenrohr angebrachten Konsol und ist mit einem Spannband befestigt. (S. a. Bild 228.) Bei anderen Rädern kann auch eine günstige Lösung durch Befestigung der Batterie auf einer am wagrechten Rahmenrohr befestigten Grundplatte gefunden werden. Eine gleichzeitige Befestigung der Batterie am Rahmen und an einem Motorteil ist zu vermeiden, weil dabei die Befestigungsvorrichtungen durch die Erschütterungen des laufenden Motors zerstört werden.

Bei den Lastkraftwagen haben sich besonders zwei Einbauarten für die Batterie eingeführt: der Einbau unter dem Führersitz, oder, wenn dieser wegen des häufig hier angebrachten Benzinbehälters nicht möglich ist, die Befestigung auf dem Trittbrett oder einem entsprechend angebrachten Konsol an der nicht zum Einsteigen in den Führersitz benutzten Seite. Manchmal wird die Batterie auch hinter dem Führersitz in einem unter dem Wagenaufbau befindlichen Kasten untergebracht.

Bei Flugzeugen und Motorbooten können bestimmte Richtlinien für die Unterbringung der Batterie nicht gegeben werden. Man muß sich dabei nach den im einzelnen Falle vorliegenden Verhältnissen richten. Zu beachten ist, daß die Batterie bei Flugzeugen der Erschütterung durch die starken Motoren und starker Kälteeinwirkung möglichst entzogen werden soll. Zum Schutz vor Kälte wird die Flugzeugbatterie häufig in einen besonderen, schlecht wärmeleitenden Schutzkasten eingebaut.

Dem Anschließen der zu Lichtmaschine, Schaltkasten und Anlasser führenden Kabel ist besondere Aufmerksamkeit zuzuwenden. Gerade diese Kabelanschlüsse werden häufig schadhaft und gefährden dann die ganze Anlage. Besondere Vorsicht ist bei Batterien geboten, bei denen die Kabel unmittelbar an den Polköpfen angeschlossen werden (Bild 239). Dort schlägt sich leicht Säure nieder, dringt in alle Ritzen und zerstört alles, was nicht gut verbleit ist. Aber auch vor mechanischer Beschädigung der Batterie, hauptsächlich der Polköpfe, muß man sich beim Anschließen hüten. Durch das Anziehen der Klemmschrauben werden vielfach Anstände verursacht. Das schwere zum Anlasser führende Kabel muß in der Nähe der Batterie genügend befestigt werden, damit es durch seine Schwingungen keine Beschädigung verursacht. In jeder Hinsicht günstig sind Batterien, deren Anschlußklemmen am Batteriekasten angebracht sind und durch ein Bleiband mit den Polköpfen in Verbindung stehen (Bilder 225 und 226).

3. Wartung von Lichtmaschine und Batterie

Die Bemühungen des Elektrotechnikers, eine zweckentsprechende und weitgehend selbsttätige Arbeitsweise der Stromversorgungsanlage zu erreichen, können nur ein – allerdings beträchtliches – Teil zum befriedigenden Betriebsergebnis beitragen. Sie müssen durch eine verständige Behandlung und eine, wenn auch nur bescheidene, Pflege durch den Fahrer ergänzt werden.

Bei der Lichtmaschine beschränkt sich die Pflege auf gelegentliches Nachprüfen des Kollektors und der Bürsten. Die Bürsten müssen stets gut aufliegen, weil sonst starke Funkenbildung und Zerstörung des Kollektors auftritt. Gegebenenfalls sind sie auf ganz feiner, um den Kollektor gelegter Schmirgelleinwand einzuschleifen. Der Kollektor soll stets gut rund sein. Ist er durch irgendwelche Umstände stark unrund geworden, so muß er abgedreht werden. Wenn er durch Funkenbildung rauh geworden ist, kann man ihn mit sehr feinem Schmirgelleinen „ablaufen" lassen. Danach sind die Schlitze zwischen den Kollektorlamellen sorgfältig von leitenden Teilchen zu säubern. Zu beachten ist auch, daß die Glimmerisolierung zwischen den Kollektorlamellen nicht über die Lamellen hinausstehen darf, sondern etwas unter der Lamellenoberfläche stehen soll. Infolge starker Abnutzung der Kollektorlamellen kann der Glimmer aus den Nuten hervorragen. Die Bürsten liegen dann nicht mehr gut auf, wodurch das zerstörende Bürstenfeuer auftritt oder auch vollständige Unterbrechung an den Bürsten erfolgt, so daß die Maschine sich nicht mehr erregt. In solchen Fällen ist der Glimmer mit einem geeigneten Häkchen oder einer Säge von geeigneter Blattdicke so zu kürzen, daß er unter die Lamellenoberfläche zurücktritt.

Die Schmierung der Lichtmaschine erfordert meist keine besondere Beachtung, weil diese in der Regel mit Kugel- oder Rollenlagern ausgerüstet ist und mit der beim ersten Zusammenbau in der Fabrik oder bei späteren Überholungen eingebrachten Fettfüllung der Lager ohne Ergänzung bis zur nächsten Überholung des ganzen Wagens laufen kann. Sofern die Maschine noch mit Gleitlagern mit Dochtschmierung ausgerüstet ist, ist natürlich das Ölgefäß den Vorschriften der Herstellerfirmen entsprechend aufzufüllen.

Im übrigen bedarf die Lichtmaschine genau so wie der in Band I besprochene Zünder keiner besonderen Wartung. Man hat von jeher bei der elektrischen Anlage im Kraftfahrzeug weitgehende Selbsttätigkeit immer wieder als besonders wesentliche Forderung aufgestellt, und diese Forderung ist auch bei den zeitgemäßen Anlagen in der Hauptsache erfüllt. Eine gewisse Überwachung des Arbeitens der Lichtmaschine ist aber erwünscht, denn ohne sie wird bei einem trotz der weitgehenden Vollkommenheit der neuzeitlichen Lichtanlage doch immerhin möglichen Versagen der Lichtmaschine der Fahrer im allgemeinen erst durch die Erschöpfung der Batterie auf den Fehler im Stromerzeuger aufmerksam und befindet sich dann vielleicht ohne Reserven in einer sehr unangenehmen Lage. Allerdings ist vorauszuschicken, daß angesichts der Zuverlässigkeit der heutigen Anlagen manche Firmen auf eine Überwachungseinrichtung ganz verzichten.

Das einfachste und für die Bedürfnisse des Durchschnittsfahrers jedenfalls ausreichende Überwachungsmittel ist die sogenannte „Ladekontrollampe". Sie ist im Grund genommen in Zusammenarbeit mit dem selbsttätigen Schalter ein Spannungsanzeiger, der anzeigt, daß die Maschine die zum Laden der Batterie nötige Spannung erreicht hat. Wie aus den Bildern 248, 288 und 289 hervorgeht, liegt die Lampe S_6 parallel zu den Schalterkontakten im Stromkreis: Batterie–Schalterstromwicklung – Reglerstromwicklung – Lichtmaschinenanker – Batterie. Solange die Schalterkontakte offen sind, fließt Strom aus der Batterie durch die Lampe, und diese zeigt durch ihr Leuchten (meist in roter oder grüner Farbe) an, daß die Maschine noch nicht die Schließspannung des Schalters erreicht hat. Sobald die Schließspannung erreicht ist, schließen die Schalterkontakte die Lampe kurz, und der Fahrer sieht aus dem Erlöschen der Lampe, daß die Maschine angefangen hat, die Batterie aufzuladen. Der Kontrollampenkreis kann zur Vermeidung unnötigen Stromverbrauchs nach Stillsetzen des Motors durch einen Handschalter geöffnet werden, und zwar erfolgt dieses Öffnen zweckmäßig in vielen Anlagen gleichzeitig mit dem Abstellen der Zündung.*) Bei dieser Schaltung dient dann die Ladekontrollampe zugleich als Warnungszeichen, daß der Fahrer die Zündung noch nicht verriegelt hat, d. h. entweder den Magnetzünder nicht kurzgeschlossen oder den Primärstromkreis des Batteriezünders nicht unterbrochen hat. Während das Verriegeln des Magnetzünders lediglich eine Sicherheitsmaßnahme darstellt, ist das Unterbrechen der Batteriezündung zugleich für die Stromversorgungsanlage wichtig, denn der Ruhestromverbrauch eines Batteriezünders erschöpft die Batterie, wenn etwa die Zündung versehentlich längere Zeit eingeschaltet bleibt (siehe hierüber Band I).

*) D.R.P. 330565.

Statt des optischen Zeichens durch die Lampe hat man für dieselben Zwecke auch akustische (Summer-) Zeichen benutzt, doch haben diese keine große Verbreitung erlangt. Ein akustisches Zeichen hätte zwar als Erinnerungszeichen an das Abstellen der Zündung den Vorzug, daß man es noch hören würde, wenn man sich schon vom Wagen entfernt hätte; überwiegende Nachteile sind aber, daß der Summer erheblich teurer und weniger zuverlässig als eine Lampe ist.

Manche Firmen bauen Meßinstrumente (Ampere-, selten Voltmeter) in ihre Anlagen ein. Freilich ist hierbei zu beachten, daß bei weitem die meisten Fahrer ein Meßinstrument während der Fahrt nicht beachten und daß die aufdringlichere Lampe ein besseres Warnungszeichen für ein etwa vorkommendes Versagen der Maschine ist. Meßinstrumente sollten daher nur auf besonderen Wunsch als Ergänzung zur Ladekontrollampe eingebaut werden.

Ein gutes Bild von dem Arbeiten der Stromversorgungsanlage gibt ein Strommesser (Amperemeter), der, wie Bild 277 unter der Bezeichnung S_{10} zeigt, in den Batteriestromkreis eingebaut ist. Er zeigt an, daß der selbsttätige Schalter geschlossen ist, und wieviel Strom in die Batterie fließt. Aus der Stärke dieses Stromes kann der Fahrer bei einer spannungsregelnden Maschine außerdem auf den Ladezustand der Batterie schließen. Je geringer der Ladestrom ist, desto besser ist die Batterie aufgeladen. Dieser Rückschluß ist allerdings nur dann zulässig, wenn die Säure der Batterie die richtige Beschaffenheit hat und Leitungen und Batterieanschlüsse in Ordnung sind. Genügt die Leistung der Maschine den Anforderungen bei Einschalten von Stromverbrauchern nicht, so muß die Batterie Strom abgeben. Der Strommesser muß also beide Stromrichtungen anzeigen können. Häufig verzichtet man auf eine zahlenmäßige Angabe der Stromstärken auf der Skala des Instrumentes und teilt die Skalenscheibe nur in zwei verschiedenfarbige Felder für die Ladungs- und Entladungsseite des Zeigerausschlages. Eine wesentliche Verbesserung gegenüber der Kontrollampe ist damit dann aber nicht mehr erreicht.

Gelegentlich findet man auch Voltmeter als Überwachungsinstrumente in elektrischen Fahrzeugausrüstungen. Ein Voltmeter gibt aber nur dem sachkundigen Fahrer in erster Linie die Möglichkeit, die Batterie selbst zu überwachen; nur mittelbar dient es auch zur Überwachung der Lichtmaschine, und es empfiehlt sich daher, zur unmittelbaren Überwachung der Maschine eine Kontrollampe oder ein Amperemeter beizubehalten, von denen die erste ohnehin für die Überwachung der Zündung schon erwünscht ist.

Die **Schaltung des Voltmeters** kann auf verschiedene Weise erfolgen. Dabei wird man zu vermeiden suchen, daß das Voltmeter dauernd an den Klemmen der Batterie liegt. Grundsätzlich sollten Ablesungen nur bei eingeschalteten Stromverbrauchern erfolgen, da die Ablesung der Spannung der unbelasteten Batterie ein falsches Bild vom Ladezustand entwirft. Deshalb legt man oft das Voltmeter parallel zu den Scheinwerfern hinter den Scheinwerferschalter, so daß die Batteriespannung stets nur bei eingeschalteten Scheinwerferlampen abgelesen werden kann. Besser erscheint aber noch die Verbindung mit dem Zündungsschalter oder, wie in Bild 319 angedeutet, mit der Ladekon-

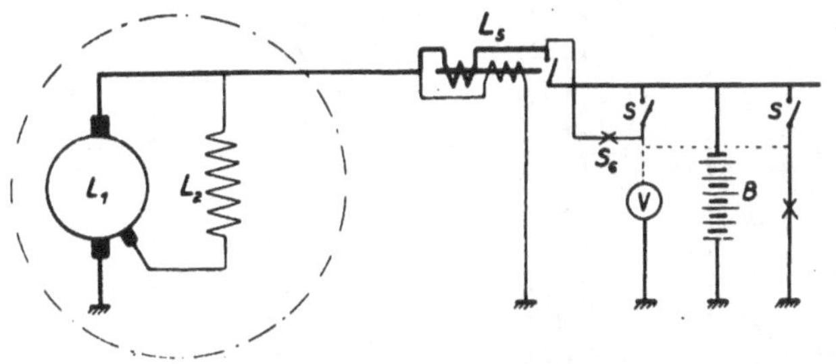

Bild 319. Schaltung eines Voltmeters V parallel zu den Scheinwerfern oder besser parallel zu sämtlichen Stromverbrauchern

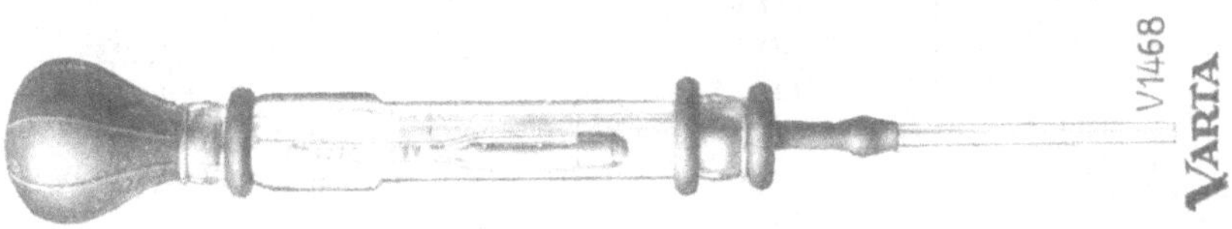

Bild 320. Hebersäuremesser (Varta)

trollampenschaltung. Dann kann ohne weiteres auch das Verhalten der Batterie beim Anlaßvorgang beobachtet werden.

Über die Frage, in welchem Maße die Möglichkeit einer Überwachung der Lichtmaschine und des Ladezustands der Batterie notwendig ist und vor allem ausgenutzt wird, kann man verschiedener Ansicht sein. Daß **die Batterie** an sich der **Schonung und Pflege** während des laufenden Betriebs ständig bedarf, steht aber fest. Hauptsächlich eine in regelmäßigen Zwischenräumen vorzunehmende **Prüfung der Batterie** auf Säurestand, Säuredichte, Beschaffenheit der Kabelanschlüsse usw. ist unentbehrlich. Säurestand und Säuredichte sollten durchweg nur durch Nachfüllen von destilliertem Wasser ausgeglichen werden. Nachfüllen von Säure ist sehr selten nötig, denn merkliche Säureverluste können nur bei mangelhaften Abdichtungen und zerbrochenen Gefäßen auftreten.

Die Säuredichte wird mit „Hebersäuremessern" nachgeprüft, deren allgemeiner Aufbau aus Bild 320 hervorgeht. Mit diesen wird durch die Saugwirkung des zusammengedrückten und wieder losgelassenen Gummiballs Füllsäure aus der Zelle in ein Glasrohr „gehoben", in dem sich ein Aräometer befindet, das in bekannter Weise die Dichte der Säure anzeigt. Die Säure soll bei geladener Batterie

Baumé	Spez. Gewicht	Baumé	Spez. Gewicht
0°	1,000	18°	1,143
1°	1,007	19°	1,152
2°	1,014	20°	1,161
3°	1,021	21°	1,171
4°	1,028	22°	1,180
5°	1,036	23°	1,190
6°	1,043	24°	1,200
7°	1,051	25°	1,210
8°	1,058	26°	1,220
9°	1,067	27°	1,230
10°	1,074	28°	1,241
11°	1,082	29°	1,252
12°	1,091	30°	1,263
13°	1,099	31°	1,274
14°	1,107	32°	1,285
15°	1,116	33°	1,297
16°	1,125	34°	1,308
17°	1,134	35°	1,320

Bild 321. Tafel zur Umrechnung von Baumé-Graden in spez. Gewicht bei 15° C.

$$\text{Spez. Gewicht } s = \frac{144{,}3}{144{,}3 - B}.$$

je nach Fabrikat ein spezifisches Gewicht von 1,25 bis 1,30 haben. Häufig wird die Dichte der Säure noch nach Baumé-Graden bemessen. Wir fügen daher in Bild 321 eine Tafel für die Umrechnung von Baumé-Graden in spezifisches Gewicht bei.

Bei dem in der Säuremeßspritze schwimmenden Aräometer ist zu beachten, daß es bei völlig glatter Ausführung durch Kapillarerscheinungen an der Wand des Heberrohres kleben und falsch zeigen kann. Man versieht daher meist das Aräometer mit Warzen, die eine enge

Berührung mit dem Heberrohr verhindern. Um das leicht zu Irrtümern führende Ablesen von Zahlen zu vermeiden, ersetzt man häufig das Aräometer durch drei kleine Schwimmer von verschiedenem spezifischem Gewicht. Schwimmen drei von diesen oben, so ist die Säure zu dicht, sinkt einer unter, so ist die Säuredichte richtig, sinken zwei oder alle unter, so ist die Säure zu dünn. Dem Glas, aus dem der Heber zum großen Teil hergestellt ist, würde natürlich ein unzerbrechlicher Werkstoff vorzuziehen sein. Leider aber bleibt Zelluloid, wie wir schon bei Besprechung der Sammlergefäße darlegten, unter dem Einfluß der Säure nicht durchsichtig, so daß man bald das Meßergebnis nicht mehr ablesen könnte. Daher begnügt man sich entweder damit, den Messer möglichst geschützt bei der Batterie unterzubringen, oder man macht wenigstens die Spitze aus Gummi oder einem anderen unzerbrechlichen Stoff.

An weiterem Zubehör wird den Batterien im allgemeinen noch ein Gefäß für destilliertes Wasser beigegeben (Bild 226). Man hat zwar selbsttätige Nachfüllvorrichtungen oder Säurestandmesser erfunden, doch haben sich solche Vorrichtungen bisher nicht in die Praxis einführen können, und der Wagenpfleger muß sich also der geringen Mühe einer regelmäßigen Nachprüfung des Säurestandes unterziehen.

Wir müssen hier noch vor der Verwendung von gelegentlich angebotenen geheimnisvollen Verbesserungsmitteln für Kraftfahrzeugbatterien warnen. Diese Mittel haben neben anderen Zusätzen oft einen hohen Gehalt an Schwefelsäure und erhöhen dadurch tatsächlich zunächst die Spannungslage der Batterie, führen also anscheinend eine Verbesserung herbei. Die starke Säure bewirkt aber im Verein mit den zugesetzten Salzen sehr schnell eine erhebliche Schädigung. Zudem wird der Verbraucher dieser Mittel meist stark übervorteilt, denn die Selbstkosten liegen zum größten Teil außerordentlich unter dem Verkaufspreis.*)

Die Pflege der Anschlußklemmen und Polköpfe erstreckt sich auf gelegentliches sorgfältiges Säubern und Einfetten, damit Anfressen durch etwa ausspritzende oder sonst auf die obere Fläche der Batterie gelangende Säure vermieden wird. Wird durch Anfressen der gute Kontakt des Ladekabels gestört, so wird natürlich ein genügendes Aufladen bei Ladung mit spannungsregelnden Maschinen verhindert. Bei stromregelnden Maschinen sucht die Maschine den

*) Arndt, Geheimmittel für Starterbatterien. ETZ, 12. 8. 1926. Heft 32, S. 933, 26. 5. 1927, Heft 21, S. 738. Automobilrundschau, Juli 1926. Heft 8, S. 185.

Widerstand, der sich dem Ladestrom entgegenstellt, durch Spannungssteigerung zu überwinden. Dabei werden dann etwa eingeschaltete Glühlampen sowie die Wicklungen der Maschine selbst gefährdet.

Von Bedeutung für die Erhaltung eines guten Zustandes der Batterie sind schließlich noch die an sie angeschlossenen Kabel. Diese müssen weitgehende Sicherheit gegen Kurzschlüsse, die die Batterie sehr schnell zerstören, und gegen Nebenschlüsse, die eine schleichende Entladung der Batterie herbeiführen, bieten. Näheres darüber ergibt sich aus der besonderen Besprechung der Leitungs- und Schaltanlage im dritten Band.

Die Instandhaltung der Batterien wird zumeist in den von den Lieferfirmen beigegebenen Instandhaltungs- und Behandlungsvorschriften genau festgelegt, und wir können hier vor allem die genaue Befolgung dieser Vorschriften nur dringend empfehlen, weil diese aus dem großen Erfahrungsschatz der Spezialfabriken hervorgehen und ihre Befolgung am besten vor sehr lästigen Anständen schützt.

Aus der Besprechung der Regelung der Lichtmaschine geht deutlich hervor, daß bei stromregelnden Anlagen die Pflege der Batterie durch den Fahrer ganz besondere Aufmerksamkeit erfordert. Die durch die häufige Batterieüberladung bedingte Auflockerung der Plattenfüllmasse kann der Fahrer zwar nicht hintanhalten; er muß aber wenigstens durch häufiges Prüfen von Säurestand und Säuredichte und durch entsprechendes Nachfüllen destillierten Wassers die Veränderungen, die die starke Gasentwicklung in der Säure selbst hervorruft, wieder ausgleichen. Ferner muß er auf Anschlüsse, Polköpfe und Kabel besonders achten, da die starke Gasbildung auch in starkem Maße zersetzende Säuredämpfe mit aus der Batterie herausführt.

Zum Schlusse sei noch darauf hingewiesen, daß hauptsächlich beim Anwerfen viel an der Batterie gesündigt wird. Zu schnell hintereinander wiederholte und lang andauernde Anlaßversuche sind häufig zu beobachten. Sie sind nicht nur meist erfolglos, da sie zu immer geringerer Batteriespannung und damit immer schlechterem Arbeiten des Anlassers führen, sondern sie schaden der Batterie auch unmittelbar durch die übermäßige Beanspruchung. Läßt sich der Motor schwer anwerfen, so suche man lieber die Ursache und behebe sie, als daß man sich und die Batterie ständig mit diesen Anlaßversuchen quält. Ursachen für schweres Anwerfen sind schon in Band I ausführlich angegeben.

Insbesondere sollte man bei großer Kälte berücksichtigen, daß nicht nur die kalte Batterie weniger leistungsfähig ist als die normal warme, sondern daß außerdem der Anlaßmotor unter diesen Verhältnissen noch den erhöhten Widerstand des an den Zylinder- und Lagerflächen erstarrten Schmieröls zu überwinden hat. Die Drehzahl bleibt infolgedessen niedrig, und die Sauggeschwindigkeit reicht nicht zur Bildung eines guten, zündfähigen Gemisches aus. Es ist dabei noch zu beachten, daß der Brennstoff sich bei kaltem Wetter aus dem Gemisch leicht an den Wänden der Saugleitung wieder niederschlägt. Vorwärmen des Motors durch Einfüllen warmen Wassers in den Kühler und hauptsächlich Einspritzen von Benzin in die Ansaugleitung oder die Zylinder sind im Winter wesentliche Erleichterungen für das Anwerfen. Auch das Erwärmen der Ansaugleitung, für das gelegentlich besondere elektrische Heizkörper verwendet werden, ist recht zweckmäßig. Das Einspritzen von Benzin wird neuerdings vielfach durch Einspritzvorrichtungen vorgenommen, die eine sehr einfache Handhabung vom Führersitz aus zulassen.

Ist die Batterie aus irgendeinem Grunde völlig erschöpft, so ist es zweckmäßig, sie durch Aufladen an einer ortsfesten Ladeanlage mit nicht zu hohen Strömen wieder in Ordnung zu bringen. Auch die nicht benützte Batterie entlädt sich im Laufe der Zeit und erfordert deshalb Pflege. Batterien von Wagen, die z. B. den ganzen Winter hindurch nicht benutzt werden, sollten entweder ohne Säure, aber mit destilliertem Wasser gefüllt stehen oder besser von Zeit zu Zeit aufgeladen und auf Säuredichte geprüft werden.

Sachverzeichnis

Verzeichnis der Firmen

die die Bearbeitung des Werkes durch Lieferung von Unterlagen förderten:

Accumulatoren-Fabrik, Aktiengesellschaft, Berlin
Accumulatorenfabrik Dominit, Köln
Adlerwerke vorm. Heinrich Kleyer A.-G., Frankfurt a. M.
Aero Motor- und Autozubehör A.-G., Berlin
American Bosch Magneto Corporation, Springfield
Atwater Kent Manufacturing Co., Philadelphia
Auto-Mafam G. m. b. H., Rheydt
The Benjamin Electric Ltd., London
Berg-Heckmann-Selve A.-G., Zweigniederlassung Basse & Selve, Altena (Westf.)
Robert Bosch A.-G., Stuttgart

Citroën Automobil A.-G., Köln
Contessa-Nettel A.-G., Stuttgart
The Daimler Company Ltd., Coventry
The Dayton Engineering Laboratories Co., Dayton, Ohio
DIAG G. m. b. H., Leipzig
Eisemannwerke A.-G., Stuttgart
FENAG A.-G., Nürnberg
C. P. Goerz A.-G., Berlin-Friedenau
Gould Storage Battery Co., New York
Eugen Grill, Spezialmaschinenfabrik, Zuffenhausen - Stuttgart
Gottfried Hagen A.-G., Köln-Kalk
Hessenwerke G. m. b. H., Cassel
Horchwerke A.-G., Berlin
Walter Isendahl & Co., Berlin
The Leece-Neville Co., Cleveland, Ohio
Lepel-Hochfrequenz-Zündung Vertriebsgesellschaft m.b.H., Berlin
Joseph Lucas Ltd., Birmingham
Luma-Werke A.-G , Stuttgart
Marchal-Vaucanson, Paris
Fabrica Italiana Magneti Marelli, Mailand
Mea-Vertriebs A.-G., Stuttgart
The ML Magneto Synd. Ltd., Coventry
Midgley Car Lighting Co. Ltd., London
Wilhelm Morell A.-G., Leipzig
North & Sons, Watford
North East Electric Co., Rochester
Osram G. m. b. H., Berlin
Owen-Dyneto Corp., Syracuse, N. Y.
Pallas Apparate G. m. b. H., Berlin-Charlottenburg
Philipps A.-G., Frankfurt a. M.
Pöge Elektrizitäts-A.-G., Chemnitz
Remy Electric Co., Anderson, Ind.
Herm. Riemann, Chemnitz-Gablenz
Aktiebolaget Ruda Motorer, Stockholm
The Runbacken Repair & Spares Service, Manchester
Sangamo Electric Co., Sprinfield, Jll.
Metallwerke Otto Scharlach, Nürnberg
O. Schnelle, Meerane i. Sa.
R. Schwalbach & Co., Mannheim
Scintilla A.-G., Solothurn
Siemens & Halske A.-G., Berlin
S. Smith & Sons Ltd., London
Siemens-Schuckertwerke G. m. b. H., Berlin
Svenska Ackumulator - Aktiebolaget Jungner, Stockholm
P. R. Titius G. m. b. H., Berlin
Unterberg & Helmle, Karlsruhe
U. S. Light & Heat Corp., Niagarafalls, N. Y.
C. A. Vandervell & Co., Ltd., London
A. Veigel, Stuttgart-Cannstatt
Weckerlein & Stöcker A.-G., Nürnberg
Westfälische Metallindustrie A.-G., Lippstadt i. W.
Willard Storage Battery Co., Cleveland, Ohio
Carl Zeiß, Jena